湖北经济学院学术专著出版基金资助

数控机床热误差光纤传感与补偿实施

胡建民 著

中国矿业大学出版社
· 徐州 ·

内容提要

本书以武汉重型机床集团有限公司开发的ZK5540A龙门重型数控钻床为研究对象，对重型机床表面温度场分析和测量、测点选取及优化、测量数据稳定性、热误差建模、分析与补偿进行了理论和实验研究，通过自主研发面向云服务的热误差补偿系统对动静态工况下的热误差进行了补偿实验，验证了补偿系统的有效性。

本书在内容上形成了重型数控机床温度监测和热误差补偿的完整方案，有助于本领域科研及技术工作者形成热误差补偿知识的认知，推动我国基础制造业发展。

图书在版编目(CIP)数据

数控机床热误差光纤传感与补偿实施 / 胡建民著. 徐州：中国矿业大学出版社，2025. 5. — ISBN 978-7-5646-6848-8

Ⅰ. TG659；TP212.4

中国国家版本馆CIP数据核字第20253FH816号

书　　名　数控机床热误差光纤传感与补偿实施
著　　者　胡建民
责任编辑　李　敬
出版发行　中国矿业大学出版社有限责任公司
（江苏省徐州市解放南路　邮编221008）
营销热线　(0516)83885370　83884103
出版服务　(0516)83995789　83884920
网　　址　http://www.cumtp.com　**E-mail**:cumtpvip@cumtp.com
印　　刷　江苏淮阴新华印务有限公司
开　　本　787 mm×1092 mm　1/16　**印张** 11.25　**字数** 288千字
版次印次　2025年5月第1版　2025年5月第1次印刷
定　　价　50.00元

前　言

热误差是影响重型数控机床加工精度的主要因素之一，而热误差补偿技术是改善和消除热误差，提高重型数控机床加工精度的一个经济而有效的手段。在相关课题的资助下，本书以武汉重型机床集团有限公司开发的ZK5540A龙门重型数控钻床为研究对象，对重型机床表面温度场分析和测量、测点选取及优化、测量数据稳定性、热误差建模、分析与补偿进行了理论和实验研究，通过自主研发的面向云服务的热误差补偿系统对动静态工况下的热误差进行了补偿实验，验证了补偿系统的有效性。主要研究内容如下：

(1) 结合重型数控机床ZK5540A的特点，分析影响数控机床温度场分布的内外热源，建立ZK5540A有限元分析模型，仿真分析整机及其机床大型结构件(主轴、立柱、横梁、底座)温度场分布情况，重点分析重型机床主轴温度场和热应变关系。针对重型数控机床表面温度场测量由于布点多、工况复杂而造成传统电类传感器不适用的问题，结合光纤光栅传感器一线多点、动态多场实现分布式测量的优势，提出了一种基于光纤Bragg光栅(fiber Bragg grating，FBG)的机床表面温度场测量新方法，通过利用在线温度监测值对主轴温度场进行重构，验证方法的有效性。

(2) 针对重型机床初始温度测点的选取以及关键温度测点优化问题，利用有限元在主轴空转时的仿真结果，及Fluke Ti400红外热像仪监测的实际数据，分析机床主轴温度场分布特点，以此为依据对初始测点进行了布置；提出一种灰色关联度与敏感度相结合的关联分析方法，并构建基于K-means聚类的关键温度测点优选模型，据此所选择的不同工况下关键测点能够满足预测模型精度要求。

(3) 针对FBG测量数据稳定性与可靠性问题，统计分析FBG温度测量系统故障数据特点，构建基于形态学腐蚀与膨胀的在线故障检测模型；针对FBG传感器单点与通道故障数据恢复问题，提出基于蜜蜂算法与支持向量回归优化的测点数据重构方法以及基于功效系数评价机制的测点替代与基于相关性系数的通道替代机制。

(4) 针对热误差补偿模型预测精度及鲁棒性问题，实验研究发现热误差与温度值变化存在明显的滞后效应，为消除和减小滞后效应对模型预测精度的影响，提出并构建了热误差滞后预测模型。通过实验研究发现同一种热误差预测模型难以满足各种工况条件下热误差预测精度的需求，提出两种方法来解决此问题：一是基于大数据驱动的热误差补偿建模方法，构建一种基于卷积神经网络的热误差补偿模型，通过实验验证其有效性；二是在不同工况条件下，优选热误差补偿模型，构建热误差补偿模型评估体系和基于联系度与 Topsis 的优选方法，为后期热误差补偿模型更替提供理论依据。

(5) 针对不同重型数控机床的统一补偿和管理问题，构建基于云服务的热误差补偿系统。提出一种新的 G 代码参数嵌入法来实现对机床热误差的补偿；设计与开发嵌入式热误差补偿器，制定均分补偿与工序累加补偿两种策略进行铣槽加工实验，分别讨论这两种策略的利弊，实验验证其补偿系统的有效性。在此基础上，开发面向重型数控机床热误差补偿云平台，对机床及其热误差补偿模块进行统一管理，向用户提供故障诊断、模型更替等服务，有效解决车间现场重型数控机床热误差补偿器运行稳定性及补偿等问题。

本书从重型数控机床热机理分析、热误差数据驱动预测建模以及补偿实施等技术角度展开了详细阐述，旨在为数控机床研发与制造领域内，特别是热误差补偿研究方向上的科研工作者提供必要参考。本书在编写过程中，得到了武汉理工大学周祖德教授、娄平教授和湖北经济学院田浩教授的多方面指导，在此表示感谢。由于作者专业领域的局限性，本书所提热误差数据驱动预测建模方法未能引入人工智能算法，在未来工作中，将针对人工智能算法在数控机床热误差建模中的探索展开深入研究，以弥补本书的不足之处。

著　者

2025 年 2 月

目　录

第1章 绪 论

1.1 背景与意义

作为制造业的核心元素，重型机床的发展一直都是国家关注的战略重心之一。区别于普通小型机床，重型机床主要用于大型零件的加工，其服务面向国防军工、大型机械、能源交通、航空航天和船舶制造等领域主要工业支柱产业[1]。与世界上主要重型机床制造国相比，我国在重型机床制造方面还存在不小的差距，如西门子、法那克、海德汉等公司生产的高档数控系统均已集成热误差补偿模块，由于对我国的技术封锁以及价格昂贵等原因，该技术并没有在我国大范围推广使用。在“高档数控机床与基础制造装备”国家科技重大专项中，体现出我国对自主研制高档数控重型机床的期待。因此，如何设计和进一步改善重型数控机床的加工精度是我国工业发展过程中一个亟须解决的问题。

影响数控机床加工精度的原因主要有几何误差、热误差、切削误差等。随着机床设计水平和刀具性能的不断提高，几何误差和切削误差均得到了一定程度的改善，而由机床本身发热和外界环境温度变化引起的热误差并没有得到很好的解决。根据统计，热误差占到机床总误差的40%～70%[2]。重型机床具有体积大、行程大、加工负载变化大和被加工零件体积庞大等特点，使得重型机床加工精度受到机床本身热变形的影响更加明显。

目前减小热误差的方法主要有两种：热误差防止法和热误差补偿法[3]。热误差防止法主要应用在设计阶段，通过选择合适的材料、改进机床设计结构和采取有效的散热措施等“硬方法”来尽可能减小热变形。热误差防止法难度较大，设计成本较高，以及缺乏柔性等特点，限制了它的广泛应用[4]。热误差补偿法是通过热误差预测模型来人为制造的一种热误差与实际热误差相抵消，从而提高机床加工精度的方法。与热误差防止法相比，热误差补偿法是一种通过“软方法”来减小热误差对加工精度影响的一种经济而有效的手段[5]。

实现热误差补偿主要包括以下三个过程：机床表面温度和热误差的测量、热误差预测模型的建立和热误差补偿系统的开发。国内外众多学者都对热误差补偿问题做了大量的研究工作，并且取得了相应的研究成果，然而热误差补偿法并没有在实际工程中得到广泛的应用，在重型数控机床热误差补偿领域应用得更少。其原因主要有以下几个方面：

(1) 重型数控机床由于结构复杂、行程长、体积大、热源多等原因导致对其进行热误差机理分析难度加大，且在测量重型数控机床温度场分布状况时，由于传统传感器精度较低、损耗大、抗干扰能力差，加上需要大量布线等原因，不能满足重型机床表面温度测量需求，亟须研发新型传感器来测量重型机床温度场。

(2) 测量重型机床温度场时由于布点众多，对建立测点优化模型寻找关键测点提出了新的挑战。

(3) 实际加工过程中,由于零件体积较大、加工时间较长,温度测量系统的稳定性和测量数据的可靠性是保障热误差补偿系统稳定运行的一个重要环节。

(4) 由于重型机床工况条件复杂,单一的热误差补偿模型很难适应各种工况条件下的补偿精度要求,亟须寻求新的建模方法来提高模型鲁棒性。

(5) 重型机床热误差补偿装置的研制是实现热误差在线补偿的最后一步,也是最关键的一步,补偿装置的设计与开发也是阻碍热误差补偿应用发展的一个瓶颈问题。

针对上述问题,本书以重型数控龙门移动式多主轴钻床 ZK5540A 为研究对象,探究其热误差成因及传递机理,并用 ANSYS 软件仿真分析机床及大型结构件温度场与变形场,用于指导温度传感器的初始部署,同时通过机床热源和结构分析,剔除冗余测点,建立测点优化模型来指导机床表面温度测点的优化部署;为突破重型机床监测中干扰强、范围大、测点多的难题,研制光纤 Bragg 光栅(fiber Bragg grating,FBG)温度传感器并将其应用于重型机床表面温度测量;提出保障 FBG 测量系统稳定性与可靠性的方法,通过不同工况、不同环境下温度与热误差的映射关系,建立鲁棒性强的实时热误差补偿模型;开发一套面向云服务的热误差补偿系统,对重型数控机床热误差实现实时补偿。

1.2 相关领域国内外研究现状分析

从 1933 年瑞士发现热变形是引起坐标镗床定位精度发生改变的主要原因起,各国学者就开始了对机床热变形的研究工作,并取得了相应成果。根据机床热误差补偿的主要步骤,其研究分为如下几个方面:热误差形成机理分析;机床表面温度及热误差测量;热误差补偿模型建立;热误差补偿执行系统的研制。

1.2.1 热误差成因及传递机理

机床加工过程中,由电机、油泵等机械动力源所产生的热量,导轨、齿轮等运动部件摩擦生热和受周围环境的影响而产生的误差称为热误差。其中,机床的热变形是导致热误差的直接原因。由于机床在工作过程中受到多种热源的影响,产生的热源又通过不同方式传递给机床,使机床内部热平衡被打破,机床各部件只有通过变形来抵消由不断变化的温度场所产生的热应力[6-7]。国内外学者对热误差成因及传递机理做了相关研究工作,主要目的是想从事物本质出发来探寻机床内部热传递机理,用数值分析的方式来得到机床温度场和位移场变化情况。

20 世纪 60 年代之前,国外研究人员开始探索机床热变形与温度场之间的关系,由于机床结构复杂和当时分析条件的限制,这段时期对机床热变形的分析主要处于定性分析阶段[8]。随着计算机技术进步和现代仿真技术的蓬勃发展,从 20 世纪 70 年代初对机床热误差形成机理的研究进入定量分析的阶段。1997 年,韩国学者 Kim 等[9]利用有限元法分析了滚珠丝杠的温度场和热变形,估计了静态时轴向温度场分布。1998 年,来自美国劳伦斯利福摩尔国家实验室的 Krulewich[10]利用高斯积分的方法对整个机床的温度场进行了分析建模,并实现了温度测点的优选。同年,韩国学者 Choi 等[11]通过对一台五轴加工中心主轴系统的发热建模及与实验结果的对比分析,证实了利用有限元法对机床相关系统进行分析的可行性。1999 年,加拿大学者 Attia 等[12]将机床温度场划分为多个统一规则的单元,采用有限元方法模拟分析机床导轨温度场,并用得到的结果来指导温度传感器的部署。同年,美国学者 Bossmanns 等[13]通过分析高速电主轴在不同转速、负载和润滑作用下的热传递和散热效应,计算了主轴的发热量,利用有限差分法成功建立了电主轴热-结构模型,并通过实验验证了该模型的有效性。2002 年,日本学者 Ohishi 等[14]重点研究了空气静压轴承热特性和主轴单元的温度场分布。2004 年,韩国学者 Kim 等[15]利用 FEM 对高速电主轴的热-结构耦合分析,探讨了热变形对线性热膨胀的影响程度,并通过分析结果来指导机床结构的设计优化和热误差补偿。2010 年,加拿大学者 Holkup 等[16]利用有限元法建立主轴系统温度场预测模型,并分析了瞬态温度的变化对轴承刚度和接触力的影响。

国内学者也对机床发热机理做了相关的研究工作。2007 年,上海交通大学的 Zhao 等[17]通过研究数控机床主轴变形,提出了一种主轴表面热传导系数的计算方法,利用有限元分析模拟了主轴的温度场分布和热误差情况,以此得出的结论指导了温度测点的分布和热误差补偿的建模。2008 年,浙江大学曹骏[18]以 HTM850G 数控加工中心为研究对象,深入研究了接触热阻对主轴系统热特性的影响,并采用有限元法对主轴系统进行热态模拟,通过实验对比分析,发现考虑热阻情况下所得到的结果更加可靠。2008 年,兰州理工大学黎新齐[19]对铣削加工中心主轴误差产生原因进行深入探讨并对其热特性进行理论研究,利用有限元软件建立加工中心主轴系统的三维温度场模型,为解决实际加工问题和改善机床结构提供了理论依据。2010 年,哈尔滨工业大学王磊[20]通过对一台重型数控落地铣镗床进行三维结构建模和有限元分析,得出其温度场和变形场分布情况以及轴承发热是最大的发热源,主轴箱靠近齿轮传动区域温度升高最高和立柱出现热变形的位置等结论。2011 年,哈尔滨工业大学刘殿崇[21]对机床的滑枕组件进行了深入理论分析,建立了滑枕组件的有限元模型,研究了在半闭环反馈控制和全闭环反馈控制下机床 W 轴位置和润滑油温度变化对滑枕组件热变形的影响,提出了机床光栅尺安装改进方案,达到减小热误差的目的。2013 年,哈尔滨工业大学邓健等[22]针对重型数控落地铣镗床主轴组件的热特性进行了研究,建立了主轴温度场的有限元分析模型,结合实际工况条件下的实验结果,提出修正对流系数的方法。2013 年,Zhang 等[23]利用有限元分析方法对一台立式加工中心进行了温度场和变形场的仿真分析,其中考虑了转速、热对流传递系数和关键部件热接触电阻等因素,结果表明通过该方法,机床的温度和热变形预测精度得到了很大的提升,预测误差控制在了10%以下。2014 年,上海交通大学张景然[24]首先利用 ANSYS 对型号为 MK5225A 的重型数控龙门导轨磨床进行整机有限元分析,通过对整机温度场和变形场的计算得出对整机变形影响最大的部件位置,再对横梁和主轴系统分别进行了应力和热模态分析,为后期热误差补偿提供了理论基础。同年,浙江大学邓小雷[25]对精密数控机床主轴系统进行了深入的研究,建立三维多物理场耦合流场、温度场、结构场稳态和瞬态热态特征有限元分析模型,针对不同的主轴系统,利用 ANSYS 软件进行仿真分析,获取了主轴系统的热态特性并验证了该模型的有效性。

1.2.2 机床表面温度测量

在对机床表面温度场的研究中,除了通过有限元仿真来模拟机床温度场分布以外,更多的是通过在机床上布设大量温度传感器,测量机床表面温度数据来研究和分析温度场的分布情况。机床温度测量中,常用的有铂热电阻[26-27]、热电偶[28-29]、正负热敏系数电阻[30]、红外测温仪[31-33]、光纤光栅温度传感器[34-36]和各类数字温度传感器。1995 年，Lo 等[29]部署99 个热电偶温度传感器来测量机床的表面温度，通过温度变量优选和热误差建模实现了机床热误差实时补偿。2010 年，清华大学 Chen 等[27]利用 32 个铂热电阻测量立式加工中心表面温度场，分别测量了主轴、主轴箱、立柱、工作台、床身的温度。2012 年，捷克科技大学 Vyroubal[37]采用分解法研究机床热变形规律，将三轴铣床加工中心分解成立柱、主轴箱、主轴和刀具，使用 27 个铂热 PT100 传感器来测量机床表面温度，该传感器由于具有稳定性好、精度高、线性好和灵敏度较高等特点被广泛使用。

2012 年，武汉理工大学彭永强[38]结合光纤光栅温敏封装分析和机床温度场测量，提出了一种适宜于机床表面温度测量的封装的 FBG 温度传感器，通过机床主轴测温实验，该传感器表现出良好的性能，为推动光纤光栅传感技术在机械装备上的使用做出了一定贡献。2014 年，武汉理工大学张二龙[35]通过分析固体表面温度测量相关原理，设计出了一种适合固体表面温度测量的光纤光栅封装结构，通过对该封装结构进行有限元仿真分析和测温实验，结果表明该封装的光纤光栅传感器在固体表面温度测量上表现出良好的性能。2015 年，Huang 等[39]利用 FBG 温度传感器测量一台重型机床表面温度，通过部署 27 个测点来寻求重型机床表面温度场的分布及其与主轴热变形之间的关系。

但是由于在实际测量机床表面温度过程中，热电偶、热电阻及其他数据传感器贴附在主轴、导轨等运动部件上，众多的连接传感器的线缆给实际加工带来了不便和安全隐患[40]。而红外测温仪虽然可以做到无接触温度测量，不影响实际加工，但是由于其不能够精确测量某点温度而阻碍了其在机床热误差补偿方面的应用。由于对重型数控机床温度监测中存在干扰强、参量多、范围大和测点多等测量难题，而光纤光栅传感器具有一线多点、动态多场、抗强干扰等特点，非常适合应用在重型数控机床实时温度监测和热误差补偿中。

1.2.3 热关键点辨识与优化

在机床热误差补偿过程中，主要包括热误差测量和机床表面温度测量。热误差测量方法根据机床的结构和测量方法来区别，可以分为直接测量法和间接估计法两大类[41]。直接测量法是指机床静止或者单轴运动时所测量的一项误差元素。由于每次只能测量一项误差，所以往往耗时较大，甚至有的时候不能测量。但由于精度高、实时性好等原因，在进行主轴热误差测量时，通常采用直接测量的方式，常用的仪器包括激光测距仪[42-43]、水平仪、探针和电涡流传感器[44]等。间接估计法是指通过球杆仪等仪器获取机床在多轴联动时的测量数据，然后再通过误差辨识模型来分离各个独立的误差分量。该方法主要包括测量和误差辨识两个部分。

热关键点辨识技术指的是通过理论分析、建模和优化算法等各种手段找出影响机床热误差的敏感点，目标是在确保热误差模型补偿精度的情况下，尽可能减少温度测量点，以减少热误差补偿模型的输入，简化热误差补偿系统[45]。韩国 Lee 等[46]以对一台加工中心的热误差补偿为目标，使用模糊逻辑理论将原有的 14 个温度测点减少到 2 个，实验证明用最少的测点数也达到了预期补偿效果。Lo 等[47]利用组优化的思想来实现温度测点的优选，搜索的过程包括相关性分组、代表性搜索、组搜索和变量搜索 4 个部分，通过实验验证从 46 个候选测点中优选 4 个测点用于热误差补偿，将热误差从 20 μm 降到 2.2 μm。上海交通大学杨建国[48]提出了从不同角度考虑温度传感器优化布置问题，并提出了六大测量策略来指导传感器部署，分别是主因素策略、互不相干策略、最少布点策略、最大敏感度策略、最近线性策略和能观测性策略。上海交通大学李永祥等[49]借用灰色系统理论方法将机床原先16个温度测点降低到4个。上海交通大学闫嘉钰等[50]利用灰色综合关联度来进行温度测点的优化。浙江大学钱华芳[51]采用模态分析和有限元分析相结合的方法分析了主轴温度场及热特性，从理论上证明了主轴模型中温度传感器最佳布点的存在，为实际测量中温度传感器的布置奠定了理论基础。华中科技大学刘国[52]结合热变形分解理论和聚类分析方法，将机床分为4个热敏感区域：机床立柱、主轴箱、主轴端部和主轴电机，采用聚类分析对温度传感器进行分类，取各敏感区与主轴 Z 向热变形相关系数最大的温度传感器为温度敏感测点。窦小龙等[53]建立主轴模型，通过对机床主轴温度场和动态热特性分析，证实了最优测点的存在，并且采用黄金分割法进行主轴温度测点的优化，谢黎明等[54]验证了该点的温度与主轴的热变形呈线性关系。Liu 等[55]对数控机床主轴温度场进行了分析，利用变化的温度数据建立了主轴轴向热上升测点优化模型，实现了不同主轴转速下热误差的预测。Yang 等[56]以一台坐标镗床为研究对象，采用模糊逻辑的方法对温度测点进行分组和优化，并选出了热误差敏感的温度测点用于热误差补偿。Lee 等[57]首先利用独立成分分析抽取主要热源温度变量，进一步用最优脑外科算法剔除不重要的温度变量而完成了温度测点的优选。

1.2.4 测量系统数据稳定性与可靠性分析

作为热误差实时补偿系统的重要组成部分，在线测量系统主要负责机床表面温度测量和热误差测量两个部分。在实时补偿过程中，重点是进行机床表面温度的测量，其主要由温度传感器、信号传输线和相关解调采集装置组成，传感器老化、外界干扰或解调装置的故障等原因所造成的测量数据的不稳定性难以避免，特别是在工况相对复杂的重型机床加工过程中更不容忽视。在进行热误差补偿前，采集温度数据的可靠性与稳定性直接影响热误差补偿模型的输出，从而直接影响热误差补偿效果，因此确保测量数据的稳定性与可靠性是进行热误差补偿的前提。在关于确保数据可靠性与稳定性的研究中，主要包括传感器故障诊断[58]和数据恢复策略[59]两个方面。国内外学者关于这方面的研究主要包括统计理论[60-62]、信号处理[63-64]、神经网络[65-66]、支持向量机[67-68]、模糊分析[46]、D-S 论据[69]等。Lee 等[70]通过计算部署在机床表面的温度传感器之间的相关系数，基于统计假设检验的方法来进行故障诊断，发现异常后使用多元线性回归对故障传感器进行数值恢复，实验表明该方法实现了温度传感器的异常诊断和识别。然而，该方法没有考虑到不同工况条件下传感器的相关系数有可能会发生变化，导致其不能很好地应用。2011 年，清华大学李晗等[71]将故障诊断的研究方法分为三大类：基于分析模型的方法、基于定性经验知识的方法和基于数据驱动的方法。基于分析模型的方法要求建立整个系统的模型表达式[72-73]，而对于复杂的大型系统而言，几乎不可能做到获得每个复杂机理模型的细节；基于定性经验知识的方法[74-75]对专业知识和经验要求较高，没有长期的积累很难做到对系统的定性分析；而基于数据驱动的方法[76]是对过程数据进行分析，在不需要知道系统精确模型的情况下，利用信号处理、统计方法和人工智能方法等手段实现故障诊断。2013 年，清华大学赵劲松等[65]结合小波变换和神经网络提出了一种传感器故障诊断方法，首先利用小波变换检测出有可能出现故障的传感器，然后利用神经网络模型进一步判断来确定传感器是否发生故障，通过该方法有效地实现了传感器的故障检测，并利用部署在化工装置上的一套压力传感器进行了测试和实验。2013 年,大连理工大学伊廷华等[77]采用控制图原理实现了对 GPS 异常信号的监测,并对比了累积和控制图与休哈特控制图对不同异常偏移值的检测效果,结果发现对于 3 倍以上的标准差异常,休哈特控制图能给出有效的预警,但缺乏小偏移检测能力,累积和控制图最小能够检测出 0.5 倍标准差的连续偏移。2014 年,南京航空航天大学黄帅等[78]通过引入移动窗口和故障信息贡献率法弥补在传感器数量不足时奇偶校验法无法隔离故障传感器的不足;同时采用小波算法,通过合理选择小波基和小波分解层数,实现单传感器故障诊断与隔离;结合两种算法优势,组成了一个多传感器故障诊断系统,实验表明该系统实时性与准确性均有明显提高。2015 年,华中科技大学谭波[79]利用信息熵的原理,通过提取温度传感器信息相关系数,对比测试样本与正常总体间的相关系数来判断温度传感器是否出现异常;为确保其热误差补偿系统的稳定运行,一旦出现异常,通过已建立的各传感器之间的最小二乘支持向量机模型(LS-SVM)计算出异常传感器的数值来替代故障传感器,实验证明在部分传感器出现故障条件下可确保系统的稳定运行。2015 年,山东大学黄爱芹[80]利用残差控制图的方法对调节阀泄漏、卡堵等 11 种故障进行分析,根据 3σ 原则设置正常状态下残差阈值,通过计算和对比在不同工况下的预测残差来实现调节阀的故障诊断;为进一步提高故障诊断正确率,设计了调节阀故障检测规则库,实验表明该方法保证了较低的误报率和漏报率,有效地提高了实时在线故障诊断的准确率。

1.2.5　热误差预测模型分析

热误差建模是决定热误差补偿精度的一个关键环节,也是众多学者研究的一个热点,其目的是通过采集机床关键部位温度信息,建立热误差与温度或其他加工参数之间的映射关系,用于对热误差的预测[81]。国内外关于热误差建模方面的研究大致可以分为数理统计法[55]、神经网络法[82-84]、自适应控制法[85]、支持向量机法[67]、灰色理论[86-87]和齐次坐标变换法等[40,88]。数理统计是通过统计学的方法来寻求热误差与温度或其他变量之间的关系。合肥工业大学苗恩铭等[89]对比分析了数控机床主轴空转和实际加工时的热特性,通过模糊聚类和 F 计量确定温度测点分类,然后根据灰色关联度筛选出温度敏感度,最后通过多元线性回归方法来建立热误差补偿模型。Pahk 等[90]利用多元线性回归模型来表示温度与进给轴之间的关系。沈岳熙等[91]为解决线性建模中变量间存在复共线性问题,提出了一种基于岭回归的热误差预测模型,通过岭迹对温度测量的优化选择,再选用适当岭参数,提高了模型的鲁棒性与精确性。上海交通大学李永祥[7]结合自回归模型和滑动平均模型建立 ARMA 模型来寻求动态温度数据与热误差的关系。Li 等[92]在无须测量温度场的情况下,建立自回归模型进行热误差的预测,其中输入的为主轴转速。Tan 等[93]考虑室温对机床温度场和热误差的影响,利用基于最小二乘原则的多元线性回归理论建立了机床内部温度影响模型,并结合由傅里叶变换、时变分析、牛顿冷却定律所建立的时变分析模型,最终组成了基于环境温度的热误差预测模型。Babu 等[94]利用最小绝对压缩挑选机制对部署在主轴箱上的温度测点进行优选和建立热误差补偿模型,避免了多变量之间共线性问题,将温度测点由 13 个减少到了 3 个,提高了热误差补偿模型的精确性和鲁棒性。Li 等[95]基于多元线性回归建立热误差模型,证实建模前对数据的预处理可以进一步提高模型的精度。Guo 等[96]利用投影寻踪回归建立热误差补偿模型并应用在一台数控车削中心上,取得了较好的补偿效果。密西根大学 Yang 等[97]指出伪迟滞效应是导致传统静态热误差模型鲁棒性不佳的一个重要因素,并提出一个基于线性输出误差建立的动态补偿模型,该模型具有更好的精度和鲁棒性。

机床体积庞大、结构复杂,内外部热源分布不匀,加上零部件材料热膨胀系数不一致等原因,导致机床发热状况很难通过发热机理分析来精确地描述。热误差往往呈现出非线性时变等特征,故很难用单一的线性模型去描述。神经网络作为一个解决非线性问题的工具广泛应用于热误差补偿建模之中。张鑫星[98]利用反向传播算法(back propagation,BP)来训练神经网络,以此建立的热误差补偿模型实现了 XH2320/4 龙门加工中心主轴的热误差补偿,并取得了较好的效果。鉴于现有 BP 神经网络存在收敛速度慢、容易陷入局部极小值等缺点,上海交通大学杜正春等[99]、南京航空航天大学徐金忠[45]基于径向基函数(radial basis function,RBF)建立了 RBF 神经网络热误差模型。上海交通大学沈金华[100]介绍了一种基于偏最小二乘回归神经网络的热误差建模方法,通过将神经网络的学习原理与传统偏最小二乘法回归方法结合,解决了热误差建模中热误差的非线性和温度变量的共线性问题,并通过热误差补偿装置,将热误差模型成功应用于 CY-K360 数控车床上。

张毅[101]研究和分析了灰色理论和神经网络的各自优点,并将两者结合建立热误差补偿模型,提出了串联型、并联型和嵌入型等三种不同的灰色神经网络热误差预测模型,通过实验分析,三种模型在预测精度方面均比传统的灰色模型和神经网络模型有所提高。罗立辉[102]分别将 RBF 神经网络、GRNN 神经网络和 BP 神经网络与 Kohonen 竞争学习规则相结合,并建立热误差补偿模型,通过对每个模型的对比评价,发现基于 Kohonen 竞争学习规则的 RBF 神经网络在预测精度和运行时间方面都有较大优势。Jin 等[103]分析了在不同工况下(进给速度、切削力、丝杠预紧力)支撑轴承和丝杠螺母的温升情况,结合小波神经网络和 NARMA-L2 对机床热误差进行建模,实验表明该模型具有很好的预测精度并能适应多工况下的热误差预测。Yang 等[104]针对非平稳的热误差信号,采用递归神经网络集成算法建立热误差补偿模型并在不同工况下验证,结果发现该模型在预测精度和鲁棒性方面要比多元线性回归、前馈神经网络和递归神经网络下的好。

由于神经网络初始化参数难以确定,许多学者也将其与智能优化算法结合起来进行热误差的建模。如 Huang 等[105]利用遗传算法来优化 BP 神经网络的初始权重和阈值,实验证明优化后的热误差模型精度提高了许多。Guo 等[106]结合蚁群算法和 BP 神经网络建立 ACO-BPN 模型用于数控机床的热误差补偿。自从邓聚龙教授[87]提出灰色理论以来,由于该理论在处理不确定性系统方面有很大的优势和建模方面的便利,即基于灰色理论的建模不需要大量和完整的数据等,学者们也将其应用到了机床热误差补偿建模中来。Abdulshahed 等[107]利用灰色相关性分析计算了温度值与热误差的相似度,建立了基于灰色理论的热误差模型并使用粒子群算法优化了灰色模型的系数,取得了很好的预测效果。上海交通大学李永祥[7]基于灰色系统 GM(1,1)建模的思想提出了智能预测模型,首先利用函数变化法对机床热误差原始数据序列进行了优化,应用新数据序列建立 GM(1,1)模型,再基于 GM(1,1)残差序列建立时序分析模型,以修正原 G(1,1)模型达到改善模型精度的目的。Miao 等[108]利用支持向量机回归建立热误差补偿模型,并且重点讨论了在不同情况下模型的鲁棒性问题,指出当建模训练数据集较小时,基于 SVR 的热误差补偿模型具有较好的鲁棒性,而当训练数据集增大时,该模型的预测精度就变得不太稳定。Ramesh 等[28]考虑到在不同工况下统一热误差补偿模型鲁棒性差的问题,结合贝叶斯网络和支持向量机来建立热误差补偿模型，先通过贝叶斯网络对工况进行分类，然后再利用支持向量机预测热误差。华中科技大学雷琪[109]利用贝叶斯网络理论进行机床热误差建模，通过选取网络节点并确定其变量集和变量域，建立预测主轴热变形量的热误差模型，然后根据加工过程中工况的变化和贝叶斯网络的学习特点，对热误差补偿模型不断进行修正，实现动态热误差补偿。Fan 等[110]通过实验发现切削力是影响主轴误差的主要原因，并使用牛顿插值法进行热误差补偿。

1.2.6 热误差补偿技术与系统

热误差补偿就是分析和研究机床各部分发热和外界环境温度对机床加工精度的影响，通过建立起热误差模型来预测热误差值，然后利用热误差补偿系统对机床各坐标轴运动进行补偿修正的过程[111-112]。其中现代误差补偿方法主要可以分为两大类：反馈中断法和原点平移法[6,100,113]。

反馈中断法就是将相位信号插入伺服系统的反馈环来完成误差的补偿，通过计算机来获取编码器的反馈信号和根据误差补偿模型计算出空间定位误差信号，并由计算机将两者信号相减之后送到 CNC 控制器，伺服系统根据计算后的信号来调节机床拖板位置。该方法的优势是适用于任何 CNC 机床，对老式 CNC 机床也可以进行改造补偿，然而该方法需要改变其硬件，需要安装特殊电子装置将相位信号插入伺服环中，这种情况下很容易导致插入信号与机床本身的反馈信号相干涉。

原点平移法是将误差补偿计算出的误差信号直接送到 CNC 控制器，通过 I/O 口平移控制系统参考原点达到误差补偿的目的。该方法的优势是不影响操作者正常操作，不改变加工工件执行程序，但需要修改在 CNC 控制器中的可编程器，使其可以接收误差补偿值。此方法只适用在新 CNC 机床上，对绝大多数老式 CNC 机床不适用。

由于重型机床结构复杂、行程长、加工零件体积大和加工时间长等特点，热误差补偿过程中，因热误差补偿系统导致机床宕机会带来很大的经济损失，甚至损坏机床，造成加工危险。因此，保障热误差补偿系统的稳定运行是保障补偿有效的前提。整个热误差补偿系统可以分为在线测量系统和补偿系统两个部分，对这两部分进行异常故障诊断是确保热误差补偿系统稳定运行的根本。无论是测量系统还是补偿系统，任何一个环节出现故障都会表现出数据的异常。确保热误差补偿系统稳定运行主要分为故障监测、故障诊断和故障修复三个部分。相关学者也在该方面做了大量的研究工作，主要包括以基于数据驱动方法[71]、基于解析模型方法[114-115]和基于知识的方法[75,115-116]来解决故障诊断中所遇到的问题[117-118]。随着传感器技术的发展以及采集数据量的增长，基于数据驱动的故障诊断方法越来越受到重视，主要包括统计方法[119-122]、信号处理方法[63,123]和人工智能方法[124-126]。Lopez 等[127]结合小波分析和神经网络设计了一套实时故障诊断系统，利用直升机齿轮箱和舰艇泵上数据进行测试，均无错误报警。部分学者[5,128-130]利用假设检验和 D-S 证据理论对机床温度在线测量系统进行故障诊断，首先运用假设检验对故障区域进行粗判，再结合 D-S 证据对故障传感器进行精确定位，通过实验验证了该方法的有效性。华中科技大学谭波[79]提出将基于信息熵的假设检验统计判断方法用于机床温度传感器的故障诊断，通过提取工作中温度传感器信息相关系数，并与正常样本比较来判断传感器异常。

1.3 本书主要内容

本书针对数控机床热误差补偿系统中温度在线监测、温度测点优化、系统稳定控制和热误差补偿模型等问题展开讨论。第 1 章着重分析了国内外研究现状；第 2 章重点分析了重型数控机床热源分布并研究了 FBG 在线监测新方法；第 3 章阐述了基于 FBG 的重型数控机床温度测点优化过程；第 4 章提出了 FBG 温度测量数据可靠性研究方法；第 5 章和第 6 章描述了重型数控机床热误差补偿模型建模方法以及模型鲁棒性评估分析机制；第 7 章建立了重型数控机床热误差补偿模型并进行了优选；第 8 章进行了数控机床热误差经典补偿原理分析；第 9 章通过模块化分析，详细地介绍了嵌入式数控机床热误差实时补偿控制器的设计与实现；第 10 章介绍了面向云服务的重型数控机床热误差补偿系统；第 11 章对全书内容和创新点进行了总结，并对未来工作进行了展望。本书在内容上形成了重型数控机床温度监测和热误差补偿的完整方案，有助于本领域科研及技术工作者形成热误差补偿知识的认知，推动我国基础制造业发展。

第 2 章 重型数控机床热源分析及 FBG 监测新方法

重型数控机床表面温度场监测是研究机床热误差的一个重要组成部分。重型数控机床体积大、结构复杂、工作环境相对恶劣等，对重型数控机床表面温度监测提出了新的挑战。首先要分析重型数控机床在加工过程中的主要热源，做到有针对性的监测；其次，分析热源在机床大型结构件之间的传递机制，通过仿真得出重型数控机床温度场与变形场，对直接影响机床热误差的结构件——主轴的温度场进行重点分析与研究；最后，结合 FBG 传感器的特点和重型数控机床表面温度监测所面临的挑战，给出基于 FBG 测点的新原理和新方法，基于 FBG 对主轴表面温度场的监测，利用插值算法重构主轴的温度场，由于 FBG 具有一线多点、动态多场的特点，为研究重型数控机床热误差提供了一种新的手段和思路。

2.1 重型数控机床热源分析

2.1.1 热源分类及产生机理

数控机床受不同热源的影响，造成数控机床温度场分布不均匀，进而结构件发生热膨胀，最终传递到主轴而造成机床的热误差。因此，热源分析是研究重型数控机床热误差的首要条件。重型机床热源根据位置的不同主要分为内部热源和外部热源两个方面，其中内部热源主要包括机床在加工过程中的电机发热、轴承摩擦生热、齿轮摩擦生热、滑动导轨摩擦生热、液压装置产热和切削热等，外部热源主要包括光照、环境温度和人等，如图 2-1 所示。其主要热源产生的原因分析如下：

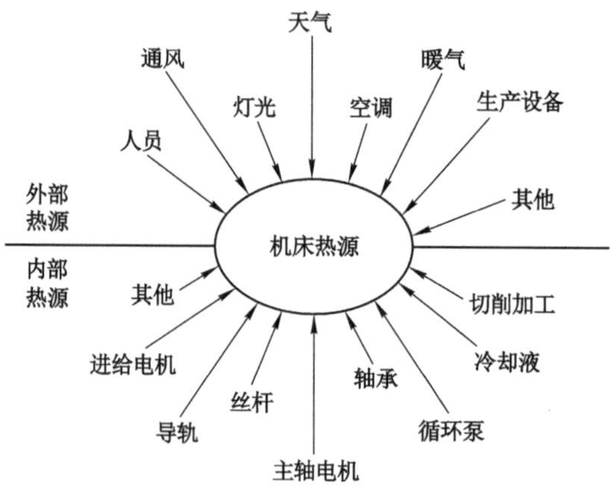

图 2-1 导致重型机床热误差的热源分类

(1) 重型数控机床在加工过程中涉及的机械运动和电气装置能量损失所产生的热量。机床加工过程所涉及的机械运动均由机床的各类电机和相关的操控装置所提供，如液压操纵箱、电气箱和活塞副等。启动过程中，这些器件和装置均会产生热量，通过机械结构、空气等因素将热量传递到机床上。再则，现有的电机和液压元器件能量转换效率不可能达到百分之百，在电能到动能的转换过程中，一部分电能就转化为了热能，通过热传导的方式，从电机和液压元件到机床其他部位实现热交换。在所有对机床温度场分布有影响的热源中，该部分影响很大，特别对于高速切削机床中的电主轴系统来说，这是因为电机内置于主轴系统内，热量散发受到限制。

本实验对象是一台型号为 ZK5540A 的数控动梁龙门移动钻床，其广泛应用于核电 SG 产品中的流量分配板、管子支撑板以及 MSR 产品中隔板、孔板及高/低隔板和其他换热器孔板的多孔钻孔加工。其加工长度为 4 500 mm，龙门移动可达 5 000 mm，具体加工参数如表 2-1 所示。其采用的是电主轴系统，主轴部分长达 2 200 mm，该部分所产生的热量是影响主轴温度场分布的重要热源之一。

表 2-1　ZK5540A 数控动梁龙门移动钻床技术参数

项目名称	规格
工作台台面宽度	2 000 mm
工作台台面长度	4 500 mm
龙门行程(X、X_1 轴)	5 000 mm
镗铣头行程(Y 轴)	4 000 mm
单个滑枕行程(Z 轴)	650 mm
主轴转速范围	10～6 000 r/min
主轴电机功率	31 kW
钻孔直径	10～40 mm
两钻轴之间的最小轴间距	270 mm
龙门(X、X_1 轴)进给速度	0～10 000 mm/min
镗铣头(Y 轴)进给速度	0～10 000 mm/min
滑枕(Z 轴)进给速度	0～5 000 mm/min
机床外形尺寸(长×宽×高)	10 500 mm×9 200 mm×4 800 mm

(2) 重型数控机床在切削过程中所产生的切削热。在机床加工过程中，当刀具从工件表面切下金属屑时，金属经历了挤压、破碎和脱落三个过程，由于刀具与工件之间存在着剧烈的摩擦从而产生了大量的切削热。虽然大部分机床可以通过气液冷却的方法对刀具和工件进行冷却，但是还是有一部分热量通过刀具和润滑油传入机床，引起机床部件温度场变化和热变形。切削热作为一种动态热源，其热量的多少与切削材料、用量和加工方法都有关系，其中大部分热量直接传递给了床身。本实验对象 ZK5540A 为动梁式龙门机床，其工作台与机床结构部分相互独立，仅有刀具部分通过工件有一定的接触，能够避免一部分的切削热和冷却液热量传入机床工作部分部件。另外，在实际加工过程中，由于大部分机床并不是连续加工，特别是数控机床以及加工中心等，其加工过程根据工件的形状和预先设定的加工

程序进行,导致发热量不连续,难以定量分析和计算其切削热量。

(3) 重型数控机床在运动加工过程中由于部件之间相互摩擦所产生的热量。对于重型数控机床而言,大型部件之间的摩擦导致在运动过程中发热严重,如主轴与轴承、齿轮运动副、丝杠与螺母、液压泵、阀等的发热是机床导轨、立柱、横梁等结构件的主要热源。摩擦热导致机床部件的温度升高,热量通过润滑油传递,床身内部的润滑油池会形成一个很大的热源,影响机床温度场分布,产生热误差而破坏机床的加工精度。对于一般的数控机床而言,主轴轴承摩擦产生的热量是导致机床热变形的最主要热源。在高速和超高速加工时,虽然对轴承配置设计、润滑等方面采取了许多措施,但轴承摩擦产生的热量仍然是主要的热源。

(4) 周围环境温度的影响。重型数控机床由于体积大、行程长等原因,一般工作在非恒温车间中,通过与空气热传导和热对流,周围环境温度的变化与昼夜温差均会引起机床温度场的变化。另外,由于车间通风、空气对流及光照等原因亦会对其温度场产生影响。因此,周围环境温度也是需要考虑的影响机床加工精度的热源之一。

以上的热源中,机床电气设备发热、切削热和运动部件摩擦生热是机床的内热源,由于周围环境温度变化、热辐射和对流传来的热量称为外热源。内热源和外热源都会引起机床的温度变化,使机床产生热变形。

2.1.2 电主轴热源分析

高速加工是一项既能提高机床加工效率又能保障产品加工质量的技术手段,而高速电主轴作为高速加工技术中的核心组成部分,由于具有转速高、重量轻、功率大、惯性小、噪声低和响应快等优点,被广泛应用在机床主轴系统中。高速电主轴作为 ZK5540A 中最重要的工作部件,其结构如图 2-2 所示,其本身电机发热、轴承摩擦生热和切削热等会导致主轴系统产生较大的热变形,为分析电主轴温度场分布情况,必须对电主轴的热源分布情况进一步进行细化分析。

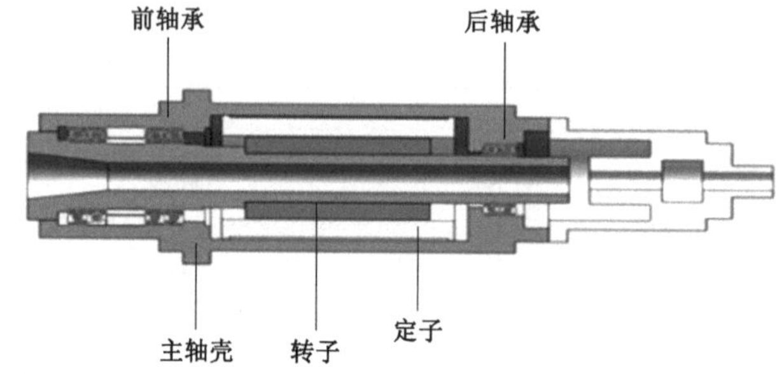

图 2-2 电主轴结构示意图

2.1.2.1 电主轴内部电机发热

区别于机械主轴,电主轴所采用的方式是直接将电机结构嵌入主轴内,将主轴与电机直接相连,由电机直接驱动主轴,不需要额外的传动器件,从而在保障精度的同时大大提高了工作效率。电主轴电机功率较大,在高速切削时发热量明显,为避免电主轴过热,通常在定子部分设计冷却液流通回路对其强制散热,避免其温度过高。而转子产生的热量一部分通过热传递直接传递给轴承和主轴,另一部分通过对流和辐射传递给定子。电机在电能转化为动能过程中的能量损耗主要是通过热传导、热辐射传导进入主轴与壳体，最终产生主轴系统的热变形。电主轴中电机部分发热主要由以下几个部分组成。

(1) 机械损耗。机械损耗主要是由于转子与定子之间存在空气间隙，当转子高速旋转时，与空气之间摩擦而产生的损耗。该损耗可以通过下式进行计算：

$$P_n = \pi C\rho W^3 R^4 L \tag{2-1}$$

式中　P_n——机械损耗功率，W；

C——摩擦系数；

R——转子的外半径，m；

L——转子的长度，m；

W——角速度，rad/s；

ρ——空气密度，kg/m^3。

(2) 电损耗。电损耗主要来源于电流在定子线圈与转子线圈的损耗，由于线圈有一定阻抗，在电机工作过程中必然存在一定的热损耗。该损耗可以通过下式进行计算：

$$P_e = I^2 R = I^2 PL/S \tag{2-2}$$

式中　P_e——电损耗功率，W；

I——电流，A；

R——导体的电阻，Ω；

P——导体的电阻率，Ω·m；

L——导体的长度，m；

S——导体的截面面积，m^2。

(3) 磁损耗。磁损耗是定子与转子在工作的时候由于磁滞与涡流产生的损耗。该损耗可以通过下式进行计算：

$$P_t = CfB_{max}^2 \tag{2-3}$$

式中　P_t——磁损耗功率，W；

C——与电工钢牌号有关的常数；

f——磁化频率，s^{-1}；

B_{max}——磁感应强度最大值，T。

这三类损耗为主轴电机的主要损耗。在主轴电机发热分析中，假定其损耗功率都全部转化为热量，研究对象重型机床 ZK5540A 的额定损耗功率为 1.5 kW。

2.1.2.2　轴承摩擦发热

电主轴中另外一部分发热为轴承摩擦生热。在高速电主轴中，高速精密轴承是其核心支撑部件，此类轴承虽具有高速性能好、载荷承载能力高、润滑性能好、发热量小等特点，然而在高速高负载的情况下，轴承的发热量也是不容忽视的。电主轴的轴承发热情况比较复杂，滚动轴承的滚动体与滚道之间的摩擦生热和与润滑油之间发生的热交换，使其最终达到一个平衡状态。轴承的发热主要包含以下几个部分：球与滚道的差动滑动生热（沿接触椭圆短轴）、球的陀螺转动生热（沿接触椭圆长轴）、球的自旋生热、球的润滑拖动生热、保持架与套圈引导面之间的滑动摩擦生热、球和保持架的滑动摩擦生热。

在实际计算中常常用一个经验公式对轴承发热各部分结果进行整合，从而获取轴承在不同转速以及不同载荷情况下的发热量：

$$H = 1.047 \times 10^{-4} Mn \tag{2-4}$$

式中 M——轴承的摩擦力矩，N·m；

n——主轴转速，r/min；

H——轴承发热量，J。

摩擦力矩包含黏性摩擦力矩 M_0 和载荷摩擦力矩 M_1 两个部分，其计算公式如下所示：

$$\left.\begin{aligned} M &= M_0 + M_1 \\ M_0 &= 10^{-7} f_0 (\nu n)^{2/3} d_m^3 \\ M_1 &= f_1 p_1 d_m \end{aligned}\right\} \tag{2-5}$$

式中 f_0——与润滑方式相关的系数；

d_m——主轴轴承的平均直径，m；

ν——润滑剂的运动黏度，m^2/s；

f_1——与轴承类型相关的系数；

p_1——轴承摩擦力计算载荷，N/m^2。

2.1.2.3 主轴系统热交换

影响电主轴热变形的因素除了以上两大部分热源外，还有电主轴的散热系统，特别是电机定子的油-水热交换冷却系统。为防止电机过热，电主轴设计了强制冷却系统，冷却油从电主轴壳体进入定子部分的螺旋冷却槽，将电机工作过程中所产生的大量的热带走，该部分油液经过冷却交换器与冷却水进行进一步换热，热油的热量被冷却水带走后，通过泵站重新泵回电主轴，进行新一轮的冷却过程。该冷却系统中的热油由于经由电主轴壳体，在带走大量的主轴热量外，实际上加速了电机部分热量的扩散，导致主轴部分更早地达到热平衡。重型数控机床 ZK5540A 所采用的油-水冷却系统的冷却油流量 $Q=2.24\times10^{-4}\ m^3/s$。

除了对电机部分进行冷却的油-水热交换冷却系统外，轴承润滑系统对主轴轴承也有一定的冷却效果。电主轴在高速运转时，根据不同的运转条件需要对其进行不同的润滑，因此采用油气润滑的方式对其进行润滑，通过喷射雾化的油使轴承得到良好的润滑，并且通过油气与轴承的热交换能够带走一部分热量。

2.1.3 其他结构件热源分析

除了电主轴作为机床的主要发热源之外，重型数控机床的其他主要部件根据其工作状态与在数控机床中所处的位置也存在着不同的热源。ZK5540A 的整体结构如图 2-3 所示。该机床为动梁式龙门数控钻床，两边底座固定于地面；立柱通过滑台与底座相互接触，并通过滑台上的电机带动滑台与底座之间的齿轮齿条从而推动立柱前后移动；横梁安装在立柱上表面，在横梁前部安装有溜板，两者之间通过齿轮齿条进行运动；电主轴通过滑块固定在溜板上，Z 轴电机通过丝杆传动方式带动电主轴上下移动。因此，除了电主轴外，横梁、立柱以及底座均有各自的发热源，比如齿轮齿条发热、电机发热等。下面对各个部分结构(图 2-4)的热源及其特性进行简要的分析。

2.1.3.1 底座

ZK5540A 的底座总长为 9 000 mm。该机床采用动梁式结构，底座固定于地面，立柱与底座之间依靠滑台进行移动，在底座中间位置安装有齿条，通过安装在滑台上的电机带动齿

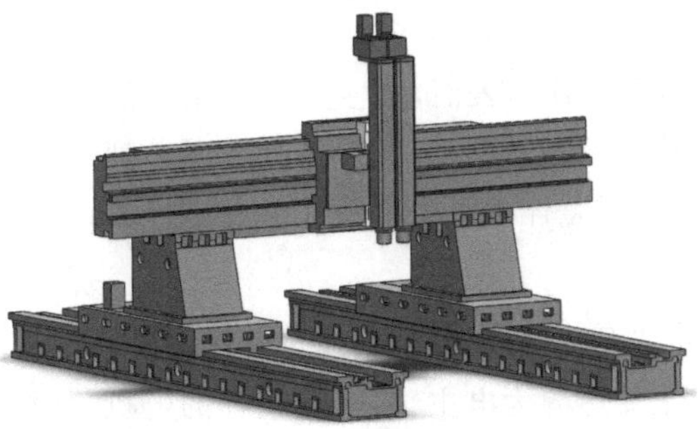

图 2-3　ZK5540A 结构示意图

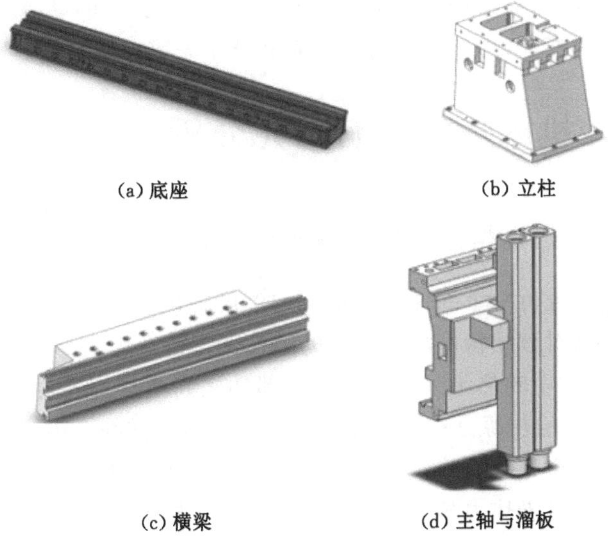

图 2-4　主要构件结构示意图

轮旋转，进而依靠齿轮齿条使得立柱进行前后移动。对于底座而言，其热源主要集中于齿轮齿条接触位置的摩擦生热，同时需要考虑的是由于润滑油的存在，在底座的中间多个凹槽位置形成了油池，该油池由于受到齿轮齿条位置摩擦热的热传导影响，在底座中形成多个热源，对底座的热变形也产生了直接的影响。另一个需要考虑的因素是环境温度，就现今 ZK5540A 所处车间而言，由于机床所在车间处于一个非恒温状态，受到通风、光照、其他机床辐射的影响不容忽视，导致机床两边的环境温度都有差异，进而有可能导致底座热变形。

2.1.3.2　立柱

ZK5540A 的立柱安装固定在滑台上，主要发热来源于滑台上的电机发热和滑台供给齿轮齿条冷却作用的液压管路与泵的发热，该热源通过热传导与热辐射对立柱的热变形产生影响。由于机床的安装位置差异，左右两边立柱同样有温度不一致的表现。立柱高度大于底座高度，可近似于一个长方体，存在着立柱前后左右四个面受到的热辐射不一致，引起左右两边立柱的热变形的差别。

2.1.3.3 横梁

ZK5540A 的横梁固定于立柱上表面，其主要热源来自溜板与横梁位置的齿轮齿条，在实际加工过程中，溜板需要进行左右移动，其热源处于不断变化之中，并且由于其热源在正前方，只有一边受热，对于横梁整体而言由于热变形容易产生前后翘曲。

2.1.3.4 主轴与溜板

电主轴与拉刀系统安装在主轴内部，主轴通过滑轨与滑块以及丝杆机构安装在溜板上。对于溜板与主轴而言，其主要热源为电主轴、驱动丝杆的电机、丝杆机构摩擦产生的热量和驱动齿轮齿条的电机产生的热量。由于主轴长度达到了 2 200 mm，丝杆长度与其相当，且丝杆的安装方式为丝杆固定，通过安装在主轴上部的电机驱动丝杆螺母旋转，从而带动主轴上下移动。因此，在主轴与溜板这部分结构内，主要产生热变形的结构为主轴与丝杆机构，两者之间存在一定的热变形，通过该结构设计能够减小一定的加工热误差。

2.2 重型数控机床热特性有限元分析

2.2.1 基于 ANSYS 的重型数控机床有限元建模

热分析常用于计算分析一个部件或者系统的温度梯度和热流密度等相关物理参数，并且在进行热分析后能够对该结构由温度引起的结构变形进行进一步的分析。对于热分析而言，最重要的是分析部件中的热源分布情况以及部件之间的热传递规律，即热传导、热对流以及热辐射。ZK5540A 的热源分布情况在上节中已经做了详细介绍，下面采用商用有限元软件 ANSYS Workbench 对该机床的温度场以及由于温度变化引起的变形场进行进一步的分析。其基本原理是基于热力学第一定律以及傅里叶导热定律，具体求解方法如下：

(1) 将物体分解为有限个离散点相连接的单元，这些离散点通过相关函数对原物体的特性如质量、热传导率等进行表达，使得单元合并的整体即能代表原物体的特性，该过程称为离散化。

(2) 离散化后，根据对所要求解问题的条件设定边界条件，对求解函数进行相应的约束，使其在迭代求解过程中逐渐逼近实际结果。

(3) 求解该物体在特定条件下的响应结果，如加热条件下温度场和加力情况下的变形场等。ZK5540A 温度场与变形场的有限元求解过程如下所示。

步骤 1：设定求解区域。先通过其他建模软件对整个数控机床进行建模，并根据实际情况对模型进行简化，对关键位置进行详细建模，次要位置进行简化或者忽略。采用 Solid Works 软件对 ZK5540A 进行仿真建模，并对部分无关紧要的零部件进行简化。

步骤 2：离散化求解域。该过程也称为有限元网络划分，将求解域近似划分为有限个不同大小且彼此相连的单元，根据重要程度确定其单元的大小。实验通过 Workbench 对机床模型进行网格划分，对不同位置进行不同细化程度的网格划分，比如对于电主轴部分需要更加详细的网格划分才能保证对温度场进行精确的求解。

步骤 3：确定求解区域泛函。微分方程与其边界条件可以描述一个具体的物理问题，在实际求解过程中，通常将其转换为泛函形式。

步骤 4:设定边界条件。根据求解的条件设定求解约束,根据 ZK5540A 的热源分布以及热传递情况,对模型的边界条件进行设定。

步骤 5:设定单元温度函数。由于需要求解 ZK5540A 的温度场,因此对单元设定相应的温度函数。

步骤 6:求解。通过 Workbench 设定的边界条件,在特定单元的情况下对整体函数进行联立方程组求解。第一步求解获得的是数控机床 ZK5540A 的温度场,在求解出符合实际情况的温度场后,以该温度场为基础进一步求解热变形场。

2.2.2　电主轴热特性仿真分析

机床主轴温度场变化是由于内外热源共同作用而形成的,由于加工环境的多变,其内外热源也不是恒定的,导致温度场变化程度的差异。从主轴自身角度来说,组成主轴的各零部件由于材料、结构、热惯性和零部件之间热传导率的差异造成主轴表面温度场的复杂多变性。温度场的变化使主轴及其零部件产生热应力,进而导致热变形,又由于热应力和热位移与材料自身物理性质和形状等因素有关,造成主轴热变形场的复杂性。

针对 ZK5540A 电主轴结构特性,对其进行建模与简化,并通过 Workbench 对其进行有限元热分析,求取其工作时的温度特性。电主轴在工作时会产生大量热量,由于受内外热源与边界条件的影响,电主轴的温度场分布不均匀,温度场的不均匀导致了主轴的热误差。由于其自身结构与边界条件的复杂性,难以获取其整体结构的仿真分析结果,因此主要对电主轴的结构特征进行分析,通过合理地简化电主轴结构,获取其有限元仿真结果。电主轴主要由定子、转子、轴承以及冷却系统等组成,针对 ZK5540A 中电主轴,轴承采用背靠背的安装方式,在转子中间安装有拉刀机构,在定子的外圈有螺旋冷却槽以确保对定子的冷却,同时在前端轴承内部布置有油气冷却润滑系统,保证轴承温度不会过高。

电主轴系统零件数目庞大,且零件之间的接触复杂,需要对其进行简化后才能进行下一步的温度场仿真与变形场仿真。图 2-5 中,将定子与转子中的线圈简化为实体圆环,同时由于拉刀机构与转子接触不紧密,存在大量的无摩擦约束,因此在热分析时将其忽略,并将其中与电主轴联系紧密的部分进行合并。轴承部分是电主轴分析中关键的一部分,当电主轴进行高速旋转后,滚珠与滚道之间进行高速摩擦与滚动,因此可以将轴承简化为环状零件,同时对轴承发热仿真计算过程进行简化,采用式(2-4)对轴承的发热量进行计算。

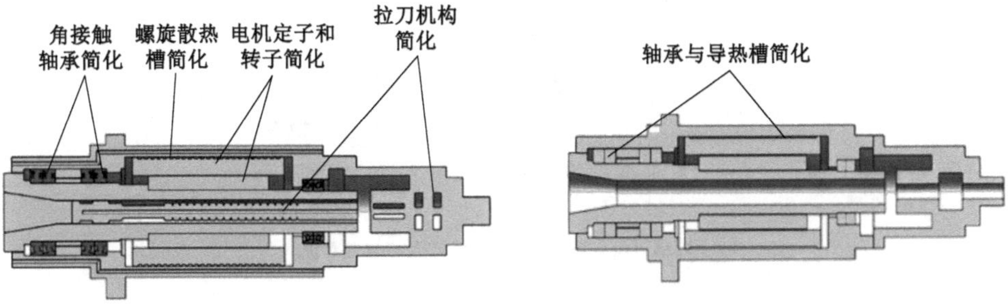

图 2-5　电主轴简化示意图

电主轴的发热情况在前文“电主轴热源分析”中已经进行了详细的介绍,其主要由三个部分组成:前后轴承摩擦生热;定子电损耗发热;转子损耗发热。根据电主轴的参数对以上三项的发热系数进行计算，在有限元仿真中设置相关参数，如表 2-2 所示。采用体积发热功率 Q 对发热情况进行描述，如图 2-6 所示，电主轴的前后轴承与电机转子、定子均存在发热，因此对其发热情况进行设定。

表 2-2　轴承发热计算参数

参数	值
前支撑轴承节圆直径 d_{m_1}/mm	125
后支撑轴承节圆直径 d_{m_2}/mm	90
轴承内圈转速 n/(r/min)	1 000
运动黏度 ν/(mm^2/s)	120
计算系数 f_0	1.7

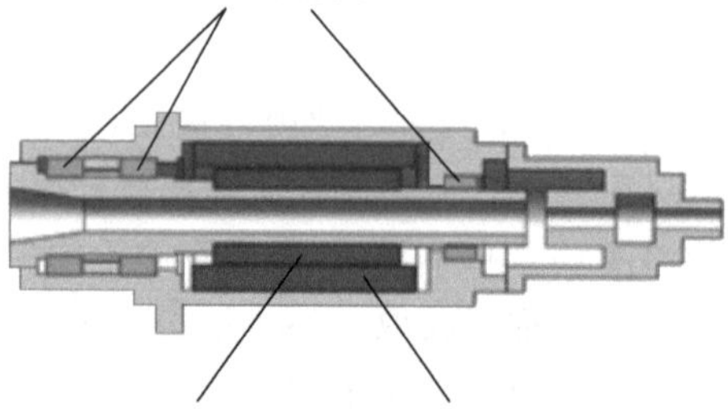

图 2-6　电主轴热源分析

电主轴主要热交换方式有螺旋冷却槽水冷、前轴承冷却、转子端部对流与辐射、主轴外壳与空气对流，如图 2-7 所示。前轴承内安装有油气冷却润滑系统，在保证轴承润滑的前提下，带走了前轴承部分热量；定子与电主轴外壳之间有螺旋冷却槽，冷却液对定子进行冷却；转子端部裸露在空气中，其高速旋转与空气产生强制对流换热；主轴外壳与空气接触产生对流换热。根据以上几项散热边界条件对电主轴进行散热边界调节设置。设置与空气的自然对流换热，同时考虑到辐射换热，换热系数为 10 W/(m^2 · ℃)，默认室温为 20 ℃。

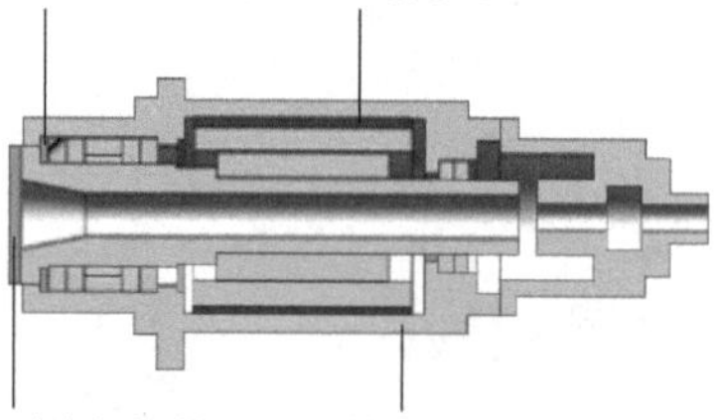

图 2-7　电主轴冷却分析

对整体模型进行网格划分，设置其各个零件的材料属性，如表 2-3 所示。其网格划分情况如图 2-8 所示。

表 2-3　仿真材料属性表

材料	密度/(kg/m³)	弹性模量/MPa	泊松比	热膨胀系数/℃$^{-1}$
铸铁	7 200	110	0.28	1.10×10^{-5}
钢	7 850	200	0.30	1.20×10^{-5}
铜	8 933	123	0.35	1.80×10^{-5}

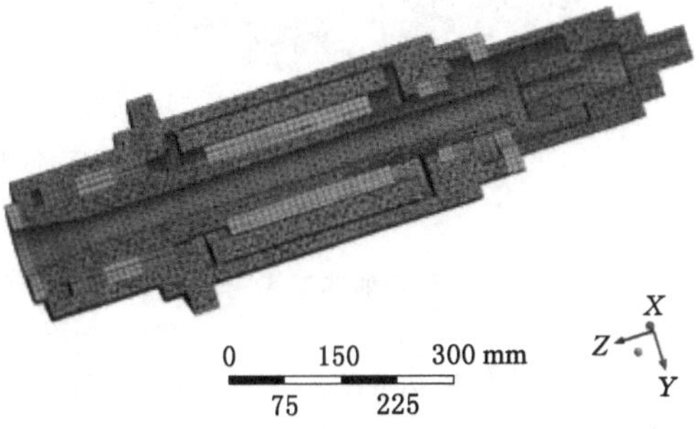

图 2-8　电主轴网格划分

对电主轴的发热情况进行计算，电主轴的温度场分布如图 2-9 所示。

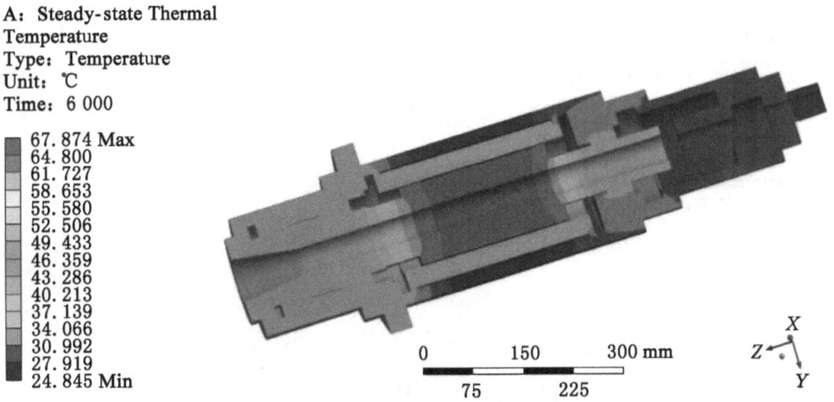

图 2-9　电主轴热稳态温度分布图

由其热稳态温度分布图可知，电主轴的转子部分温度较高，由于其发热量大，无法通过冷却液直接进行冷却，只能通过定子间接进行散热，因此该部位的温度最高。前后轴承位置温度也仅次于转子的，说明轴承摩擦发热也是电主轴发热的重要一部分，但是由于前轴承存在油气冷却系统，能够带走部分热量，同时电主轴的转子端部部分也能够进行部分散热，因此其温度没有定子内部的高。

图 2-10 为电主轴内部热通量分布情况。热通量(heat flux)也称为热流密度，是物体热量转移大小和方向的一个表征。热通量是一个具有方向性的矢量，方向与等温面法线方向一致，大小定义为该方向上单位面积和时间所流过的热量。

电主轴热变形情况如图 2-11 所示，该图为电主轴不受主轴箱约束情况下的热变形，可以明显看出，由于温度的影响，电主轴整体呈现出热膨胀的倾向，由于变形叠加的特性以及

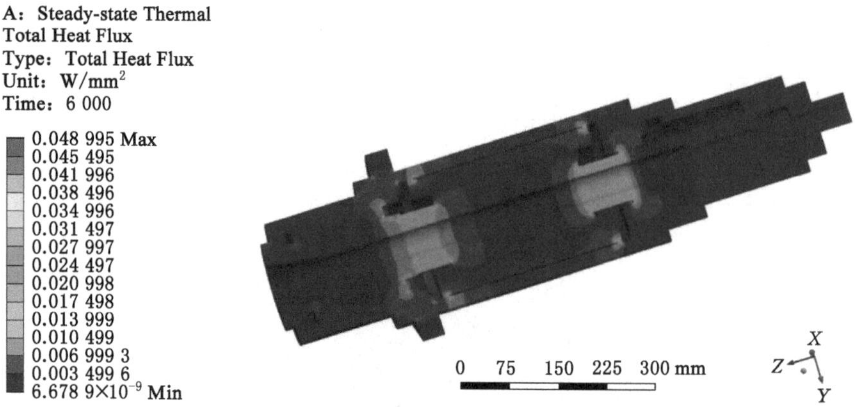

图 2-10　电主轴热通量分布情况

材料自由膨胀的特性，可以发现其变形最大的地方为电主轴尾部以及电主轴前端，同时变形变化梯度最大的地方即是温度场中温度最高的地方。而热应力主要集中在电主轴中存在互相约束的位置，由于不同零部件的热膨胀程度不一样，并且热膨胀方向也不一致，因此会出现两者互相干涉的情况，此时就存在较大的热应力。由图 2-11 可知，热应力最大的地方在前后轴承的位置，该位置轴承约束了电主轴转子部分延长度方向的热膨胀，因此存在一定的热应力。对于热应变而言，其为变形量的比值，即由于温度引起的热膨胀与原本长度之比，而由于有部分热膨胀非自由膨胀，因此温度最大的地方不一定就是热应变最大的地方，热应变与热应力分布的位置比较相似，同样在电主轴转子靠近轴承位置的热应变最大。

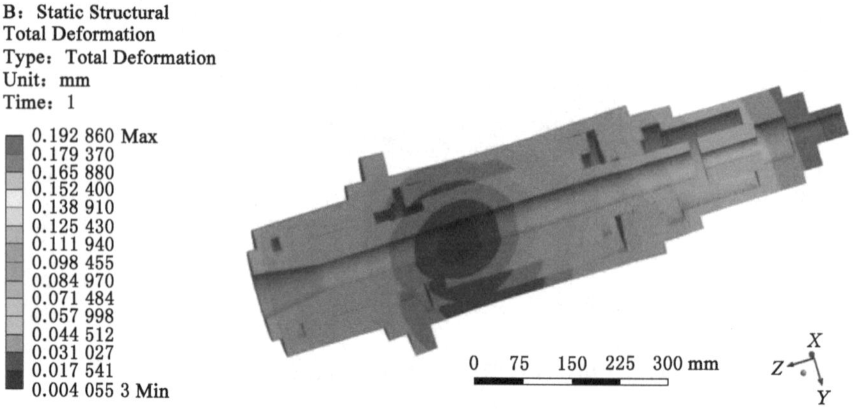

图 2-11　电主轴热变形与热应变

探讨电主轴温度场对主轴箱的影响时，将电主轴与主轴箱进行装配，进行电主轴不同温度场对主轴箱热致变形影响的仿真。将电主轴与主轴箱进行装配，其热边界条件与单独电主轴仿真时相同，仿真结果如图 2-12 和图 2-13 所示。

从图 2-13 中可以明显看出，由于电主轴内存在冷却结构，电主轴中温度呈现出先增大、再减小、再增大、再减小的趋势，中间部分的发热不明显，该结构能够有效地减少电主轴热量向主轴箱传递和由于前后轴承的发热影响导致主轴箱的温度发生变化。

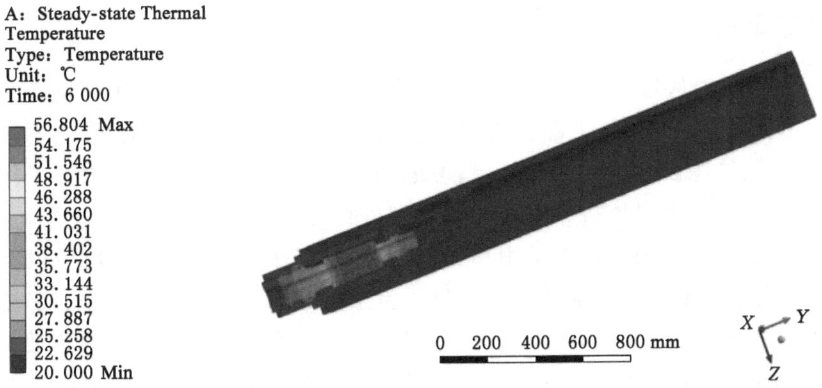

图 2-12　主轴整体温度示意图

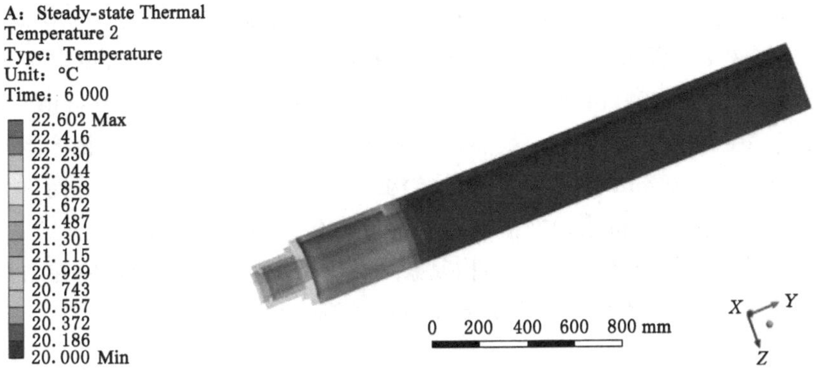

图 2-13　主轴箱部分温度示意图

如图 2-14 所示，固定主轴箱顶部，对其进行温度场引起的热变形分析。由于电主轴的大量发热，导致主轴箱下部受到温度影响发生较大的热变形，而在实际装配中由于主轴箱通过滑块与导轨进行连接，不受到沿其高度 Z 方向上的约束，仅仅受到 XY 方向上的约束，产生沿 Z 方向上的变形。

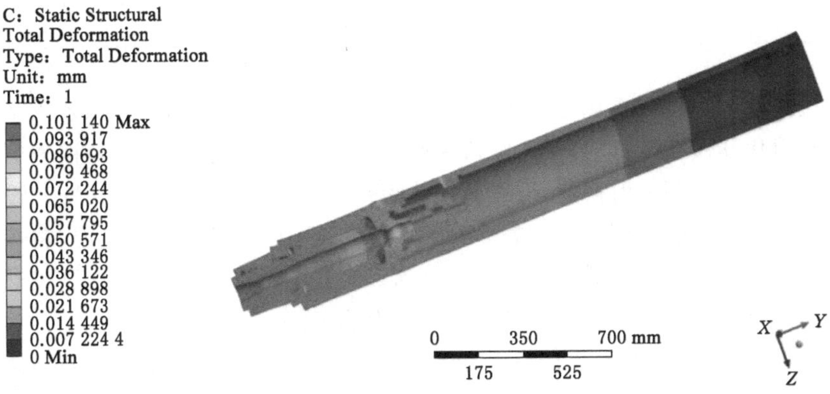

图 2-14　主轴箱整体热变形示意图

2.2.3 整机温度场分析

ZK5540A整机由底座、滑台、立柱、横梁、溜板以及主轴箱构成。针对整机的温度场分布情况进行仿真时，需要对各个部分的热源以及各部分结构进行简化：将主要热源提取出来，分别为电主轴热源以及其他电机热源；考虑到该数控机床为钻床，其主要工作状态为钻孔，根据钻孔加工的特点对该机床整体发热状态进行分析，在钻孔加工过程中，主要工作部件为主轴，次要工作部件为丝杆传动副和其他部件；而控制 *XY* 方向上电机进给量偏小，可以认为滑台与底座以及溜板与横梁之间的齿轮齿条副摩擦发热较少，可以忽略，由于该位置的电机长时间处于不工作状态，可以认为其发热量较小，在设定仿真参数时需要对其进行进一步的考虑。同时为了简化仿真计算，对该数控机床中的螺栓孔以及其他不重要的零部件进行简化设计，比如将圆角改为直角，忽略一些小的连接件。

在充分考虑以上条件后对该数控机床进行不同的边界条件设置，将整机的表面设置为与空气进行对流，分别设置主轴、导轨、横梁和滑枕电机的热功率，同时设定接触面定义，其相关参数设定如表2-4所示。图2-15所示为机床部件之间的接触设置，设定机床不同部件之间的接触为Bonded接触，由于主轴箱与溜板之间通过滑块与导轨进行接触，因此设定其为无摩擦约束。在设定完所有的接触约束后，对机床整体进行网格划分，将控制网格单元大小设置为100 mm×100 mm，为了保证部分结构求解更为精确，将主轴部分网格大小设置为30 mm×30 mm，整个数控机床的网格单元数量为336 135个，节点数目为627 531个，网格划分如图2-16所示。由于ZK5540A结构复杂，大部分结构为铸造结构件，在结构内部存在非常多的筋板、肋板等，模型的网格划分质量难以达到最佳程度。

表2-4 机床整机仿真参数设置

材料	密度/(kg/m^3)	导热系数/[W/(m·℃)]	比热容/[J/(kg·℃)]
铸铁	7 200	52	460
钢	7 850	60.5	434
铜	8 933	400	385
空气	1.161 4	0.026	1 007
水	997.4	0.604	4 179
冷却油	1 100	0.128	1 800

重型数控机床ZK5540A由于机床的特性，通常在工作时主轴沿 *X*、*Y*、*Z* 三个方向移动并不剧烈，为简化其模型，可以将机床默认为静止状态，将机床表面热交换视为与空气的自然对流换热，同时考虑到辐射换热，设置其换热系数为 5×10^{-6} W/(mm^2·℃)，设置周围环境温度为20 ℃，其散热情况如图2-17所示。其次设置不同热源的发热情况，将热源等效为恒温热源，并对热源进行简化设置，如图2-18所示，选择ZK5540A中的主要发热体——主轴电机、横梁电机、导轨电机、丝杠螺母副电机作为热源。

机床整体温度场分布如图2-19所示，可以明显地看出整机的温度场分布与热源直接相关，温度升高的部位主要集中在电主轴、滑枕上部、底座后端和导轨中部。其中由于电主轴发热量最大，因此其温度也最高，通过热传递机制导致整个主轴箱温度也较高，同时影响主

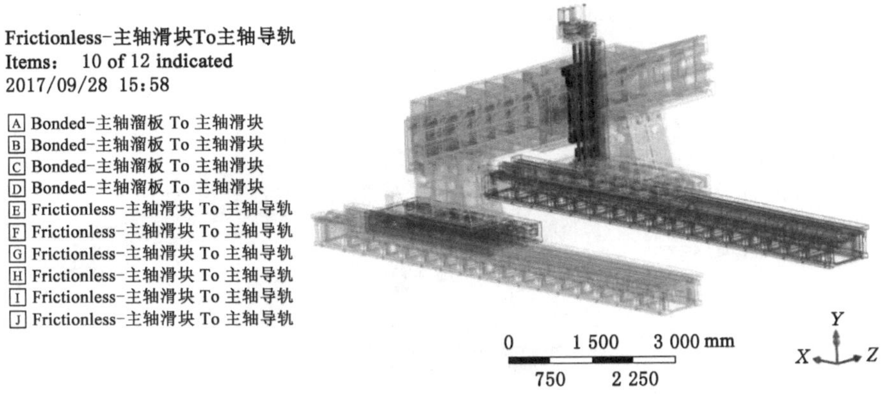

图 2-15　机床部件之间的接触设置

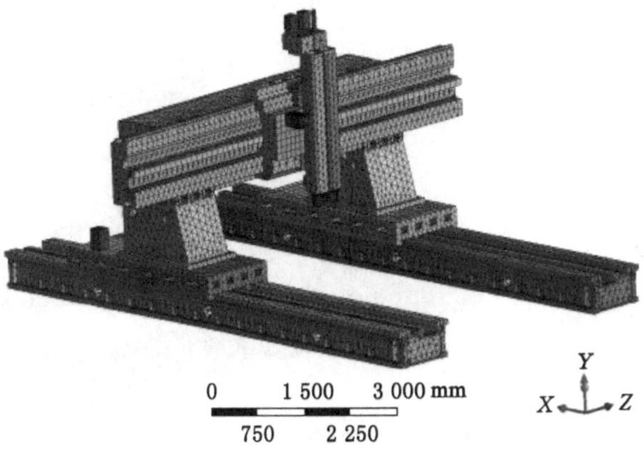

图 2-16　机床整体网格划分

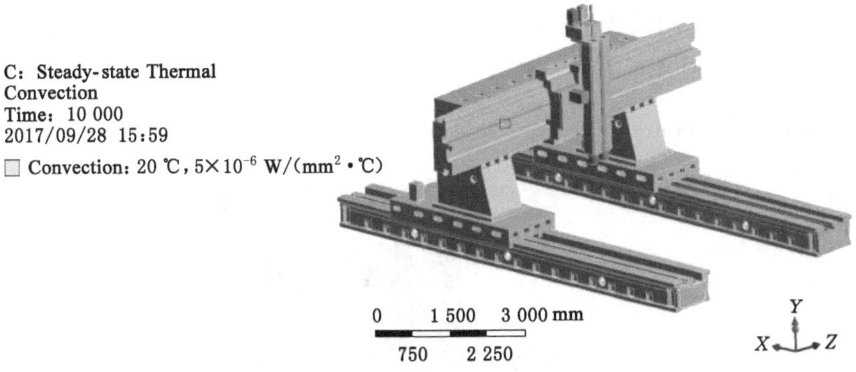

图 2-17　机床表面与空气之间的散热

轴箱温度场的还有驱动丝杠螺母副的电机，两热源综合影响导致主轴箱下端温度最高，其次温度较高的部分为最上端部分，而主轴箱中间的部分温度场较低，同时溜板位置的电机发热同样会对主轴箱温度场有一定的影响。底座部分的热量主要集中在驱动滑台的电机周围，由于导轨运动缓慢，底座其他部位与周围空气实现热对流，其温度与环境温度一致。

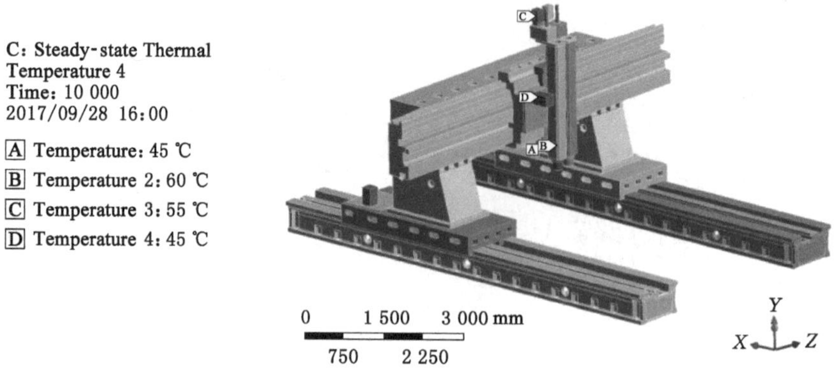

图 2-18 机床整体主要热源设置

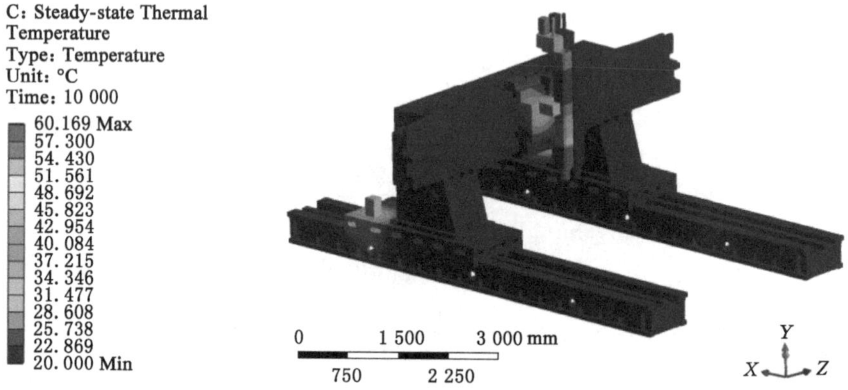

图 2-19 机床整体温度场分布

图 2-20 为机床整体结构的热通量分布图，图中可以明显地看到各个热源对外热量的转移程度，高温区主要集中分布于热源附近。

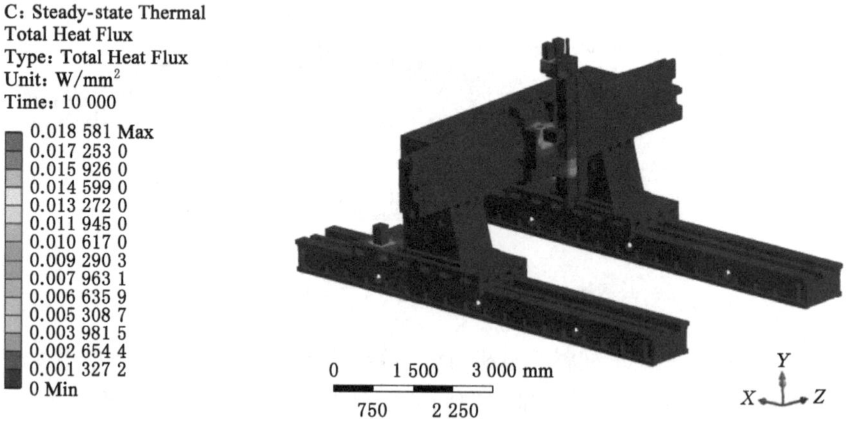

图 2-20 机床整体结构热通量分布

为了对机床其他部件的温度场进行进一步的探究，选取不同的部件进行更为细致的温度场情况分析。如图 2-21 所示为横梁温度场分布示意图，由于主轴箱结构与溜板之间依靠滑块导轨连接，而横梁直接接触的仅有溜板，因此主轴箱与驱动丝杠螺母副的电机的热量在经过层层热阻衰减后对横梁的影响很小，横梁温度场的主要来源是驱动溜板的电机以及齿轮副运转时带来的热量，主要集中在横梁的前部以电机为中心的一个半圆内。

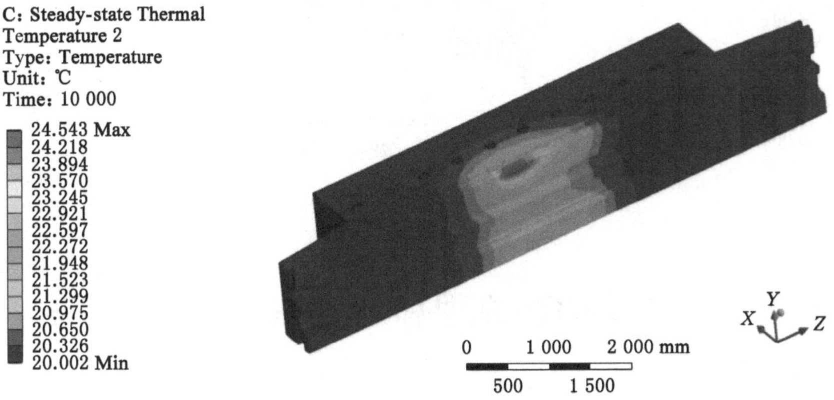

图 2-21　横梁温度场分布

立柱温度场分布示意图如图 2-22 所示，可以很明显地看出温度场的变化也是驱动滑台移动的电机所带来的，由于驱动电机比较靠近滑台的外侧，因此对于立柱而言，其温度场分布以其中一个角为起始，呈现出圆环状，其温度数值呈现递减趋势。

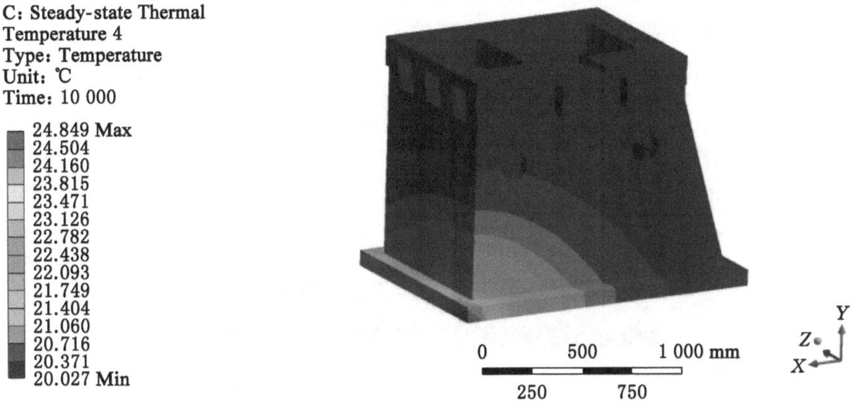

图 2-22　立柱温度场分布

同理，底座温度场变化也主要受到滑台电机发热的影响，越靠近驱动电机处其温度越高。然而由于底座长度长达 9 000 mm，因此其影响范围有限，不能对整个底座产生影响，如图 2-23 所示底座温度场分布，对于远离电机的位置其温度与环境温度接近，由于受到自然对流散热的影响，基本没有因为热源的影响而导致温度场发生变化。

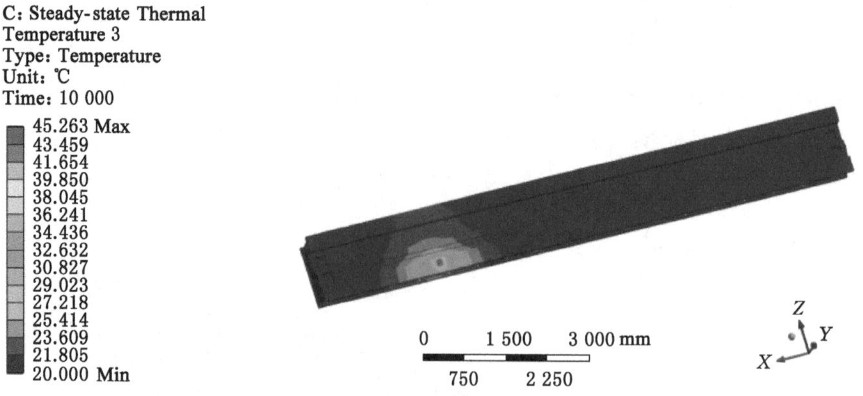

图 2-23　底座温度场分布

2.3　基于 FBG 测量的新原理和新方法

2.3.1　FBG 传感测量原理及特点

2.3.1.1　FBG 温度测量原理

光纤光栅由于其中心波长易受到温度、应变等物理因素的影响，有着良好的线性响应，被视为理想的感温元件。光纤光栅传感器经过多年的发展，由于具有一线多点、动态多场的优势，在航空航天、交通和机械等领域都有广泛的应用。

光纤光栅结构及原理图如图 2-24 所示，当宽带光源沿着光纤传输时，光纤光栅会对与光栅相匹配的特定波长入射光进行反射，而其他波长的光则透射出光纤。反射光的波长 λ_B 称为 Bragg 波长，如下式所示：

$$\lambda_B = 2n_{eff} \cdot \Lambda \tag{2-6}$$

式中　n_{eff}——光纤光栅的有效折射率；

Λ——光栅周期。

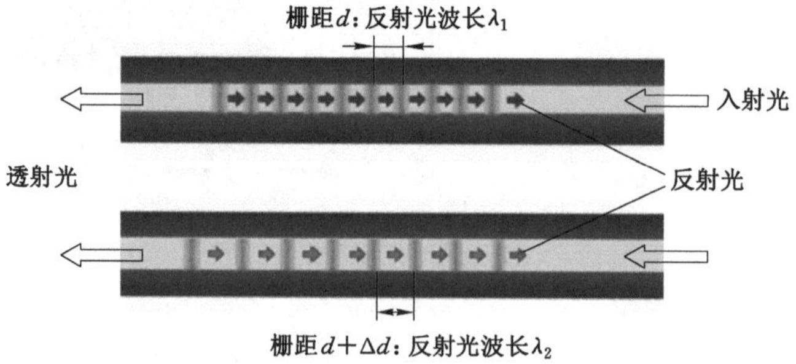

图 2-24　光纤光栅结构及原理图

从式(2-6)可以看出光纤光栅的中心波长与折射率和光栅周期有关。当没有外力作用时，只有温度影响下，由于热胀冷缩的原因，光栅周期会发生改变，同时由于热光效应的作用，光纤光栅有效折射率也会发生相应的变化。通过计算，光纤光栅的中心波长可以表示为：

$$\frac{\Delta\lambda_B}{\Delta T} = (\xi + \alpha)\lambda_B \tag{2-7}$$

式中　ξ——光纤光栅的热光系数，K^{-1}；

α——光纤光栅的热膨胀系数，K^{-1}。

由于已知普通石英光纤的热光系数和热膨胀系数，通过式(2-7)就可以计算出中心波长一定时的光纤光栅温度的变化量，从而达到测温的目的。

2.3.1.2　FBG 应力测量原理

光纤光栅传感器一般都是附着在弹性体上用于测量其应力和应变，当弹性体受到外界影响(如压力、热膨胀等因素)时，光纤光栅就会随着弹性体一起发生形变，从而导致 FBG 反射波长发生漂移，可由解调仪解调其反射光波长，并计算出相应的应力，式(2-8)为 FBG 温度传感计算公式，式(2-9)为测应变 FBG 原理公式，综合两式得出 FBG 应变计算方法，如式(2-10)所示。

$$\frac{\Delta\lambda_1}{\lambda_1} = (\alpha + \xi)\Delta T \tag{2-8}$$

$$\frac{\Delta\lambda_2}{\lambda_2} = (1 - P_e)\varepsilon + \xi \cdot \Delta T \tag{2-9}$$

$$\varepsilon = \frac{\dfrac{\Delta\lambda_2}{\lambda_2} - \dfrac{\xi}{(\alpha + \xi)} \cdot \dfrac{\Delta\lambda_1}{\lambda_1}}{1 - P_e} \tag{2-10}$$

式中　α——光纤纤芯的热膨胀系数，K^{-1}，通常取 $\alpha = 5.5 \times 10^{-7}\ K^{-1}$；

ξ——FBG 的热光系数，主要引起光纤的折射率的变化，K^{-1}，一般取 $\xi = 6.4 \times 10^{-6}\ K^{-1}$；

P_e——光纤材料的弹光系数，一般取 $P_e = 0.224$。

2.3.1.3　光纤光栅一线多点测量原理

光纤光栅除了具有体积小、抗干扰、易于安装等优势，还有一个重要的特点是可以实现一线多点、动态多场的测量。复用技术是实现一线多点测量的技术手段，主要包括波分复用、时分复用、混合复用、频分复用和空分复用。实验中用到的光纤光栅所采用的是波分复用技术，在一定的光源范围内，为一串光纤中每一个 FBG 传感器分配一段波长区间，各自光谱变化做到互不干扰，其原理如图 2-25 所示。用光源照射一串 FBG 传感器，当传感器所监测的物理量发生变化时，FBG 在各自分配的波长区域内发生漂移，所有 FBG 反射的光谱叠加形成光谱山，再由解调仪解调出各自的波长漂移值。由于 FBG 体积小，通过复用技术可以实现每个 FBG 传感器占据不同的频带资源，用串联的方法将光纤光栅传感器连接，大大减少了传感器连接线的数量，因此利用光纤光栅传感器测量重型机床表面温度具有独特的优势。

现有的光纤光栅传感器主要是针对测量环境温度而设计的，一般是在光栅表面包裹一层金属，用来加固，增强其强度和耐用性。考虑到光纤光栅对应变和温度交叉敏感问题，用于环境温度测量的 FBG 温度传感器将金属包裹层与光纤光栅层分离，中间填注传热材料。而将光纤光栅传感器用于机床表面温度测量时，这种封装结构存在很大的缺陷。由于进行固体表面测量时，传感器不是处于一个均匀的温度场之中，被测物体表面与环境温度往往存在巨大的差异。针对该情况，需要对已有的环境温度传感器进行重新设计与封装。

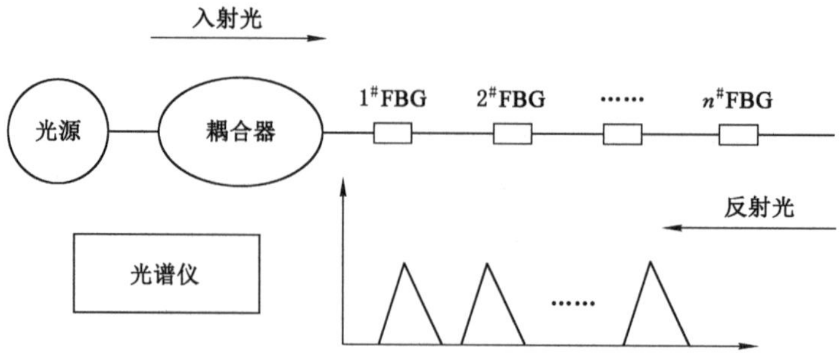

图 2-25　FBG 传感器波分复用原理图

相比传统整体式封装 FBG 温度传感器，本书中采用的是无底封装盒体的方式，能够使 FBG 紧贴在待测物体的表面，使待测物体表面温度的变化能够迅速传递到光纤光栅上，测量结果更为准确。利用非金属材料制作封装盒体，由于其具有较大的热阻，能够减小外界温度和气流的影响。另外，流动的高导热填充材料能够减小光纤光栅和待测物体表面接触热阻，更容易形成一个均匀稳定的温度场，为其表面测温创造一个稳定的测量条件。

2.3.2　基于 FBG 测量的机床表面温度场监测

温度场是指物体或系统各温度测点的集合，主要反映了温度在时间和空间的分布情况，为时间和空间的函数。温度场分为稳态温度场和非稳态温度场两大类。稳态温度场中物体各点温度不随时间的变化而变化，只与位置信息有关，如下式所示：

$$T = f(x, y, z) \tag{2-11}$$

式中　T——温度，K；

x, y, z——被测物体空间坐标，m。

若物体温度的变化不仅与被测点位置信息有关，也随时间变化而变化，我们称之为非稳态温度场，可以表示为下式的形式：

$$\begin{cases} T = f(x, y, z, \tau) \\ \dfrac{\partial T}{\partial \tau} \neq 0 \end{cases} \tag{2-12}$$

根据坐标的不同，温度场的分布分为一维、二维、三维，如下式所示：

$$\begin{cases} T = f(x) \\ T = f(x, y) \\ T = f(x, y, z) \end{cases} \tag{2-13}$$

对于非稳态温度场，存在一种只与时间有关，而与空间位置信息无关的情况，称之为零维温度场。

在三维温度场计算中，稳态温度场与非稳态温度场应满足如下条件：

$$\rho c \frac{\partial T}{\partial \tau} + \frac{\partial}{\partial x}\left(\lambda_x \frac{\partial T}{\partial x}\right) + \frac{\partial}{\partial y}\left(\lambda_y \frac{\partial T}{\partial y}\right) + \frac{\partial}{\partial z}\left(\lambda_z \frac{\partial T}{\partial z}\right) + \rho Q = 0 \tag{2-14}$$

$$\rho c \frac{\partial T}{\partial \tau} - \frac{\partial}{\partial x}\left(\lambda_x \frac{\partial T}{\partial x}\right) - \frac{\partial}{\partial y}\left(\lambda_y \frac{\partial T}{\partial y}\right) - \frac{\partial}{\partial z}\left(\lambda_z \frac{\partial T}{\partial z}\right) - \rho Q = 0 \tag{2-15}$$

式中　ρ——材料密度，kg/m^3；

c——比热容，J/(kg·K)；

τ——时间，s；

Q——材料热源密度，W/kg；

λ_x、λ_y、λ_z——沿 x、y、z 三个方向的热导率，W/(m·K)。

在对重型机床表面温度场分布情况的研究中，主要研究机床在预热和热平衡两个阶段的温度场分布情况。在机床的热平衡阶段，各温度测点的温度基本维持不变，可将其视为稳态温度场；而在机床预热阶段，各点温度都处于缓慢上升阶段，由于温度是缓变量，在短时间内变化不大，可以采用分布式监测数据的方法来预测温度数据，再利用稳态温度场重构方法来重构温度场。

鉴于 FBG 具有体积小、一线多点、易于安装的独特优势，将其应用在机床表面温度场测量中，基于监测到的机床表面温度数据重构温度场可以省去初始条件、边界条件和相关参数的设定。以机床主轴为例，在机床主轴正面部署了三串 FBG，机床以 1 000 r/min 空转 200 min，运用插值法重构的温度场如图 2-26 所示。从图中可以看出发热主要集中在滑枕箱中部位置及主轴所在位置，与仿真结果一致，说明了基于 FBG 测量重构温度场的可行性。

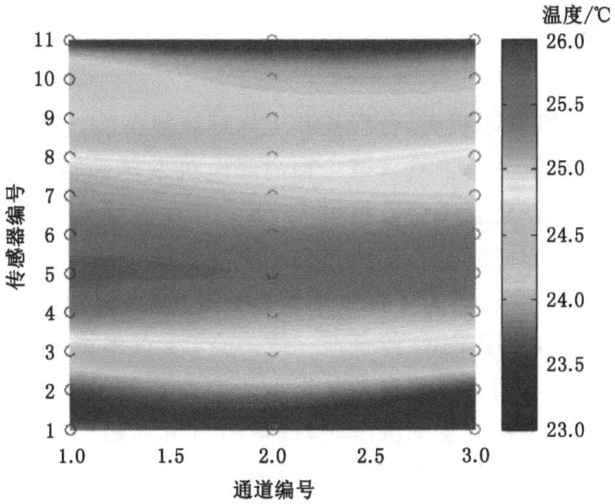

图 2-26　机床主轴温度场重构图

2.3.3　基于 FBG 测量的机床主轴热误差研究

由于光纤光栅传感器具有一线多点、动态多场的特点，通过部署 FBG 传感器即可以得出测点位置的温度与应力，为重型数控机床热误差的研究提供了一种新的思路，图 2-27 显示了基于 FBG 测量的机床热误差研究的过程。

(1) 将 FBG 传感器部署在重型机床表面，由 FBG 解调仪解调出传感器波长的变化，通过式(2-7)和式(2-10)计算出测点温度和应力。

(2) 基于 FBG 测得的机床表面各点温度，重构机床表面温度场，通过分析温度和温度场与机床主轴热误差映射关系建立机床热误差模型。

(3) 基于 FBG 测得的机床各测点应力，分析各部件的变形，结合变形传递机理，以变形为基础分析各测点与机床主轴热误差之间的关系，从而建立机床热误差预测模型。

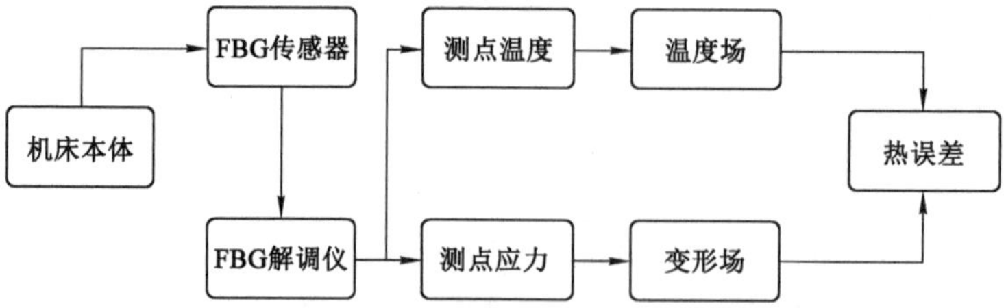

图 2-27　基于 FBG 测量的重型机床热误差研究过程

(4) 由于 FBG 在同一测点可以同时得到温度与应力，分析温度场与应力场之间的关系，再基于数据融合的手段得出温度、应力、热误差三者之间的联系，最后建立相应的热误差预测模型。

综上所述，FBG 为重型机床热误差补偿研究提供了三种不同的思路，本书从 FBG 所监测到的机床表面温度出发，重点研究机床表面温度与热误差之间的关系，解决 FBG 传感器用于重型机床热误差补偿相关问题。

2.4　本章小结

本章根据重型数控机床体积大、行程长和工作环境复杂的特点，分析了影响机床温度场分布的热源情况，重点定量分析了机床电主轴内部电机发热和轴承摩擦生热这两大热源和主轴系统间的热交换机制；建立重型数控机床 ZK5540A 温度场有限元分析模型，重点分析了机床主轴的稳态温度场及热应变，初步得出了主轴温度场与热变形的关系，对机床其他大型结构件——立柱、横梁、底座进行了温度场仿真分析，最后得到整机温度场分布情况；详细介绍了 FBG 测量的原理，利用 FBG 传感器一线多点、动态多场、体积小和抗干扰等特点和优势，结合重型数控机床表面温度测量及热误差研究面临的挑战，提出了基于 FBG 测量机床表面温度的新方法，通过重构主轴温度场，也得出与仿真相似的结论，同时也提出了基于 FBG 测量的热误差研究新方法，展现了 FBG 在重型机床热误差研究领域的优势。

第 3 章　基于 FBG 的重型数控机床温度测点优化

重型机床表面温度测量是对机床进行热误差补偿的首要环节，主要包括测量准则和测点选取与优化两个方面的研究。目前对机床表面温度的测量大多数都采用电类传感器。由于在重型数控机床温度监测中存在强干扰、多参量、大范围和多测点等测量难题，电类传感器存在抗电磁干扰弱、布线多等不足。结合 FBG 传感器具有一线多点、动态多场、抗强干扰等特点，将 FBG 温度传感器应用在重型数控机床温度实时监测和热误差补偿中。

关于如何选取初始测点位置及数量问题一直以来都没有一个统一的机制，相关学者通过热源分析、温度场模态和热变形模态分析来指导普通机床的初始布点。重型机床具有体积大、发热量大、工作环境温度相对不稳定等特点，导致重型机床在温度场分布方面与普通机床会有所区别。本章针对这个问题，通过分析重型机床的主要发热源，从理论上对重型机床主要大型构件温度场进行仿真分析，为温度测点的初始布置奠定理论基础，然后结合各温度测点与主轴热误差的敏感度、测点之间的灰色相关度以及聚类分析等来确定进行热误差补偿的最优测点。

3.1　重型数控机床表面温度初始测点选取

3.1.1　车间环境温度分析

环境温度作为影响热误差的重要热源之一，对重型机床热误差的影响不可忽视。重型机床体型较大，通常工作在非恒温车间中，环境气温的波动会对机床加工精度产生不可忽视的影响。以往的研究中，部分学者分析了环境温度与机床热误差的关系，研究了环境温度变化规律并建立了与之相关的模型。但对于重型机床来说，光照、固定位置和体积大等原因造成了重型机床周围的环境温度并非一致，选取单一的位置来监测环境温度的变化无法准确地反映机床周围实际环境温度的变化。基于此，本书研究机床周围环境温度的变化规律，通过分析其与主轴热漂移的关系，确定环境温度的监测点，为后期热误差模型的建立做准备。

为测量重型机床周围环境温度，在机床的前、后、左、右 1 个位置分别部署了 1 个温度传感器，部署位置如图 3-1 所示。通过测量每天 0：00 到 24：00 车间的环境温度变化，记录 3 月、4 月和 6 月的数据，每个月连续记录 7 d，所测得的温度如图 3-2 所示。可以看出，4 个点的环境温度变化趋势是一致的，且每天呈现周期性变化的趋势，但是同一时刻每个点的温度值不同，主轴后端温度最高，左导轨温度最低，其他两点温度居中。每个测温点全天温度差计算和统计如图 3-3 所示，最大的温差发生在主轴后端，最小的温差发生在左端，在 3 月、4 月最大温差可达到 7～8 ℃，随着气温的升高，最大温差也逐渐变小，在 6 月时达到 5 ℃。

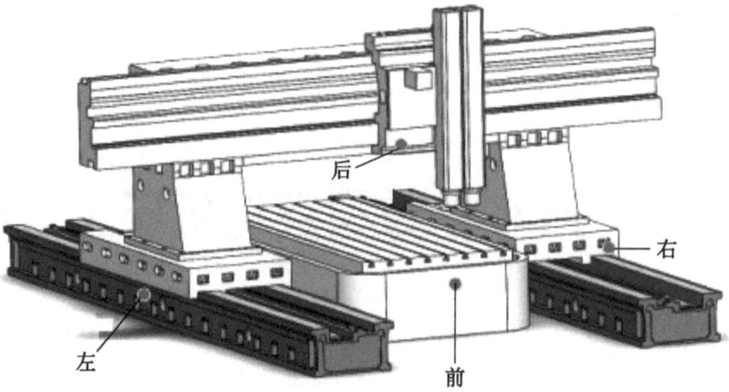

图 3-1　环境温度传感器部署位置

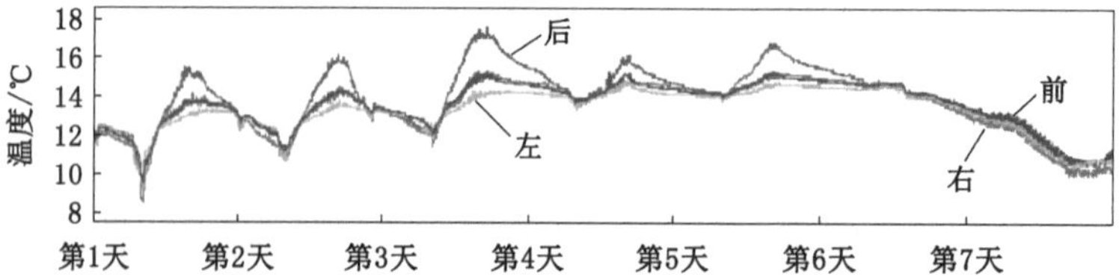

(a) 2017-03-07—2017-03-13环境温度趋势

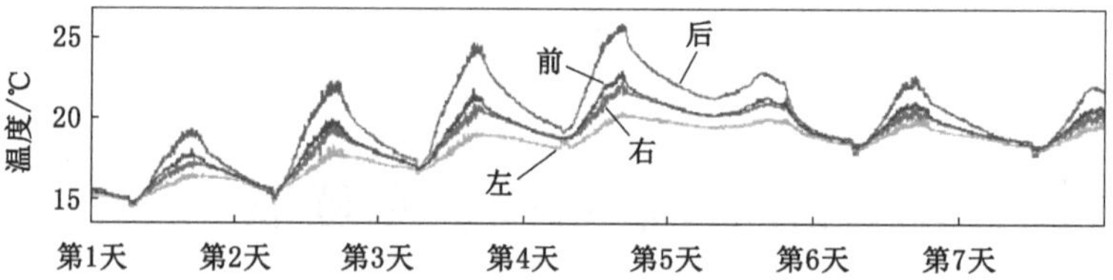

(b) 2017-04-12—2017-04-18环境温度趋势

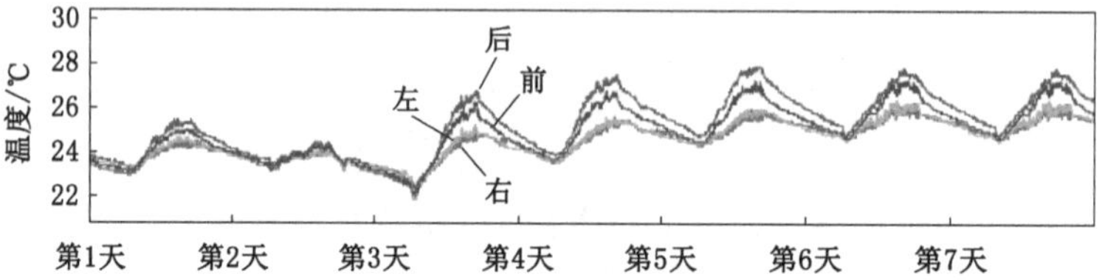

(c) 2017-06-14—2017-06-20环境温度趋势

图 3-2　环境温度测点温度统计

不同测点温差不同，是由于机床放置在车间走道的中部，受到走道风和从窗户射进来太阳光的影响。在以往的研究中，对机床环境温度进行分析时，往往选取单一的点来监测环境温度的变化，忽略机床不同位置环境温度对主轴热误差的影响。为分析四周环境温度的变化规律和对主轴热漂移的影响，图 3-4 显示了机床静态时 4 个测点的温度数据与主轴在 3 个方向的热漂移曲线，并取 3 月、4 月和 6 月不同时间段 4 d 的温度与热漂移数值，计算了两者之间的相关性系数，如表 3-1 所示。从相关性分析的图表可以看出，环境温度对主轴 Z 方向上的影响最大，对 Y 方向的影响次之，对 X 方向的影响最小。通过对机床结构进行分析，认为这是由于在 Y 方向上机床属于对称结构，从设计上抵消了一部分热误差的影响，而

在 X 与 Z 方向都不属于对称结构，并且主轴 Z 方向上只有一端有约束，由室温的变化而导致主轴在 Z 方向上伸长量的变化。

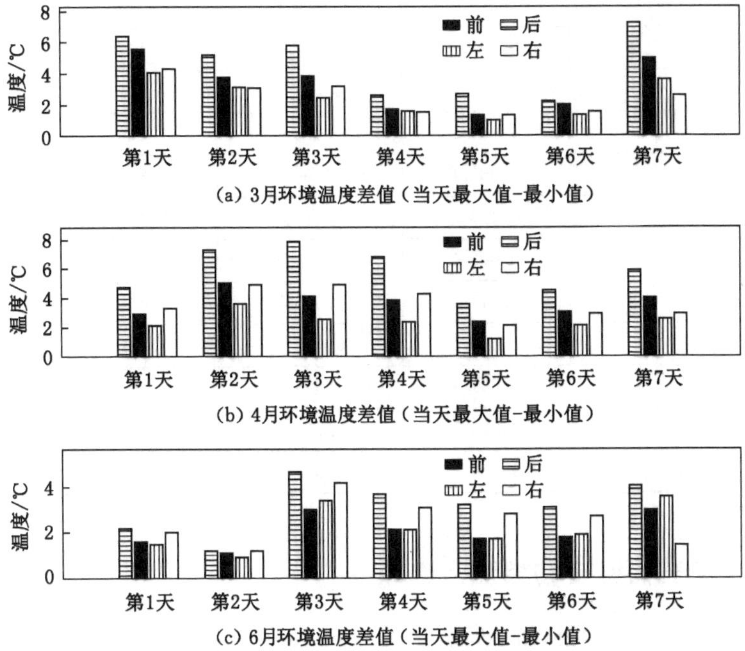

图 3-3　各测温点全天温度差计算和统计

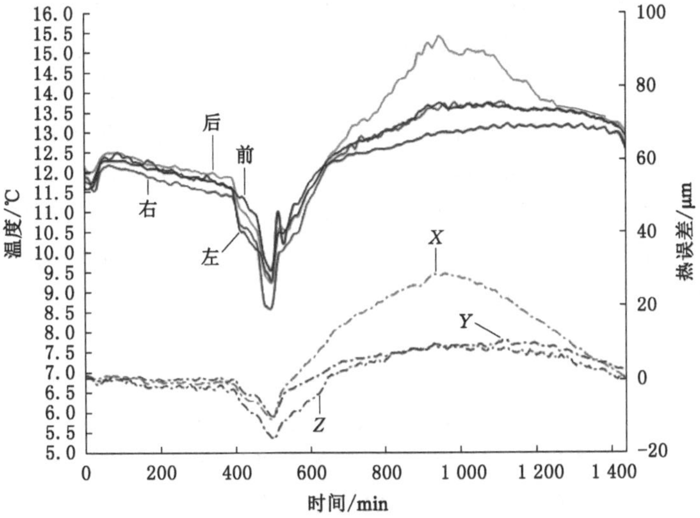

图 3-4　环境温度与主轴热漂移分析

通过表 3-1 可以看出，机床后端环境温度与主轴热漂移相关性最大，其中与 Z 方向上的热漂移相关性最高，Y 方向上次之，X 方向上最小，该结果也符合以上对机床结构的初步分析。

表 3-1　环境温度与主轴热漂移相关性系数

方向	实验编号	机床后	机床右	机床左	机床前
X	1#	0.898 4	0.804 7	0.706 7	0.810 5
	2#	0.452 5	0.247 5	0.103 5	0.368 8
	3#	0.752 8	0.587 9	0.472 1	0.687 0
	4#	0.921 3	0.903 8	0.856 7	0.922 9
Y	1#	0.952 4	0.950 7	0.891 0	0.950 4
	2#	0.414 7	0.286 8	0.173 0	0.356 2
	3#	0.602 4	0.584 9	0.592 3	0.607 2
	4#	0.918 2	0.926 5	0.898 4	0.922 9
Z	1#	0.958 7	0.948 2	0.892 5	0.946 9
	2#	0.661 3	0.696 3	0.684 0	0.672 5
	3#	0.928 7	0.910 7	0.853 5	0.930 3
	4#	0.834 7	0.822 5	0.816 5	0.833 9

3.1.2　重型机床表面温度初始测点选取

重型数控机床具有体积大和加工行程大的特点，如何选取机床表面温度初始测点是进行热误差补偿测点优化的前提条件。之前的研究往往都是基于机床的热源分布以及按照一定的经验来部署初始测点，缺乏系统方法来指导对初始温度测点的部署。

根据第 2 章的分析，主轴作为机床最大的热源应该被视为重点分析对象，对其进行动态温度场仿真，得到主轴在室温 20 ℃情况下温度场的变化情况，如图 3-5 所示。由图可见，在前 1 h 内，主轴温度场变化明显，温度也从 23.185 ℃上升到 45.085 ℃，后 1 h 温度上升幅度约为 7 ℃，趋近于热平衡的状态，后面 2 h 机床已达到热平衡状态，其最高温度变化趋势如图 3-6 所示。为验证主轴温度场的变化情况，利用 Fluke Ti400 红外热像仪对主轴表面温度场进行测量，采集到主轴在 1 000 r/min 转速下，从 9:30 开机升温到 13:00 关机后温度场的变化情况，如图 3-7 所示，可以明显地看出主轴温度场从升温到热平衡再到冷却变化的情况，空转 2 h 后，主轴已达到热平衡状态，待机床停机后，主轴温度开始慢慢降低。

结合有限元仿真分析结果和实测主轴温度场变化情况，可以得出如下规律：① 从机床开机主轴旋转开始，机床有一个达到热平衡的时间，约为 90～120 min，该期间主轴温度场变化较为明显，达到热平衡以后，主轴温度场基本保持不变。② 温度场变化区域基本上处于滑枕底端，即电主轴所处的位置，约占滑枕总长度的 1/2。

3.1.3　表面温度测点选取策略与结果

重型机床初始测温点的选择是进行热误差补偿研究分析的基础，选取初始测温点的主要策略如下：① 热源准则。以重型机床热源所在位置为依据，在其周围部署相应的温度测点。② 温度场准则。以还原重型机床表面温度场分布为目标，部署温度传感器，研究其表面温度场的分布。③ 结构准则。分析重型机床本身结构及其对主轴热漂移的影响，根据其

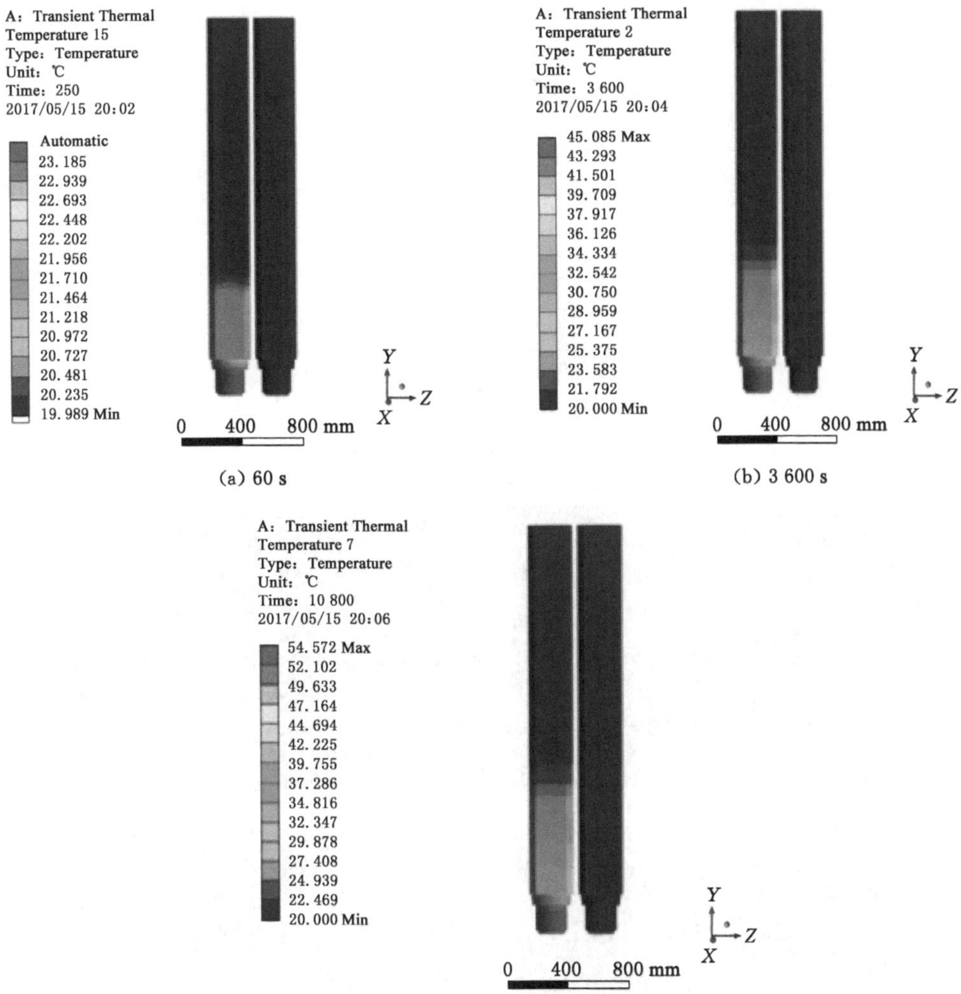

(a) 60 s　(b) 3 600 s　(c) 10 800 s

图 3-5　机床主轴温度场仿真

影响大小来决定温度测点的位置及温度传感器部署数量。

重型机床 ZK5540A 主要结构分为主轴、立柱、横梁、底座、导轨等 5 大部分，根据以上选点策略，逐一分析大型结构件的测点位置及数量，最后确定重型机床所有测点信息。

（1）主轴部分：重型机床的电主轴作为机床最大的发热源，对主轴热误差的影响不容忽视，根据主轴温度场有限元仿真结果及实测温度场的变化情况，主轴发热部分主要集中在滑枕底端，其温度场的变化也集中在此，滑枕上半部分温度几乎没有变化，基于此在温度场变化较大的区域部署相对密集的 FBG 温度传感器，而在滑枕上端则部署较为稀疏的传感器。另外，在电主轴最底端的镗铣头部分，由 3 个圆柱体组成，为测量到每个圆柱体的表面温度以及分析其温度梯度，在每个圆柱体表面都粘贴 4 个 FBG 温度传感器，具体的部署如图 3-8 所示。在滑枕正面和侧面，一共部署了 6 列传感器，正面 3 列，侧面 3 列，其中每列部署的数量均为 11 个，滑枕下半部分以 150 mm 为间隔部署，上半部分以

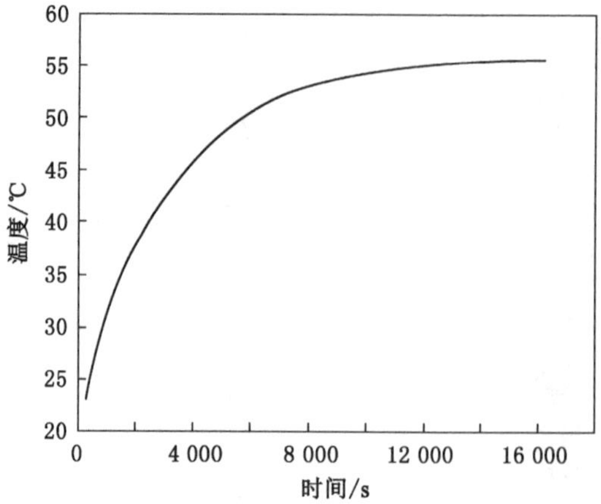

图 3-6　主轴最高温度变化趋势

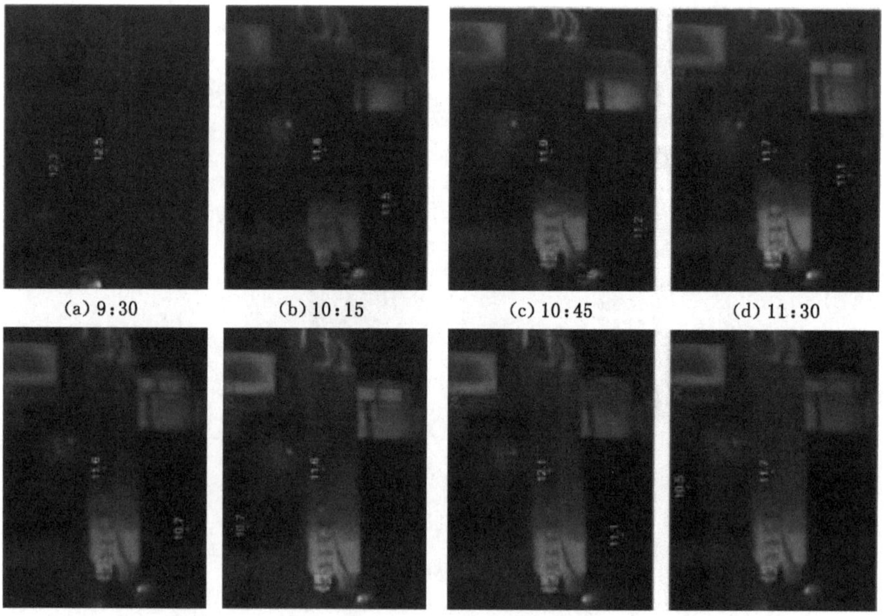

(a) 9:30　(b) 10:15　(c) 10:45　(d) 11:30

(e) 13:00　(f) 14:30　(g) 16:00　(h) 17:30

图 3-7　Fluke Ti400 红外热像仪主轴温度场监测

300 mm 为间隔部署。

(2) 横梁部分:横梁作为支撑滑枕在 Y 方向移动的主要部件,其变形会直接影响主轴的精度,由于主轴是在 Y 方向上水平移动,由齿轮齿条传动引起的摩擦生热和传动电机发热会引起横梁在水平方向上的温度场变化,为此在横梁上的布点方案是依次沿着横梁的前面和背面部署 20 个 FBG 温度传感器,如图 3-9 所示。

(3) 底座和导轨部分:机床两底座由齿轮齿条传动,由两驱动电机带动导轨联动实现主轴在 X 方向上的运动,在工作过程中,考虑到导轨与底座的摩擦生热会引起其温度场的变化,为了探究主轴在 X 方向运动时温度场变化情况,沿着两个底座和一个导轨在 X 方向等

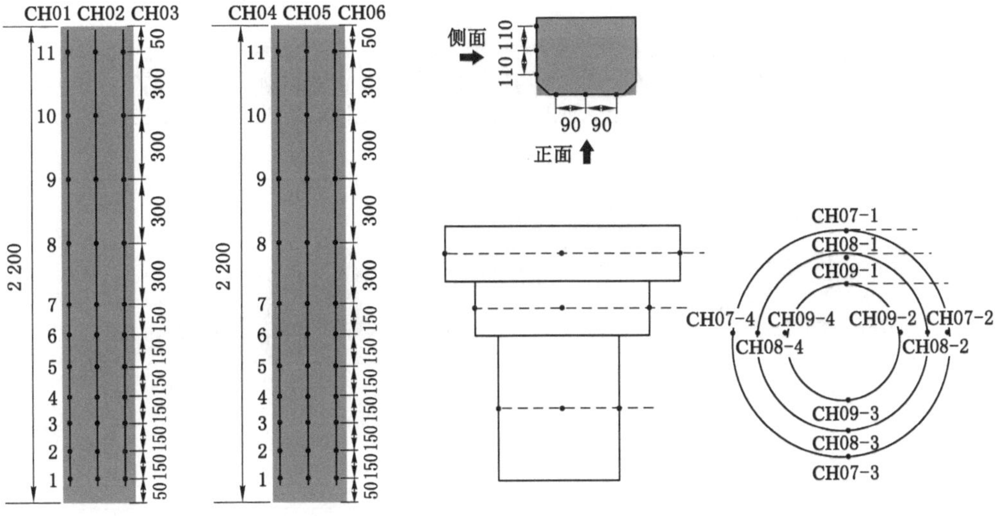

(a) 正面　(b) 侧面　(c) 镗铣头

图 3-8　主轴初始测点布置

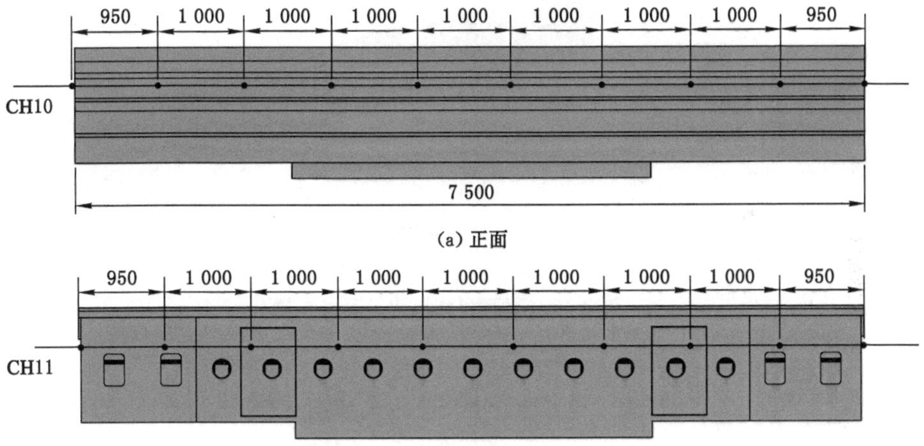

(a) 正面

(b) 背面

图 3-9　横梁初始测点布置

间距部署 FBG 温度传感器，如图 3-10 所示。

(4) 立柱部分：机床立柱部分为两个梯形体，为研究立柱在水平和垂直两个方向上温度场的变化情况，在 X_1 和 X 轴两个立柱上自上而下部署了 3 个通道的 FBG 温度传感器，每个通道为 8 个测点，其具体部署位置如图 3-11 所示。

以上分析了重型机床 5 个大型结构件表面温度测点部署策略，根据机床的实际情况，一共选取了 195 个测点来测量重型机床表面温度及温度场变化情况。在 FBG 温度传感器实际测量过程中，采用多通道的形式来管理不同位置的测点，如表 3-2 所示，对整个机床表面温度的测量一共采用了 22 个通道来进行管理，每个通道都是一根独立的光纤光栅。

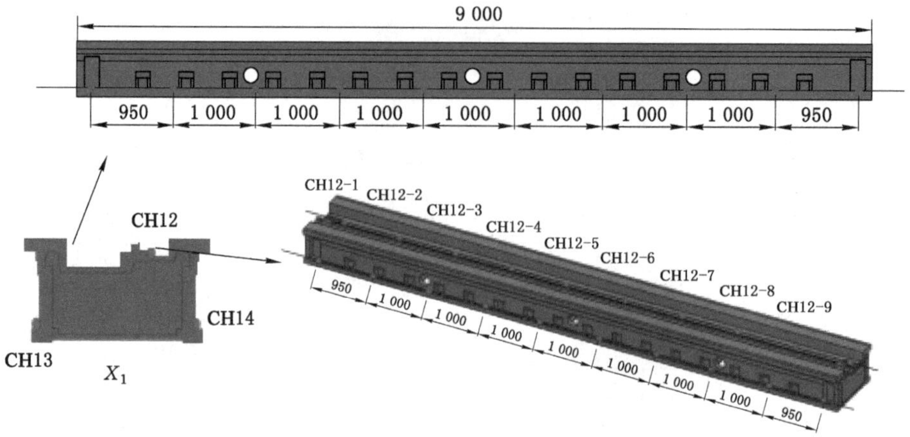

(a) 底座和导轨X_1轴

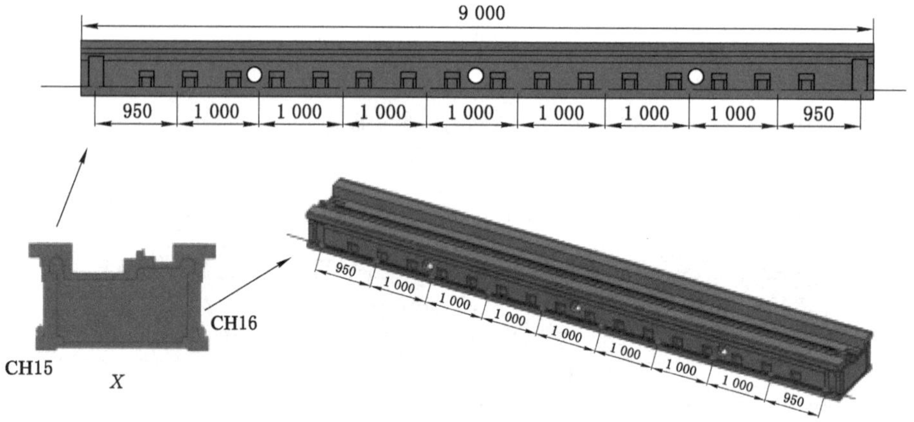

(b) 底座X轴

图 3-10　底座和导轨初始测点布置

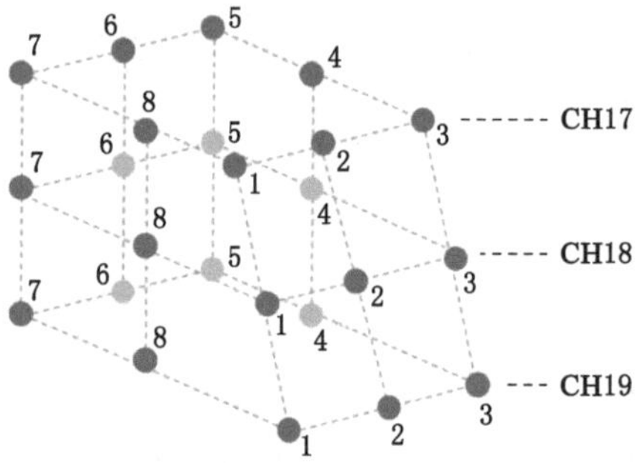

(a) 立柱X_1轴

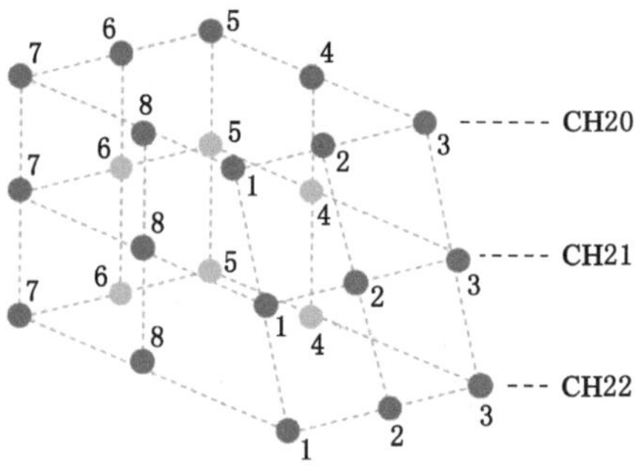

(b) 立柱X轴

图 3-11　立柱初始测点布置

表 3-2　初始测温点部署统计

机床部位		通道数/个	测点编号	单个通道的测点数/个	测点总数/个
主轴	正面 （X 方向）	3	CH01-1～CH01-11	11	33
			CH02-1～CH02-11	11	
			CH03-1～CH03-11	11	
	侧面 （Y 方向）	3	CH04-1～CH04-11	11	33
			CH05-1～CH05-11	11	
			CH06-1～CH06-11	11	
	底部	3	CH07-1～CH07-4	4	12
			CH08-1～CH08-4	4	
			CH09-1～CH09-4	4	
横梁	正面	2	CH10-1～CH10-10	10	20
	背面		CH11-1～CH11-10	10	
导轨	导轨（X_1 轴）	3	CH12-1～CH12-9	9	29
底座	底座（X_1 轴）		CH13-1～CH13-10	10	
			CH14-1～CH14-10	10	
	底座（X 轴）	2	CH15-1～CH15-10	10	20
			CH16-1～CH16-10	10	
立柱	立柱（X_1 轴）	3	CH17-1～CH17-8	8	24
			CH18-1～CH18-8	8	
			CH19-1～CH19-8	8	
	立柱（X 轴）	3	CH20-1～CH20-8	8	24
			CH21-1～CH21-8	8	
			CH22-1～CH22-8	8	
总计		22			195

3.2　重型机床大型结构件温度场监测与热误差测量

3.2.1　重型机床表面温度场监测与热误差测量系统

在选取机床表面温度初始测点之后，搭建温度及热误差信息采集系统是研究机床热误差的前提条件，现主要介绍信息采集系统的设计与搭建。为全面采集机床热误差研究中所需要的信息，为后续关键测点优化、热误差建模提供数据支撑，将信息采集系统主要分为光纤光栅温度测量系统、数控机床信息采集系统和热误差测量系统三大部分，如图 3-12 所示，最后由信息采集中心统一汇总各采集子系统所获取的信息。

3.2.1.1　光纤光栅温度测量系统

该系统的主要功能是实时获取机床表面温度数据，其架构如图 3-13 所示，分为 FBG 温度传感器、光纤光栅解调仪以及信息采集中心三个部分。为满足多点分布式温度测量需求，系统采用解调频率为 1 Hz、32 个通道的光纤光栅解调仪，得到包含温度信息的波长值，并利用 Labview 编写 UDP 通信接口将波长值发送给信息采集中心，进行从波长数值到温度数值的转换。

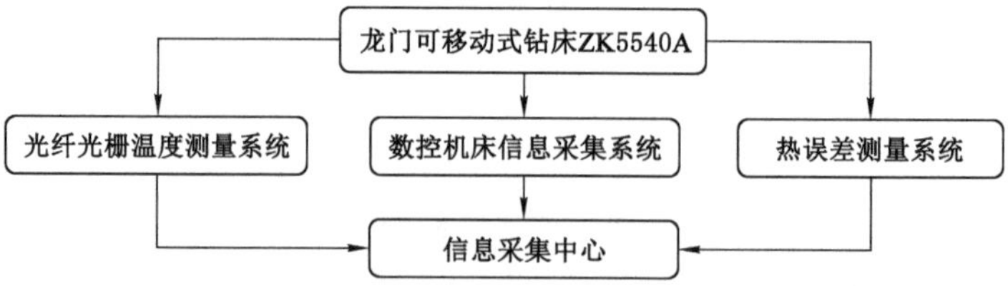

图 3-12　机床表面温度与热误差测量系统架构

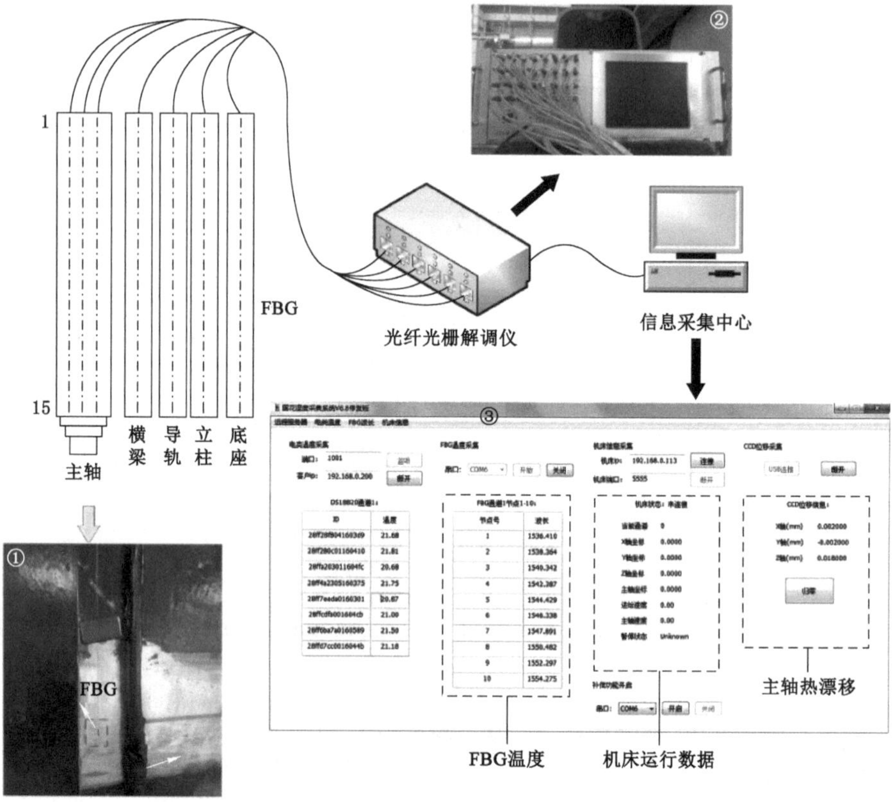

图 3-13　光纤光栅温度测量系统

3.2.1.2　数控机床信息采集系统

本实验机床 ZK5540A 采用华中 8 型数控系统，为采集机床在不同工况下的实时运行信息，基于华中 8 型数控系统的二次开发包，使用 C++ 编写与其接口软件，并集成在信息采集系统中。将运行信息采集系统的工控机与数控系统通过网线连接，建立 TCP 连接，可以实时读取机床运行时的坐标信息，转速、功率等参数信息，寄存器显示和报警信息等。

3.2.1.3　热误差测量系统

重型数控机床 ZK5540A 热误差是通过测量测试棒在机床不同工况条件下 X、Y 和 Z

三个方向的偏移来获取的，其测量系统框架如图 3-14 所示。本实验中采用基恩士 LK-G5000 高速激光位移传感器对测试棒偏移进行测量。该传感器的分辨率为 0.1 μm，采样频率最高可达 300 kHz，最多支持 12 个方向的激光探头同时工作。在测量时，将激光位移传感器的三个探头分别照射在测试棒的 X、Y、Z 方向，通过自带上位机同步可显示出刀具在这三个轴向上的距离变化。利用该型号传感器提供的二次开发接口，实现激光位移传感器测量软件与信息采集中心的通信，将热误差值实时存储在采集系统中。

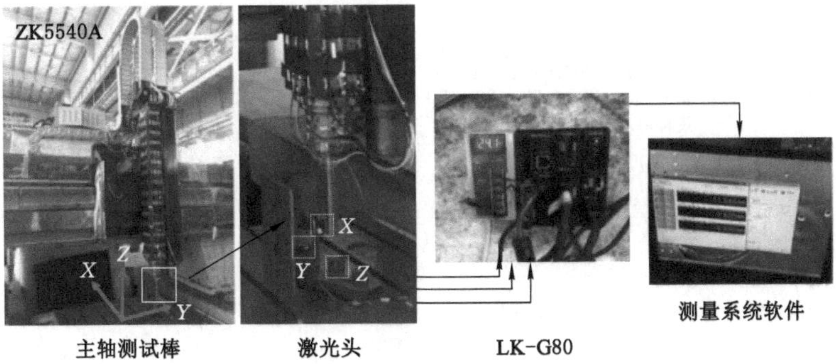

图 3-14　热误差测量系统

基于搭建的温度测量系统和热误差测量系统，做了恒速与变速两次实验，主要分析对比机床主轴在 X、Y、Z 三个方向的漂移量，如图 3-15 所示。由图可见，与静态情况不同，机床主轴在 X 和 Y 方向的热漂移小于 40 μm，在 Z 方向上的漂移很大，由机床内部热源所引起的热误差集中在 Z 方向，因此本书在研究机床热误差时主要考虑主轴在 Z 方向上的漂移。

3.2.2　多工况下主轴箱温度场分析

温度场分布不均是导致机床热误差产生的一个重要因素，因此在研究机床热误差时有必要对其温度场分布做一个研究与探讨。重型机床主要由主轴箱、横梁、底座、立柱、导轨等 5 大部分组成，其中主轴箱作为机床重要的结构件之一，包含外部的滑枕与主轴。由于其内部主轴电机发热、轴承摩擦生热以及与外部空气对流和冷却液等因素存在，形成了主轴箱表面温度场分布不均的情况，现探讨在不同工况环境下主轴箱表面温度场的变化规律。

为研究重型机床热误差变化情况，将分 4 个阶段来进行实验。第一个阶段机床静态实验：在机床不开机的情况下，监测机床表面各点的温度以及主轴热伸长情况；第二阶段恒定转速空转实验：以 1 000 r/min、1 500 r/min、2 000 r/min 等恒定转速空转一段时间，监测和分析机床表面温度变化与热误差之间的关系；第三阶段变速空转(750～2 000 r/min)实验：改变机床主轴转速，监测机床表面温度与热误差；第四阶段加工实验：主轴以 1 000 r/min 转速、300 mm/min 对试件进行切削使机床升温，进一步分析其温度场和热误差分布情况。

为研究主轴在 4 种不同工况下的温度分布情况，先从主轴水平截面的温度场分布开始讨论，如上一节所述，在主轴上一共部署了 9 个通道、78 个测点，通过实验记录 FBG 在不同工况下的数据，分析主轴同一平面上的温度变化情况。以固定测点为基准点，计算同一平面测点与其的差值，统计最大差值的变化情况，如图 3-16 和表 3-3 所示。

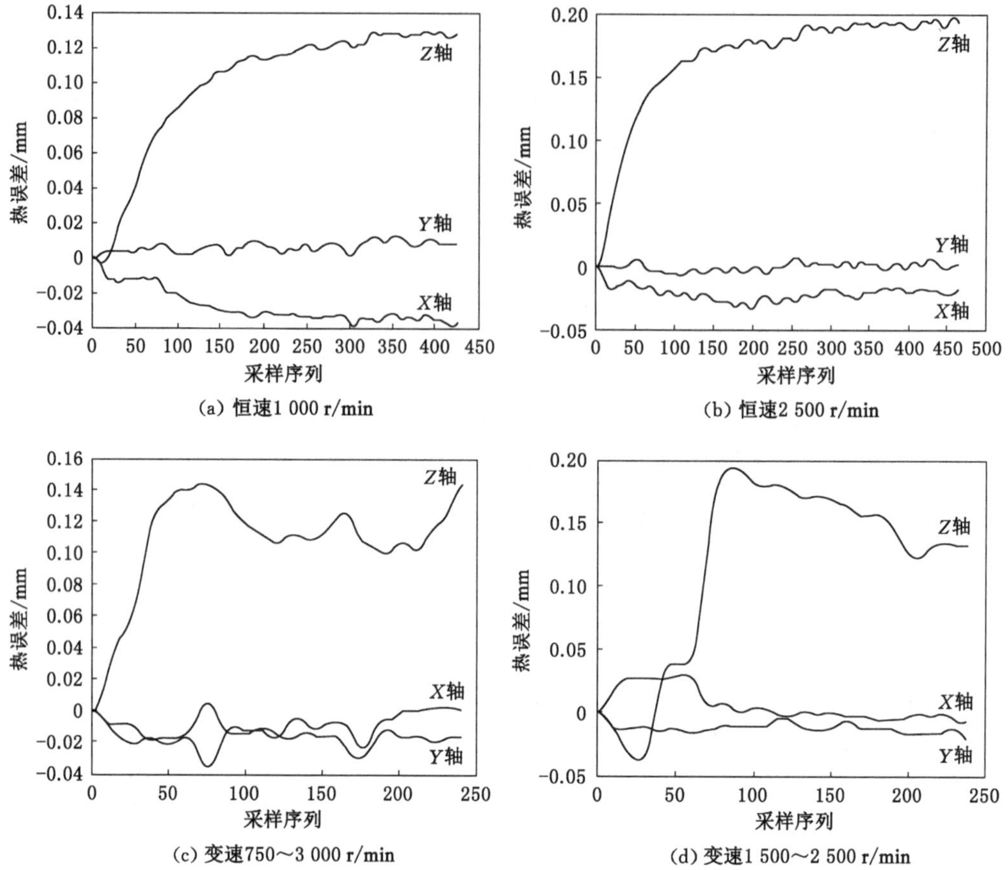

图 3-15 重型机床主轴热误差对比分析

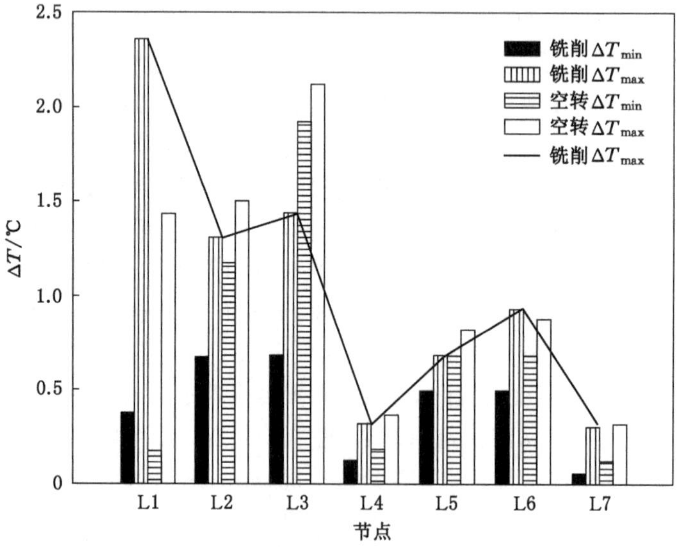

图 3-16 主轴同一平面温度场分布情况

表 3-3　主轴同一平面温度差值统计

层数	位置	温度差值/℃	
		铣削数据	空转数据
L1	铣头	0.38～2.37	0.18～1.44
L2	1 号测点位置	0.68～1.31	1.18～1.50
L3	3 号测点位置	0.69～1.44	1.93～2.13
L4	5 号测点位置	0.13～0.32	0.19～0.37
L5	7 号测点位置	0.50～0.69	0.68～0.82
L6	9 号测点位置	0.50～0.94	0.68～0.88
L7	11 号测点位置	0.06～0.31	0.13～0.32

通过图表可以看出，在 L1 层、L2 层、L3 层同层最大温度差都超过了 1 ℃，其中 L1 层和 L3 层最大温差超过了 2 ℃，从定性分析的角度来讲，L1 层和 L3 层都是热源所在位置，其他测点温差均在 1 ℃以下。在空转时 L3 层温差达到 2 ℃是受到主轴内冷的影响，内部循环冷却液所经过的位置恰好为测点所在的位置，而在铣削时最大温差又下降。考虑到传感器本身 0.5 ℃的精度以及外界随机因素的干扰，我们认为机床同一平面上温度近似相同，为后期温度场重构、关键测点数据重构提供了依据。

3.2.3　其他大型结构件温度场分析

为进一步分析温度场与热误差之间的关系，对重型机床其他四大结构件也进行相应的温度场分析。横梁发热主要是主轴在 Y 方向上移动时齿轮齿条的摩擦生热和 Y 轴电机引起的，由于机床结构在 Y 方向上对称，分析温度场与机床结构的直接关系有助于进一步探索热误差产生机理。立柱在 X 和 X_1 方向上各一个，用于支撑横梁，温度场的分布不均也会导致其变形，影响加工精度。主轴在 X 方向的运动会使导轨的温度升高，影响其温度场的分布，并通过运动传递而影响机床热误差。底座的变形会直接影响机床的加工精度，影响底座温度场变化的热源主要是底座电机发热，底座散热面积大，两边底座通风情况不同，可能造成温度场分布的迥异。因此有必要探讨这四大结构件在不同工况下温度场的变化情况。其统计情况如表 3-4 所示，从表中可以看出横梁、底座、立柱和导轨的温度变化最高约 1.25 ℃，与主轴温升变化相比，其影响可以忽略不计，因此在进行机床热误差补偿研究时重点还是放在机床主轴上。

表 3-4　其他大型结构件温差统计

位置	温差/℃	
	加工数据	空转数据
横梁前	0.762 3～0.970 6	0.310 0～0.574 1
横梁后	0.144 0～0.530 7	0.660 1～1.252 4
底座左	0.244 4～0.572 4	0.232 4～0.417 8
底座右	0.354 2～0.726 0	0.305 8～0.599 2

表 3-4(续)

位置	温差/℃	
	加工数据	空转数据
立柱 L1	0.082 8～0.153 0	0.150 1～0.422 6
立柱 L2	0.565 8～1.112 8	0.329 5～0.356 5
立柱 L3	0.100 0～0.153 8	0.208 1～0.485 7
立柱 R1	0.053 5～0.333 9	0.345 3～0.719 3
立柱 R2	0.457 0～0.956 3	0.385 2～0.538 8
立柱 R3	0.413 0～0.877 2	0.405 5～1.125 6
导轨	0.132 4～0.593 7	0.321 9～1.063 9

3.3 重型数控机床测温点优化

3.3.1 温度测点优化相关理论

通过对重型机床温度场和变形场的计算可知，部署在重型机床表面的温度测点越多，对于温度场和变形场的计算越有利，由于光纤光栅传感器具有一线多点、动态多场、抗强电磁干扰等特点，相比于普通温度传感器的拖线太多，在大量布点测量重型机床表面温度方面具有很大优势。然而在进行热误差补偿建模时，由于测点信号之间的共线性以及传感器本身的噪声和故障，采用大量测点反而会降低热误差补偿模型的精度和模型本身的鲁棒性。因此对温度测点进行优化可减少测温点的数量，节约测量成本，简化管理流程，同时由于需要维护的传感器数量变少，相对也提高了温度传感器的可靠性与稳定性。根据温度传感器多维优化布置策略，重点考虑主因素策略、最大灵敏度策略和互不相关策略来实现温度测点的优化选择。

3.3.1.1 热误差敏感度

根据最大灵敏度策略，要选出对热误差影响大的温度测点。由于测量重型机床表面温度时测点众多，每个测点温度的变化对热误差影响均不同，温度测点优化目标之一就是选出对热误差变化敏感的测点。温度变化对热误差的影响是用热误差敏感度来衡量的。假设热误差为序列 $Y=\{y(k)\mid k=1,2,\cdots,m\}$，测点温度为 $X=\{x_i(k)\mid k=1,2,\cdots,m;i=1,2,\cdots,n\}$，其中 k 代表的是采样序号，m 表示采样次数，i 表示温度测点序号，n 表示温度测点的数量，则热误差敏感系数定义为：

$$S_i(k)=\frac{\mathrm{d}y(k)}{\mathrm{d}x_i(k)}=\lim_{\Delta x\to 0}\frac{\Delta y(k)}{\Delta x_i(k)} \tag{3-1}$$

由于温度变化缓慢而采样率较高，温度的变化 Δx 有可能为零，为计算热误差敏感系数，该时刻的采样值要剔除，由于不同测点温度变化不同，Δx 为零时出现的时刻也不同，为保证采用的数据点采样时刻的一致性，将采用热误差敏感系数的倒数 D_i 来表示热误差对温度的敏感程度，计算如下式所示：

$$D_i(k) = \frac{1}{S_i(k)} \approx \frac{\Delta x_i(k)}{\Delta y(k)} \tag{3-2}$$

这样就可以剔除 Δy 为零的点，计算其他采样时刻点的误差。为描述温度测点 i 与热误差在整个采用周期的敏感程度，定义热误差敏感度 G_i，如下式所示：

$$G_i(k) = \frac{1}{D_i(k)} = \frac{1}{\sqrt{\sum_{k=1}^{m}\left[\frac{\Delta x_i(k)}{\Delta y(k)} - \overline{\left(\frac{\Delta x_i(k)}{\Delta y(k)}\right)}\right]^2}} \tag{3-3}$$

从上式中可以看出，当 G_i 越大时，测点 i 对热误差越敏感；反之，当 G_i 越小时，证明两者敏感性越差。

3.3.1.2　灰色关联分析

灰色关联分析用于分析系统中各特征参量系列间的相似程度。区别于传统的数据统计理论，灰色关联分析在实验数据较少和研究系统概率未知的情况下有着先天的优势。

本书假设热误差为序列 $Y = \{y(k) \mid k = 1,2,\cdots,m\}$，测点温度为 $X = \{x_i(k) \mid k = 1,2,\cdots,m; i = 1,2,\cdots,n\}$，定义热误差序列 Y 与温度序列 X 在 k 点的灰色关联系数为：

$$\xi_{0i}(k) = \frac{\Delta_{\min} + \rho\Delta_{\max}}{\Delta_{0i}(k) + \rho\Delta_{\max}} \tag{3-4}$$

式中　ρ——分辨系数，其取值范围为[0,1]，在实际应用中，一般取值为 0.5；

$\Delta_{0i}(k)$——$\Delta_{0i}(k) = |y(k) - x_i(k)|$；

$\Delta_{\min}$——两级的最小差值；

$\Delta_{\max}$——两级的最大差值。

两序列之间的灰色关联度可以用两序列之间各采样点关联系数来求解，如下式所示：

$$Y_{0i} = \frac{1}{m}\sum_{k=1}^{m}\xi_{0i}(k) \tag{3-5}$$

式中　Y_{0i}——两序列之间的关联度。

根据主因素策略，通过计算出各测点温度与热误差之间的灰色关联度，并按照大小排序，即可选出与机床热误差相关的主要温度测点。

3.3.1.3　K-means 聚类

由 MacQueen 提出来的 K-means 算法，主要利用不同对象间的相似度作为指标来实现对数据对象的分类。其算法主要有以下几步：① 从 n 个数据样本中选取 k 个样本作为初始聚类中心簇；② 计算其他样本与聚类中心的相似度（欧氏距离）；③ 找出各对象与聚类中心簇中相似度最高的点，将其纳入相应的簇中，并更新聚类中心簇；④ 对步骤②、步骤③重复迭代，直到聚类目标函数开始收敛为止，目标函数通常是计算不同簇内所有点的平方误差，当其小于 δ 时，停止计算，否则转入步骤②。

3.3.2　温度测点优化模型

依照温度测点优选主因素策略、最大灵敏度策略、互不相关策略、最少测点布置策略，本书结合热误差敏感度、灰色关联分析和 K-means 聚类等方法，通过三步来实现温度测点的优选，如图 3-17 所示。在以往的文献中，很少结合布点位置分析来进行温度测点优化，本书结合数据统计分析和温度场分布来实现最终的目标优化。

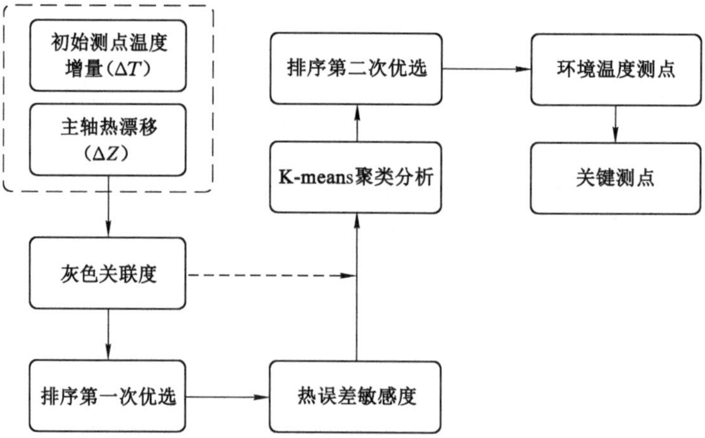

图 3-17　温度测点优化流程

(1) 计算各温度测点的灰色关联度，根据主因素策略，对灰色关联度进行排序，挑选出灰色关联度前 20 的测点进行下一步的分析。

(2) 计算出 20 个测点与主轴热漂移的热误差敏感度，将测点灰色关联度与热误差敏感度作为测点两个属性，进行 K-means 聚类，在每类结果中挑选出灰色关联度最大的测点作为关键测点。

(3) 将优选出的环境温度测点与第(2)步得到的关键测点组合成最终的关键测点集合。

为了分析和讨论在不同工况条件下测点优化情况，挑选出静态、恒速空转和变速空转三种工况下的数据进行分析。按照本小节所提的测点优化方法，选出的优化测点如表 3-5 所示。

表 3-5　不同工况条件下温度优化测点统计

分类	数据编号	工况	优化测点		
静态	S01(0307)	主轴未旋转	CH01-02	CH02-05	CH09-03
	S02(0308)	主轴未旋转	CH02-04	CH02-05	CH02-06
	S03(0327)	主轴未旋转	CH02-05	CH02-06	CH05-03
	S04(0617)	主轴未旋转	CH05-01	CH04-06	CH08-03
	S05(0618)	主轴未旋转	CH03-02	CH04-05	CH05-07
恒速	H01(0315)	主轴恒速 1 000 r/min	CH03-02	CH04-02	CH04-03
	H02(0316)	主轴恒速 1 500 r/min	CH02-02	CH03-03	CH06-07
	H03(0822)	主轴恒速 2 000 r/min	CH01-01	CH04-02	CH07-02
	H04(0823)	主轴恒速 2 500 r/min	CH03-01	CH05-02	CH07-03
	H05(0831)	主轴恒速 3 000 r/min	CH01-01	CH06-02	CH07-01
变速	D01(0414)	ISO 变速标准	CH02-03	CH06-01	CH07-01
	D02(0825)	ISO 变速标准	CH04-01	CH05-01	CH07-02
	D03(0828)	ISO 变速标准	CH01-03	CH02-01	CH02-03
	D04(0901)	ISO 变速标准	CH06-02	CH09-02	CH09-03

从表 3-5 中可以看出，这 14 组数据在不同工况下所得到的关键温度测点均不相同，其位置分布有一定的规律性：在静态时关键测点主要分布在不同 FBG 通道的 01～07 号测点，位置在滑枕的下半部分；恒速空转时关键温度测点主要分布在不同 FBG 通道的 01～03 号测点，位置在主轴的下半部分；变速空转时关键测点也分布在不同 FBG 通道的 01～03 号测点，与恒速时主轴位置部分相同。结合 3.2 节分析出的结果，机床后端环境温度与热误差相关性最大，将其选为环境温度的关键测点，构成 4 个关键温度测点，用于热误差补偿模型建模。

3.3.3　测点优化实验验证及分析

从上一小节可以看出用同一种优化测点选择方法在不同工况下会得出不同的优化测点，既然无法得到统一的优化测点，且优化测点会直接影响到热误差补偿模型的精度及鲁棒性，考虑在不同工况条件下，选择同一测点来进行热误差建模。下面就针对 3 种不同工况条件，进行优化测点与热误差补偿模型分析。

3.3.3.1　静态

主轴未旋转时，以 S01 组数据计算出来的优化测点集 Set1＝{CH01-02，CH02-05，CH09-03，BACK}为最优测点，利用多元线性回归模型进行训练，来预测静态时其他 4 d 的数据，如图 3-18 所示。表 3-6 统计了对于不同日期的预测残差，可以看出残差的最大值和

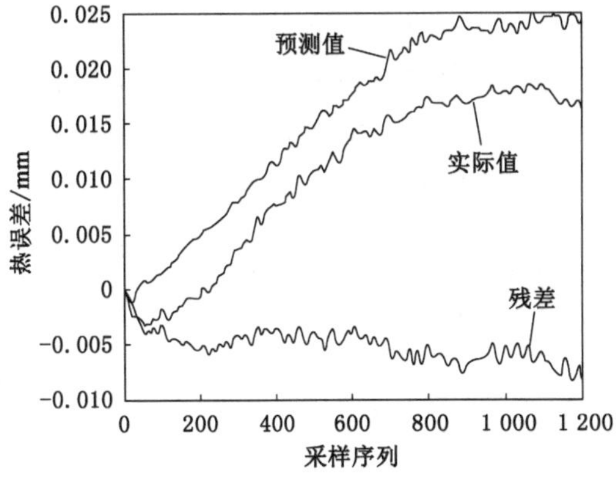

(a) 3月8日

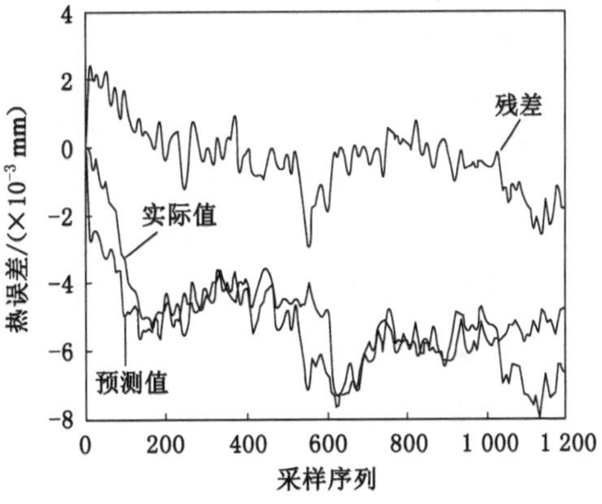

(b) 3月27日

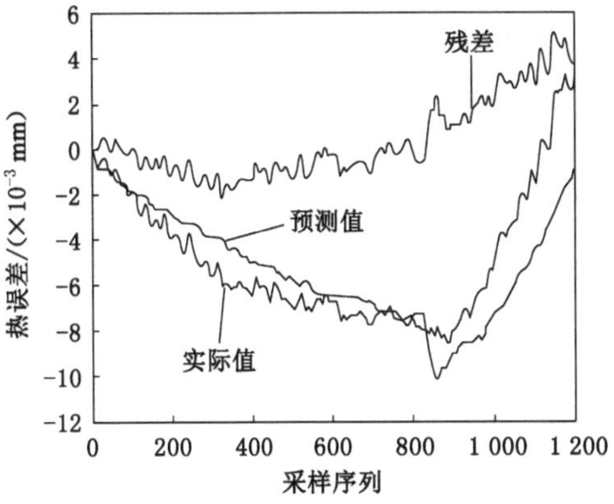

(c) 6月17日

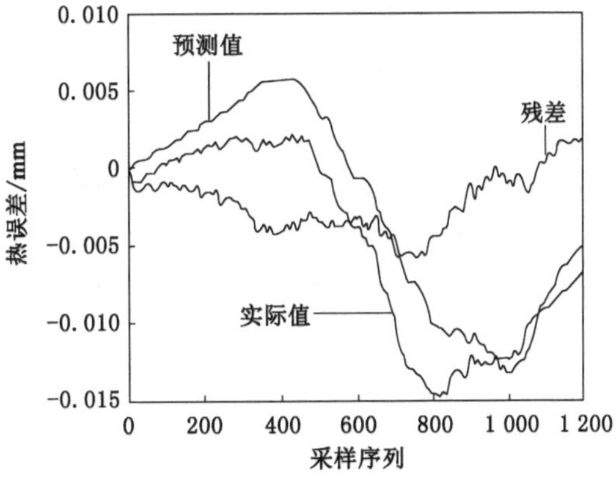

(d) 6月18日

图 3-18　优化测点预测结果(静态)

均值都有明显的减小，其中最大补偿了原始热误差的 86.8%。

表 3-6　优化测点预测结果统计(静态)

日期	统计	最大值/mm	均值/mm	方差/mm	均值提高统计/%
3 月 8 日	实际值	0.018 5	0.011 0	$4.147\ 9\times10^{-5}$	77.8
	预测残差	0.004 4	0.001 4	$1.241\ 2\times10^{-6}$	
3 月 27 日	实际值	0.007 9	0.005 3	$2.544\ 1\times10^{-6}$	86.8
	预测残差	0.002 9	0.000 7	$4.584\ 9\times10^{-7}$	
6 月 17 日	实际值	0.008 6	0.005 1	$5.647\ 3\times10^{-6}$	74.5
	预测残差	0.005 1	0.001 3	$1.402\ 8\times10^{-6}$	
6 月 18 日	实际值	0.014 8	0.006 7	$2.722\ 4\times10^{-5}$	61.2
	预测残差	0.005 9	0.002 6	$2.320\ 3\times10^{-6}$	

3.3.3.2　恒速空转

在恒速空转实验预测中，选取 H04 组数据计算出来的优化测点集合 Set2＝{CH03-01，CH05-02，CH07-03，BACK}为最优测点，利用多元线性回归模型预测其他 4 d 恒速空转工况下的主轴的热误差漂移值，其预测结果如图 3-19 所示，表 3-7 显示了预测热误差残差的统计量。从图表中可以看出，预测残差的最大值和均值都有明显的减小，其中最高补偿了原始热误差的 90.3%，最低也补偿了原始热误差的 82.1%，通过 4 组热误差预测实验对比，由 H04 组选出来的关键测点能够满足该工况下的热误差预测需求，从侧面也验证了在恒速空转时机床所表现出的热特性具有相似性。

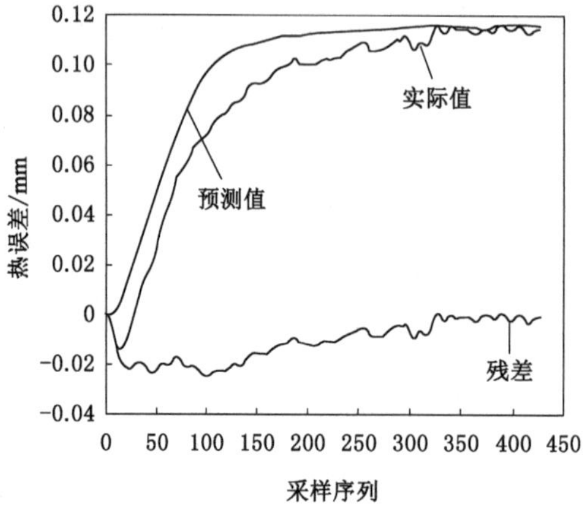

(a) 3月15日

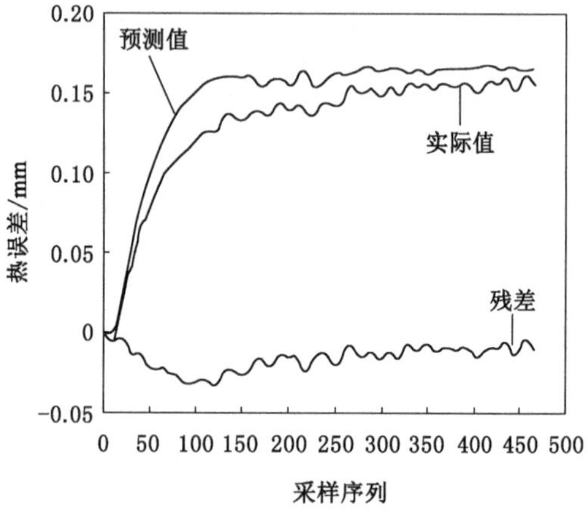

(b) 3月16日

图 3-19　优化测点预测结果(恒速空转)

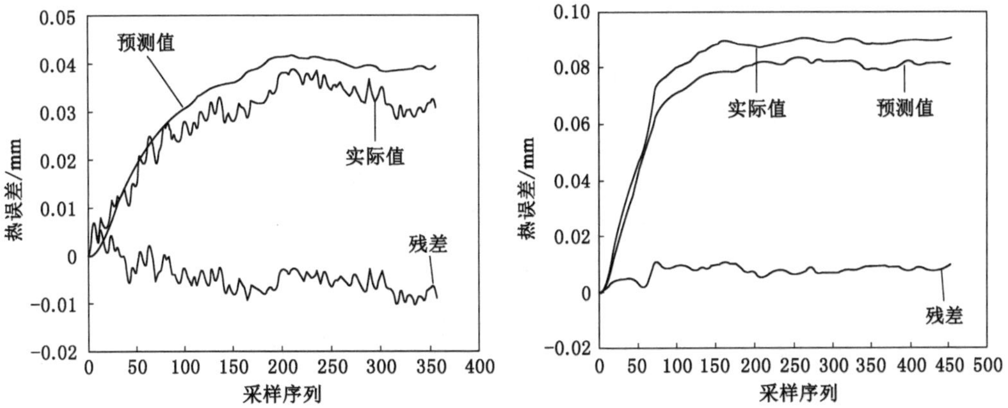

(c) 8月22日　　(d) 8月31日

图 3-19 （续）

表 3-7　优化测点预测结果统计(恒速空转)

日期	统计量	最大值/mm	均值/mm	方差/mm	均值提高统计/%
3 月 15 日	实际值	0.116 3	0.087 4	0.001 1	87.3
	预测残差	0.024 8	0.011 1	$6.311\ 9\times10^{-5}$	
3 月 16 日	实际值	0.161 1	0.129 7	0.001 5	87.7
	预测残差	0.032 9	0.015 9	$5.944\ 3\times10^{-5}$	
8 月 22 日	实际值	0.038 8	0.028 0	$7.994\ 8\times10^{-5}$	82.1
	预测残差	0.010 3	0.005 0	$5.735\ 0\times10^{-6}$	
8 月 31 日	实际值	0.090 7	0.078 5	$5.022\ 7\times10^{-4}$	90.3
	预测残差	0.010 9	0.007 6	$4.646\ 9\times10^{-6}$	

3.3.3.3　变速空转

在变速空转实验预测中，选取 D01 组数据所计算出来的优化测点集合 Set3＝{CH02-03，CH06-01，CH07-01，BACK}为最优测点进行热误差建模，预测其他日期变速空转工况时主轴的热误差漂移值，其结果如图 3-20 所示，表 3-8 计算显示了预测热误差残差的统计量。

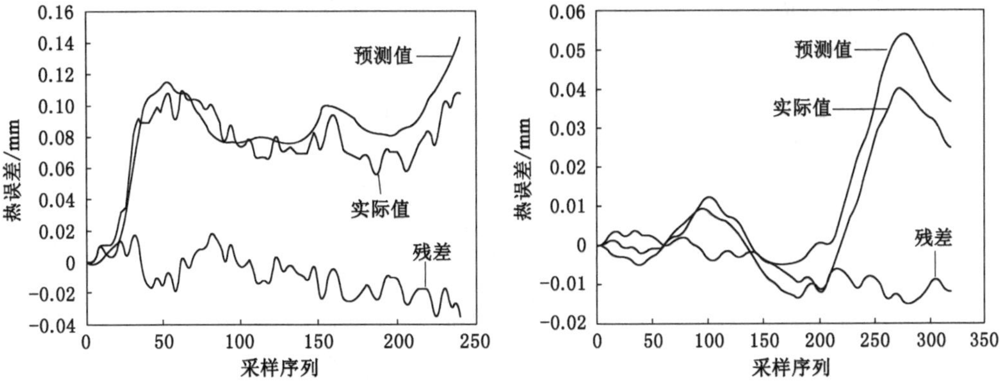

(a) 8月25日　　(b) 8月28日

图 3-20　优化测点预测结果(变速空转)

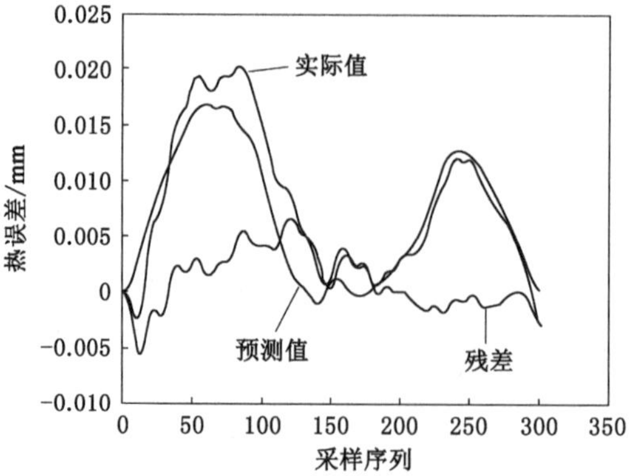

(c) 9月1日

图 3-20 （续）

从图表中可以看出，残差的最大值和均值与其实际值相比都有明显的减小，其中最大补偿了原始热误差的 82.9%，最小补偿了 59.3%。在变速实验中，由于有暂停的原因，主轴温度场并未达到热平衡状态，其热伸长量较小，其补偿效果没有恒速实验中明显。

表 3-8 优化测点预测结果统计(变速空转)

日期	统计	最大值/mm	均值/mm	方差/mm	均值提高统计/%
8 月 25 日	实际值	0.109 7	0.073 7	$6.445\,8\times10^{-4}$	82.9
	预测残差	0.036 0	0.012 6	$7.156\,8\times10^{-5}$	
8 月 28 日	实际值	0.040 0	0.012 3	$3.902\,4\times10^{-5}$	59.3
	预测残差	0.012 4	0.005 0	$2.989\,6\times10^{-6}$	
9 月 1 日	实际值	0.021 0	0.010 3	$4.813\,7\times10^{-5}$	78.6
	预测残差	0.006 6	0.002 2	$4.536\,4\times10^{-6}$	

从以上分析得知，通过上一小节测点优化方法在三种不同工况条件下所挑选出来的温度测点，基于多元线性回归模型可以很好地预测所对应工况下的热误差值。为了证明该方法的有效性，将利用灰色关联度挑选第一组关键温度测点 Set1，利用热误差敏感度挑选第二组测点 Set2，随机挑选第三组、第四组测点 Set3、Set4，如表 3-9 所示，对三种不同工况条件下的热误差值进行预测，其结果如图 3-21 所示。

表 3-9 优选测点挑选结果

工况	测点			
	Set1	Set2	Set3	Set4
静态	CH01-02、CH02-05、CH09-03	CH02-05、CH09-03、CH09-01	CH01-05、CH02-07、CH06-04	CH01-04、CH02-07、CH06-04
恒速空转	CH03-01、CH05-02、CH07-03	CH05-01、CH07-02、CH07-04	CH05-01、CH05-02、CH03-02	CH02-01、CH03-02、CH05-07
变速空转	CH04-01、CH05-01、CH07-02	CH07-03、CH07-02、CH07-04	CH01-07、CH01-08、CH02-01	CH01-06、CH03-05、CH04-03

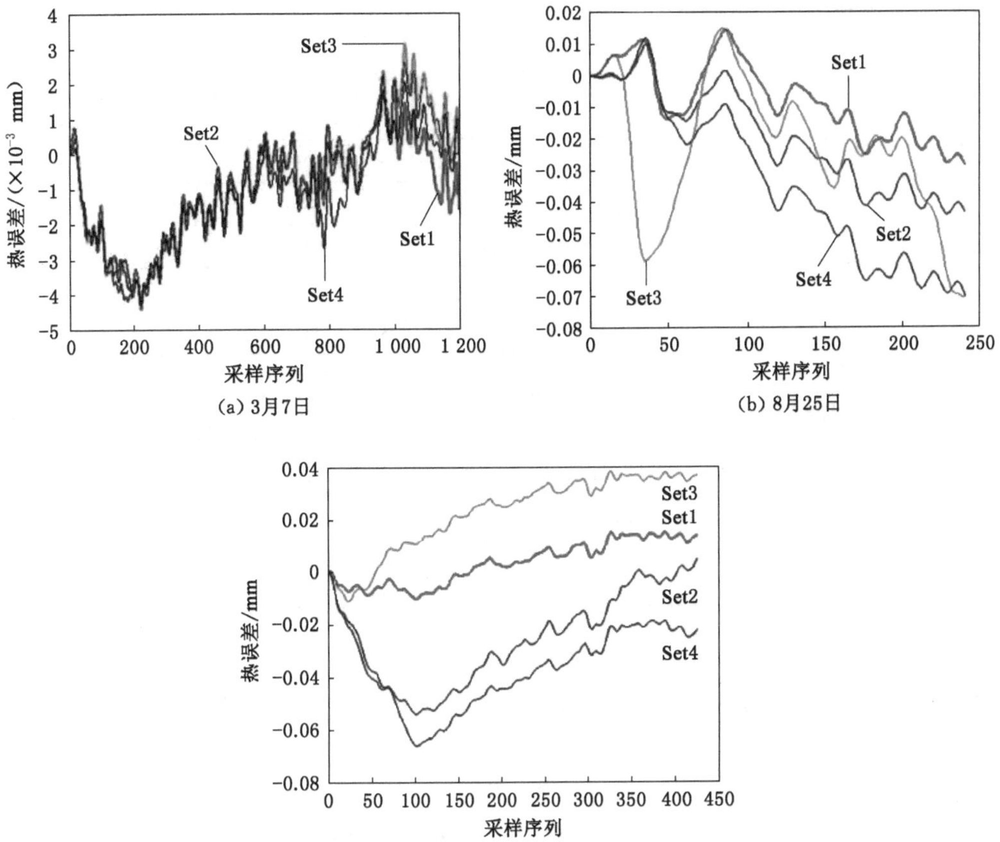

(a) 3月7日　(b) 8月25日　(c) 8月23日

图 3-21　不同优化测点热误差预测对比图

根据表 3-10、表 3-11 和表 3-12 对预测结果的对比分析，由测点优化方法所得出来的最优测点在预测残差值时表现得最好，均高于其他测点所预测结果，由此可以推断本小节中所提到的测点优化方法是适用于重型数控机床热误差建模的。

表 3-10　静态时四种测点预测残差对比

0307-0308		最大值/mm	均值/mm	方差/mm
实际值		0.018 5	0.011 0	$4.147\ 9\times10^{-5}$
残差	Set1	0.004 4	0.001 4	$1.241\ 2\times10^{-6}$
	Set2	0.004 4	0.001 5	$1.236\ 5\times10^{-6}$
	Set3	0.007 1	0.002 8	$5.285\ 9\times10^{-6}$
	Set4	0.004 3	0.001 9	$1.103\ 0\times10^{-6}$

表 3-11 恒速空转时四种测点预测残差对比

0823-0315		最大值/mm	均值/mm	方差/mm
实际值		0.116 3	0.087 4	0.001 1
残差预测	Set1	0.024 8	0.011 1	$6.311\ 9\times10^{-5}$
	Set2	0.094 7	0.080 0	$3.730\ 8\times10^{-4}$
	Set3	0.054 2	0.025 7	$2.902\ 1\times10^{-4}$
	Set4	0.066 3	0.036 4	$2.322\ 9\times10^{-4}$

表 3-12 变速空转时四种测点预测残差对比

0825-0828		最大值/mm	均值/mm	方差/mm
实际值		0.109 7	0.073 7	$6.445\ 8\times10^{-4}$
残差预测	Set1	0.012 4	0.005 0	$8.040\ 5\times10^{-6}$
	Set2	0.072 8	0.026 2	$3.692\ 3\times10^{-4}$
	Set3	0.050 3	0.021 3	$2.100\ 1\times10^{-4}$
	Set4	0.077 8	0.035 0	$5.128\ 0\times10^{-4}$

3.4 本章小结

本章分析了数控机床的结构，通过测量机床周围的环境温度，实验分析出机床主轴热误差相关的环境温度测点；结合对机床主轴有限元分析结果和红外热像仪测量，得出机床主轴发热的热平衡规律；依托主轴热平衡规律及对大型结构分析，确定 FBG 温度传感器部署策略。搭建了 FBG 温度测量系统和热误差测量系统，通过分析主轴件表面温度在不同工况下的变化情况，得出主轴在同一横截面温度场相似的结论。在分析底座、横梁、立柱、导轨在静态、恒速、变速和加工过程中温度，发现这四大结构件温度场变化不大，进而确定将热误差分析重点放在主轴。结合热误差测点优化，采用主因素策略、最大敏感度原则和互不相关性策略相结合的方法，构建关键测点优选模型，并发现了不同工况条件下关键测点不同，而在同一工况条件下，如静态、恒速空转、变速空转可选择相同的关键测点，通过与不同优化测点比较验证了该方法的有效性。

第 4 章　FBG 温度测量数据可靠性研究

FBG 温度测量系统的稳定性直接影响到热误差补偿系统的精度。由于重型机床所加工的零件一般用于大型装备，如风机、船舶、核电等领域，其经济价值远超过普通的加工零件，确保机床在加工过程中的稳定运行是机床改进的核心目标。在对重型机床进行热误差补偿的过程中，由于重型机床体积大、所部署测点众多、分布范围广泛、传感器布线长及加工环境复杂等因素的影响，长时间运行难免会出现 FBG 温度传感器的老化、失效而导致温度测量值的不精确，进一步导致热误差补偿数值的偏移，最终影响机床的加工精度。

本章主要内容为：在多种工况条件下，基于 FBG 所测的温度，重构机床主轴温度场，分析其变化规律，为 FBG 故障诊断提供依据；以往在保障 FBG 测量系统稳定性方面的研究不多，针对 FBG 温度传感器故障特点，提出了基于改进腐蚀和膨胀的故障诊断方法；针对重型机床加工过程中出现的关键测点故障，提出测量系统故障恢复策略，以提高热误差补偿系统的稳定性和鲁棒性。

4.1　主轴温度场重构

为研究重型机床主轴在不同工况条件下温度场分布及变化情况，基于主轴 FBG 所测温度点，利用三次样条插值模型重构了机床主轴温度场，分析在不同工况条件下机床主轴温度场变化规律。

4.1.1　三次样条插值模型

在研究插值模型中，高次插值具有不收敛、不稳定的特点，低次插值光滑性较差，分段线性插值多项式仅在插值区间具有连续性，存在插值节点处有棱角、不具备一阶导数的不足，分段三次 Hermit 插值多项式在插值区间仅具有一阶导数而不具有二阶导数。而三次样条插值模型是由许多个分段的三次多项式拼接而成的函数，组成的函数处处有二阶连续导数，在光滑性、相似性等多方面具备优势，本小节拟采用三次样条插值模型来重构温度场。

假设节点 $a = x_0 < x_1 < x_2 < \cdots < x_n = b$，节点上的函数值为 $y_i = f(x_i)(i = 0,1,2,\cdots,n)$，若$[a,b]$上的分段函数 $s(x)$ 在每个小区间$[x_i,x_i+1]$上是三次多项式，则称其为三次样条函数。如果同时满足 $s(x_i) = f(x_i)(i = 0,1,2,\cdots,n)$，则称 $s(x)$ 为 $f(x)$ 在$[a,b]$上的三次样条插值函数。

根据三次样条插值的定义和性质：插值特性为 $s(x_i) = f(x_i)$，样条相互连接性为 $s_{i-1}(x_i) = s_i(x_i)(i = 1,2,\cdots,n-1)$，两次连续可导性为 $s'(x_i^-) = s'(x_i^+)$，$s''(x_i^-) = s''(x_i^+)(i = 1,2,\cdots,n-1)$，得到$(4n-2)$个方程，由于有 $4n$ 个待定系数，需要 $4n$ 个方程才能确定。实际问题通常对样条函数在端点处的状态有要求，即边界条件。边界条件分为三类：第一类边界条件，给定函数在端点处的一阶导数，即 $s'(x_0)=f'(x_0)$，$s'(x_n)=f'(x_n)$；第二类边界条件，给定函数在端点处的二阶导数，即 $s''(x_0)=f''(x_0)$，$s''(x_n)=f''(x_n)$，当 $s''(x_0)=s''(x_n)=0$ 时，称为自然边界条件；第三类边界条件，由区间端点处的函数值或导数值满足周期条件给出，$s'(x_0)=s'(x_n)$，$s''(x_0)=s''(x_n)$。

运用比较方便的是第二种边界条件即自然边界条件，即设定两端点的二阶导数为零。联合 $4n$ 个方程组即可求得三次样条插值模型未知参数，得到该模型。对于二维曲面方程，同样根据偏导连续建立方程组，结合边界条件求解得到三次样条插值模型。

4.1.2 不同工况下主轴温度场重构

4.1.2.1 静态时主轴温度场分布情况

拟采用的数据来源为静态实验数据，选取主轴上 6 个通道（CH01、CH02、CH03、CH04、CH05、CH06）和每个通道的 11 个节点数据，每隔 100 min 重构一次机床主轴温度场，共选取 6 h 静态数据重构主轴温度场，其静态温度场等温线图如图 4-1 所示。取 300 min 时的温度数据重构机床主轴三维温度场，如图 4-2 所示。

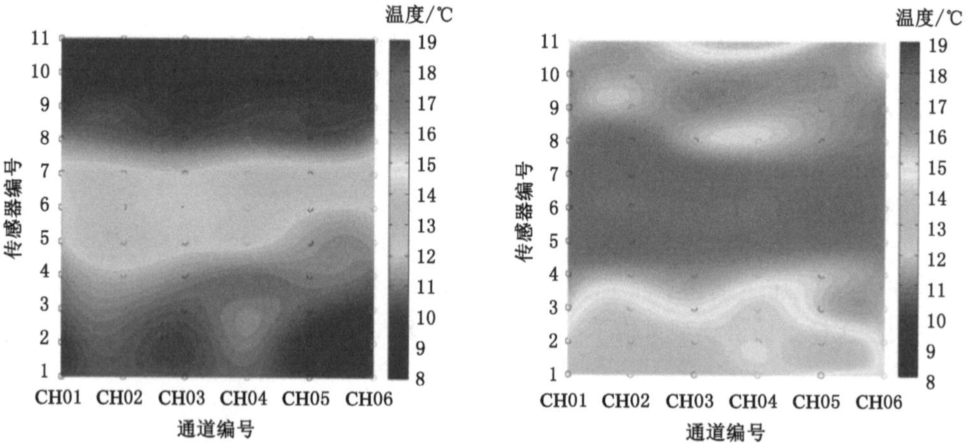

(a) 主轴温度场重构-静态 601　　(b) 主轴温度场重构-静态 1001

图 4-1　主轴温度场等温线图（静态）

4.1.2.2 空转时主轴温度场分布情况

数据来源为变速空转数据，实验时长为 300 min，选取主轴 6 个通道（CH01、CH02、CH03、CH04、CH05、CH06）和每个通道的 11 个节点数据，每隔 50 min 重构一次机床主轴温度场，共重构了 6 次机床主轴温度场，其变速空转时机床主轴温度场等温线图如图 4-3 所示。取 150 min 时的温度数据重构机床主轴三维温度场，如图 4-4 所示。

4.1.2.3 加工时主轴温度场分布情况

数据来源为铣槽加工数据，加工时长为 120 min，以 950 r/min 转速、300 mm/min 进给速度恒速铣槽。选取主轴 6 个通道（CH01、CH02、CH03、CH04、CH05、CH06）和每个通道的 11 个节点数据，每隔 20 min 重构主轴温度场，选取在加工 1 h 时的温度数据重构机床主轴的三维温度场，结果如图 4-5 所示，其在第 40 分钟和第 80 分钟的等温线如图 4-6 所示，从

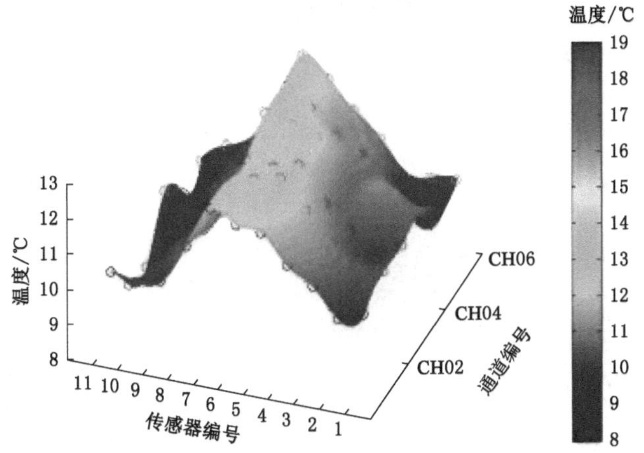

图 4-2　主轴温度场三维重构图(静态)

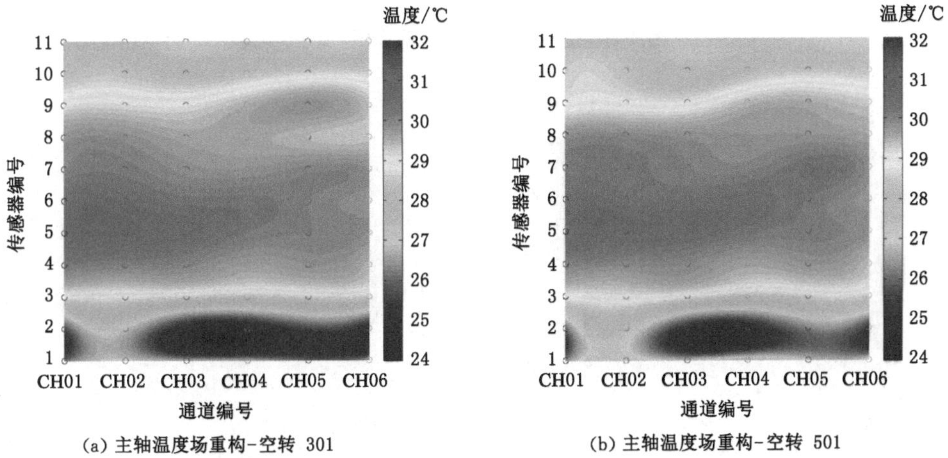

图 4-3　主轴温度场等温线图(空转)

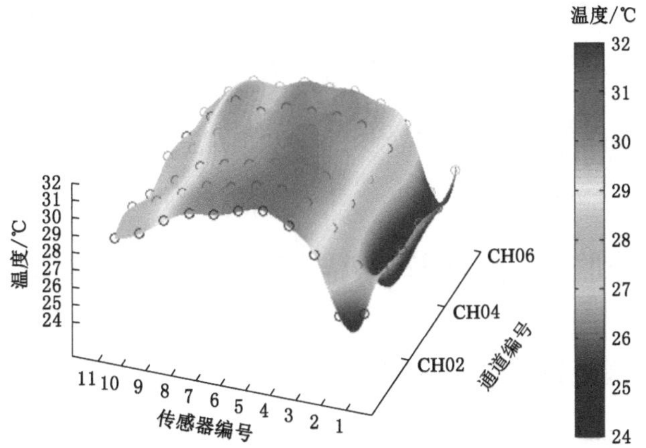

图 4-4　主轴温度场三维重构图(空转)

图中可以看出各个时刻的温度分布以及随时间推移各位置的温度变化情况，整体温度基本保持平稳，与单个 FBG 时域信号吻合。

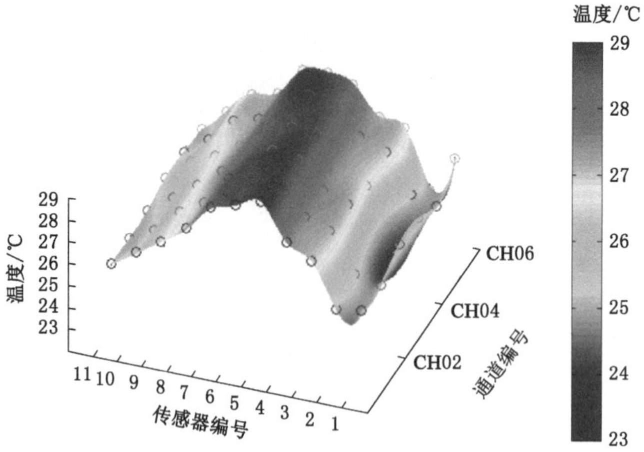

图 4-5　主轴温度场三维重构图(加工)

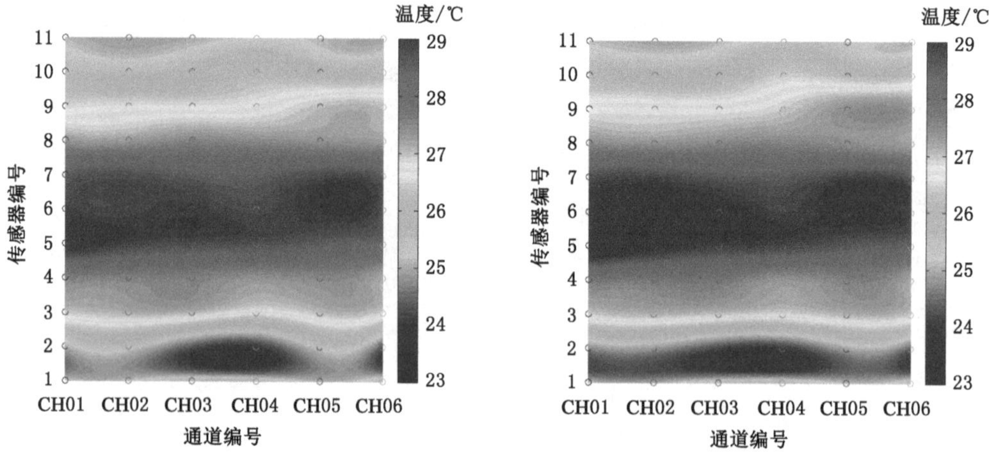

(a) 主轴温度场重构-加工 121

(b) 主轴温度场重构-加工 201

图 4-6　主轴温度场等温线图(加工)

通过主轴温度场重构结果得知，在静态、空转和加工三种情况下机床主轴横截面温度场分布均匀。

4.2　基于腐蚀膨胀形态学的温度测量系统故障检测

4.2.1　FBG 温度测量系统故障分析

由于重型数控机床工作环境复杂，受到车间环境温度变化、吊车振动以及加工过程中喷洒冷却液等因素的影响，FBG 温度传感器会出现零点漂移、数据缺失、数据突变和噪声干扰等异常情况，实验总结出 FBG 传感器所出现的故障，以下分别介绍在实际测量过程中所发现的故障类型，如图 4-7 所示。

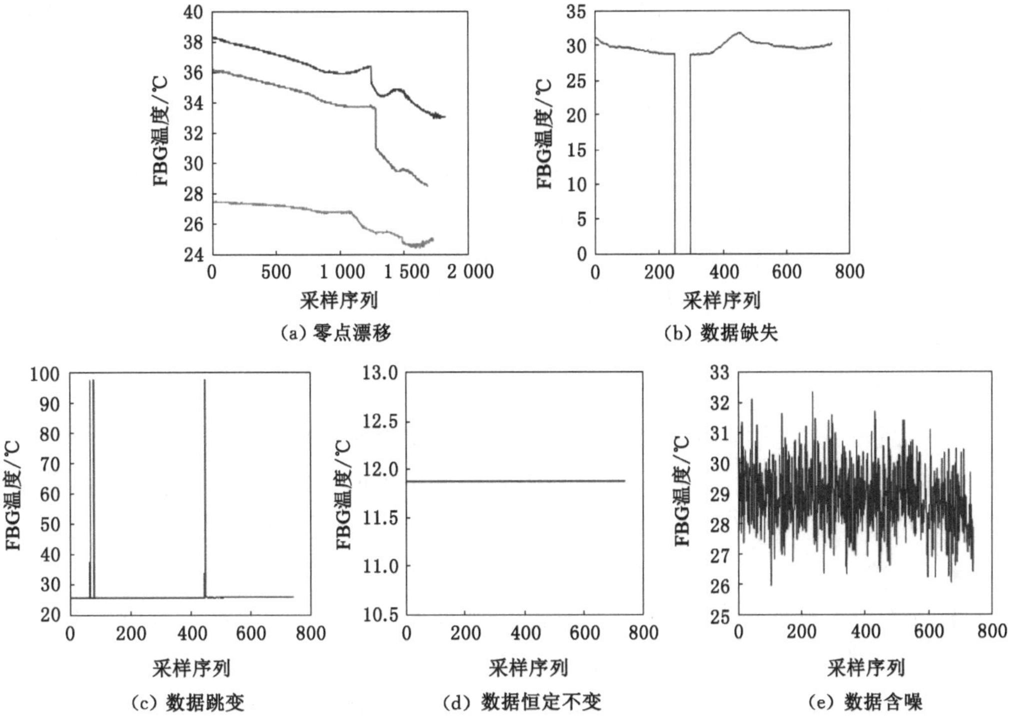

图 4-7　FBG 测量系统故障

(1) 零点漂移[图 4-7(a)]：作为光纤光栅传感器一个标志性的特征，FBG 中心波长和敏感度系数直接决定了温度测量的准确性。零点漂移是指由于传感器封装因素和外界环境温度的影响，FBG 传感器的基准零点发生了漂移，造成传感器在短时间内测得的温度变化趋势相同，但是数据却发生了明显的变化。

(2) 数据缺失[图 4-7(b)]：正常情况下，FBG 传感器会按照事先设定好的频率对温度数据进行不间断的采集，但是可能由于传感器本身故障、断电和人为因素等原因造成采集数据的丢失。在实际机床温度表面测量系统中，一共拥有 22 个通道和 195 个 FBG 温度传感器，数据的缺失也会发生在光纤光栅解调仪出现不能过滤小波峰和传感器断裂的时候。

(3) 数据跳变[图 4-7(c)]：由于传感器本身结构损坏、解调仪不稳定和外界干扰等原因，可能会出现单个采集点数据突然严重偏移正常值的现象。

(4) 数据恒定不变[图 4-7(d)]：由于光纤光栅的断裂或者解调仪某个通道解调故障等原因会出现 FBG 温度测点长时间保持在一个温度状态不变。由于静态时车间环境温度在变化和机床空转时内部热源的影响温度不可能长时间不变，因此出现长时间数据恒定不变时，就可以将该传感器视为故障传感器。

(5) 数据含噪[图 4-7(e)]：在实际测量系统运行过程中，由于车间外界环境干扰、传感器自身质量、解调仪精度等原因，监测到的数据不可避免地会含有噪声数据，使得拟合的曲线出现小毛刺、不平滑等现象，进一步影响热误差补偿模型的精度。

以上是在实际测量中 FBG 测量系统常见的几种故障情况，第(1)种、第(2)种和第(3)种故障情况本质上都属于突变，其中零点漂移属于数据短时间减小、数据缺失属于数据忽然减小到零、数据跳变则属于数据突然增大，第(4)种故障则属于温度传感器数值恒定类型。本小节重点讨论测量数据突变和恒定这两种类型的故障。

4.2.2 腐蚀膨胀形态学介绍

作为生物学的一个分支，形态学主要研究动植物的形态结构。本书中所涉及的主要是数学形态学，其作为图像处理中一种有效的方法从图像中提取表达和描绘区域形状的有用图像分量，如边界等，基本思想是用具有一定形态的结构元素去度量和提取图像中的对应形状，以达到图像分析和识别的目的。本小节所使用的方法主要涉及形态学中的腐蚀和膨胀两个方面。

4.2.2.1 结构元素

作为腐蚀和膨胀基本的组成部分，结构元素通常要比待处理图像小，主要用于测试输出图像。二维的结构元素主要包含 0 和 1 两种数值，其中数值 1 代表决定结构元素的领域像素是否参与腐蚀或膨胀操作。图像中需要处理的像素范围由结构元素原点指定。

4.2.2.2 腐蚀

腐蚀操作用于删除图像边界的某些像素，获取图像的边界。如 X 被 Y 腐蚀是将结构元素 Y 映射成像，然后将该映像平移 b 距离，记录 Y 映像完全击中 X 时的位移 b 的集合，表示为：

$$X \ominus Y = \{b \mid Y_b = X\} \tag{4-1}$$

腐蚀处理的过程是使减小原来的二值图，描述如下：

步骤 1：用结构元素 Y，扫描图像 X 的每一个像素点。

步骤 2：Y 与其覆盖的 X 的二值图像做“与”操作。

步骤 3：如果都为 1，结果图像的该像素为 1，否则为 0。

4.2.2.3 膨胀

膨胀操作主要用于添加像素在图像对象边界上。如 X 被 Y 膨胀，是将结构元素 Y 映射成像，然后将该映像平移 b 距离，记录 Y 映像与 X 有交集时的位移 b 的集合，表示为：

$$X \oplus Y = \{b \mid Y_b \cap X \neq 1\} \tag{4-2}$$

平移后 Y 的映射与 X 至少有一个元素是重叠的。结构元素 Y 可以看作一个卷积模板，区别在于膨胀是以集合运算为基础的，卷积是以算术运算为基础的，但两者的处理过程是相似的。膨胀过程可以描述为：

步骤 1：用结构元素 Y，扫描图像 X 的每一个像素点。

步骤 2：Y 与其覆盖的 X 的二值图像做“或”操作。

步骤 3：如果都为 0，结果图像的该像素为 0，否则为 1。

4.2.3 基于腐蚀膨胀形态学的温度测量系统在线故障检测

面向图像 FBG 温度测量数据故障诊断系统，首先要将测得的温度数据转换为彩色图像，然后利用腐蚀和膨胀原理对图像进行处理，最后进行故障定位。依据上一节温度数据的故障种类分析，温度缺失时是用数值 0 代替，因此可以将温度跳变和局部温度缺失统称为温度突变。如图 4-8 所示，先判断系统中是否存在整体温度缺失，再判断是否存在温度突变。若存在，再对温度缺失和温度跳变进行定位，并进行数据重构，得到重构图像；若不存在，则继续判断是否存在温度恒值故障。其详细的诊断定位流程如下：

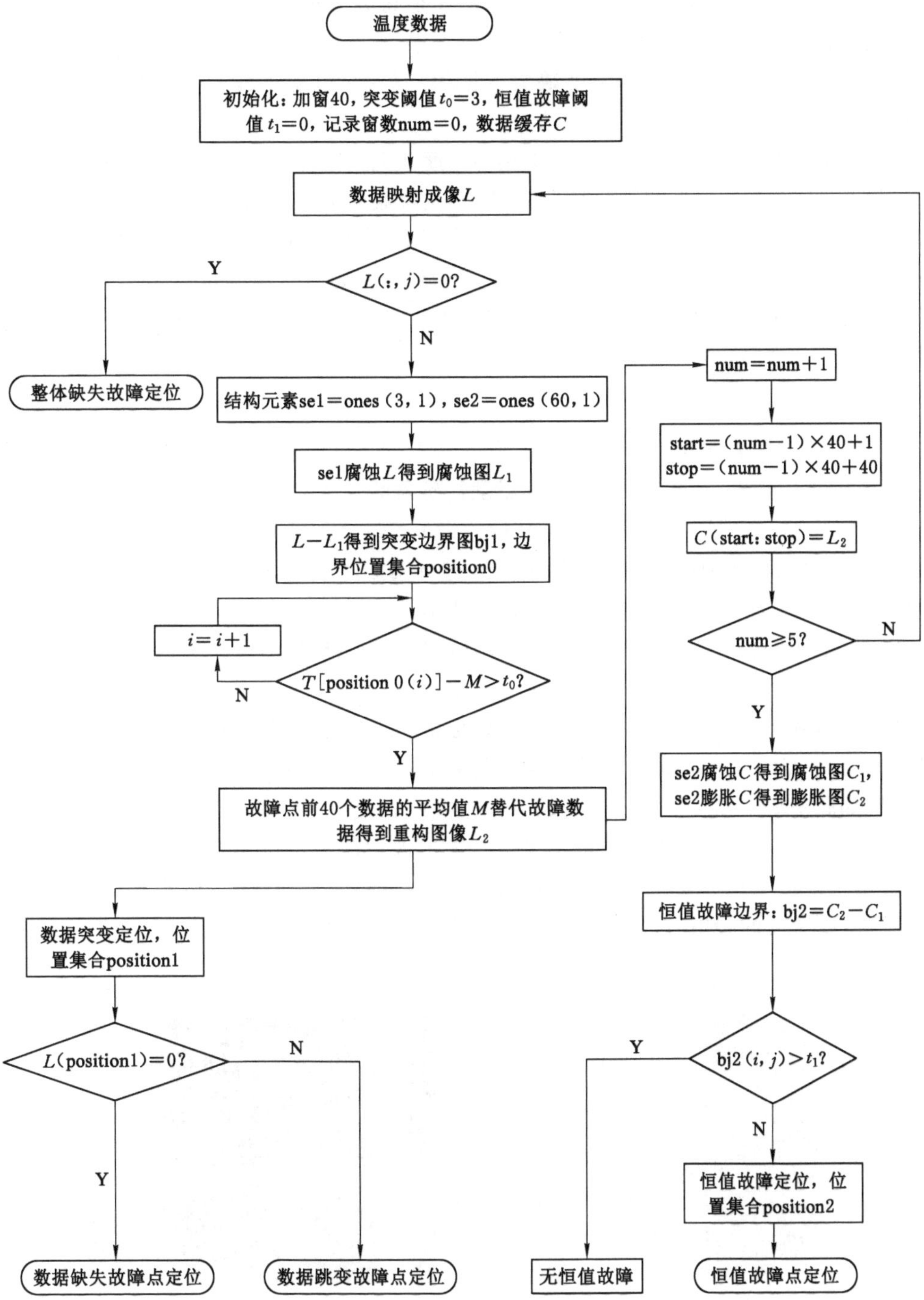

图 4-8　基于腐蚀膨胀形态学的 FBG 温度测量系统故障诊断方法

步骤 1：将温度数据转换为彩色图像，选择合适的结构元素对图像做腐蚀和膨胀处理。

步骤 2：整体温度缺失定位，判断原图数据是否全为 0，得到整体温度缺失的 FBG 传感器的位置。

步骤 3：温度突变定位，利用原图与腐蚀图差值得到温度突变边界，进一步判断温度突变趋势，得到温度突变的具体位置。

步骤 4：温度缺失定位，依据温度缺失数据为 0 的特点，从步骤 3 温度突变中选出温度缺失数据，进而定位。

步骤 5：温度跳变定位，温度跳变数据集与温度缺失数据集的差集即为温度跳变数据集。

步骤 6：图像重构，定位数据突变后，对突变位置数据进行重构。

步骤 7：恒值故障定位，判断窗个数，将膨胀图和腐蚀图的差值与恒值故障的阈值进行比较，得到恒值故障边界，再依据恒值故障边界对恒值故障进行准确定位。

基于实际测量的数据，模拟各类测量过程中 FBG 温度传感器所出现的温度突变、整体温度缺失和恒值故障，分别阐述如下。

4.2.3.1 温度突变故障

对于 FBG 温度数据故障的仿真设计，仿真数据为 200×100 的矩阵，该矩阵的列代表不同的 FBG 温度传感器，行代表同一 FBG 温度传感器的采样数值。选取大小为 200×100 的 8 月 31 日实际加工数据作为原始数据，结构元素 se1 设置为 3×1 全 1 矩阵，温度突变阈值设置为 3 ℃，将两种故障添加在原始数据中并进行模拟。

(1) 温度跳变故障：温度忽然升高或者降低 10 ℃，设置 8 个测点出现跳变。

(2) 温度缺失故障：温度突然变为 0 ℃，设置 3 个测点出现单点缺失，4 个测点出现整体缺失。

其仿真诊断图如图 4-9 所示。从原始温度数据图中可以发现正常温度数据值为 30～40 ℃。温度突变图是对数据中局部数据缺失和数据跳变两种故障进行定位。温度缺失定位图是局部温度缺失和整体温度缺失的合集。温度跳变定位图是对温度数据突然升高或突然降低的点的定位，它是温度突变定位集合与局部温度缺失定位集合的差集。通过诊断分析，计算结果如图 4-10 所示，其中第一列代表突变点的列数(即 FBG 传感器位置)，第二列代表出现温度突变的起始时间，第三列代表温度突变的结束时间。

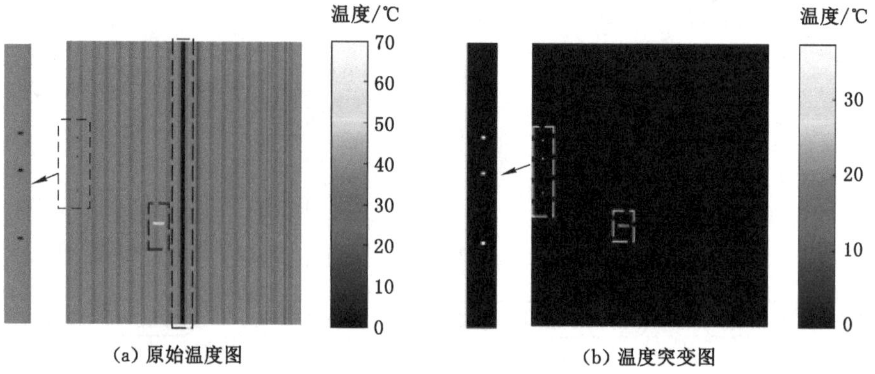

图 4-9 温度突变故障检测

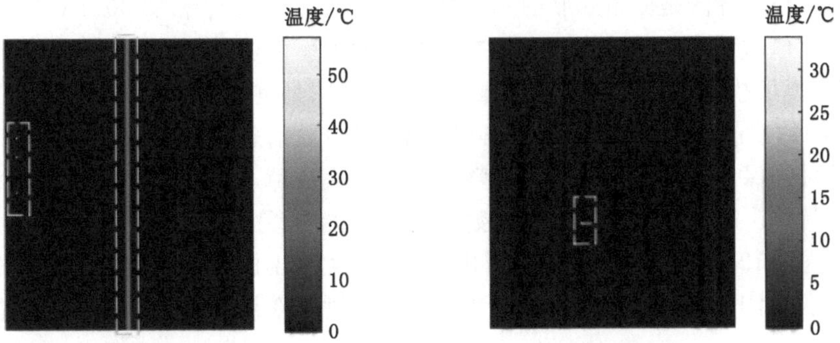

(c) 温度缺失定位　　(d) 温度跳变定位

图 4-9 （续）

数据突变位置
result0＝

9	69	69
9	82	82
9	106	106
65	128	129
66	128	129
67	128	129
68	128	129
69	128	129
70	128	129
71	128	129
72	128	129

数据缺失位置
result1＝

9	69	69
9	82	82
9	106	106
85	1	200
86	1	200
87	1	200
88	1	200

数据跳变位置
result2＝

65	128	129
66	128	129
67	128	129
68	128	129
69	128	129
70	128	129
71	128	129
72	128	129

图 4-10　温度突变故障定位

4.2.3.2　恒值故障

依然选取大小为 200×100 的实际加工数据作为原始数据，将长度超过 60 的 6 段恒值数据随机放入原始数据中，结构元素 se2 设置为 60×1 全 1 矩阵，恒值故障阈值设置为 0，即如果相邻 60 个温度数据保持不变，则可判为出现恒值故障，如图 4-11 所示。

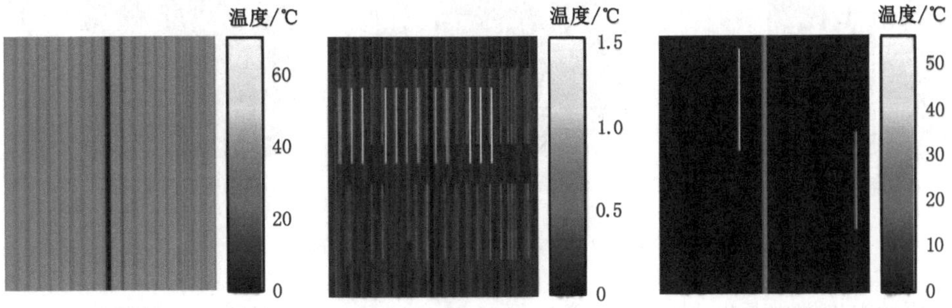

(a) 原始温度图　　(b) 恒值故障边界图　　(c) 恒值故障定位图

图 4-11　恒值故障诊断流程图

恒值故障边界图是原始膨胀图和腐蚀图的差值，它表示了相邻 60 个(结构元素的行数)数据中最大值与最小值的差值。差值越小在图像中颜色越暗，表示相邻 60 个数据变化波动越小，存在恒值故障的可能性越大。恒值故障定位图是重构图像与恒值故障图(故障点数值设置为 20)的差值图，黑色部分代表正常数据，图中 3 条条纹代表恒值故障的具体位置，与原图对比可知深色条纹将很有可能是整体温度缺失故障，此时将整体温度缺失看作恒值故障的一种特例。原始数据中除去 4 组数据整体缺失外，另设置 2 组恒值故障，经过该方法检测结果如图 4-12 所示。从图中可以看出，该方法检测出了原始数据中所加入的 6 个故障点数据，并成功对 FBG 所测温度数据中 2 个局部恒值故障和 4 个整体缺失故障进行了定位。

恒值故障位置

result3=

65	11	89
85	1	200
86	1	200
87	1	200
88	1	200
162	76	151

图 4-12　温度恒值故障定位

4.2.3.3　故障诊断实验

选取主轴空转时 FBG 温度数据进行故障诊断，将温度突变的阈值设置为 3 ℃，恒值故障的阈值设置为 0.01 ℃，依据 FBG 故障诊断方法，其处理结果如图 4-13 所示。

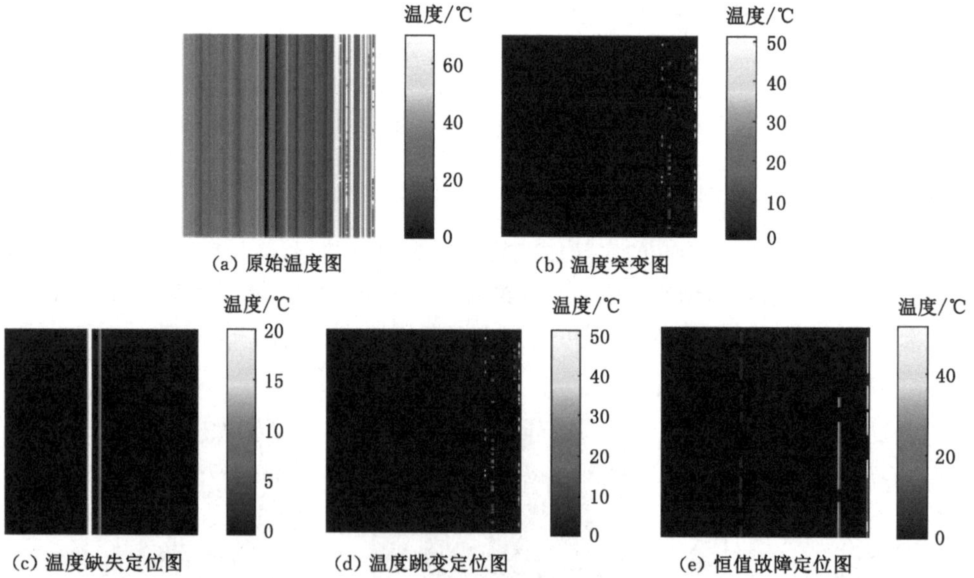

(a) 原始温度图　(b) 温度突变图

(c) 温度缺失定位图　(d) 温度跳变定位图　(e) 恒值故障定位图

图 4-13　实际 FBG 测点故障诊断

从原始温度图中看出，大部分温度数据在 30～40 ℃，可以判断环境温度在 30 ℃左右，而图中整列浅色条纹部分代表的温度明显高于其他位置的温度，表明该位置受机床工作状态的影响较大，温度明显高于其他位置温度，如机床运行时离主轴近的传感器的温度高，这与实际情况相符合。温度突变图是原图与重构图的差值图，颜色越暗，越接近黑色代表数据是正常的，反之则代表故障点，并且可以根据色标对突变数据的数值进行判断。温度缺失定位图理论上只有两种颜色：纯黑色和白色。纯黑色部分代表不是温度缺失点，白色代表差值是 20，由于算法中设置检测出温度缺失点时，将该点数据突变设置为 20，因此与原图的差值最大值为 20。从图 4-13(c)中可以看出，数据中不存在单点缺失的情况，存在数据整体缺失的情况，与实际数据情况相符合。温度跳变定位图则是颜色越亮，代表温度数据跳变值越大。恒值故障定位图将检测出的恒值点处数据置零，再与重构图像进行减运算，因此恒值故障定位图中黑色部分表示正常数据点，条纹代表恒值故障点。

4.3　FBG 测温系统故障状态恢复

4.3.1　测温系统故障恢复

在对 FBG 温度测量系统进行实时故障诊断后，为确保热误差补偿系统在加工过程中正常稳定运行，恢复测点的状态是 FBG 温度测量系统稳定性和鲁棒性的一个重要保障，也是本节所研究的重点。针对 FBG 故障诊断系统所诊断出的数据跳变、数据缺失和数据恒值故障，采用不同的策略对其进行恢复，其恢复策略如图 4-14 所示。

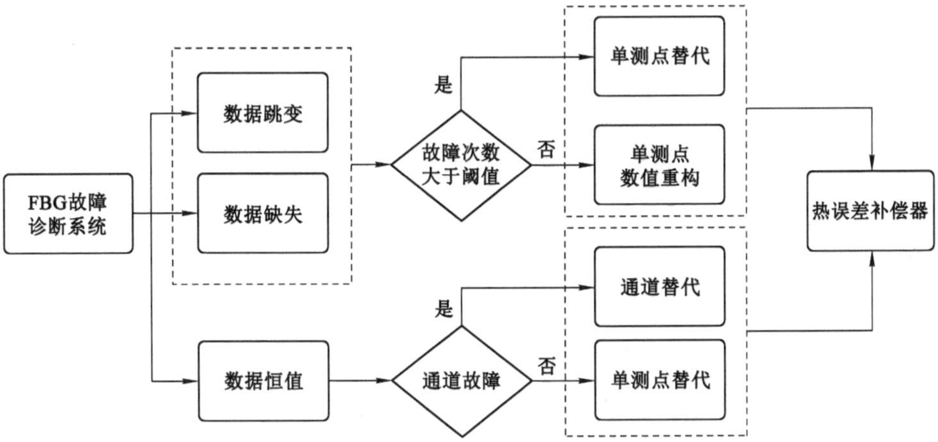

图 4-14　FBG 测温系统状态恢复策略

(1) 当 FBG 故障诊断系统检测出数据跳变与数据缺失故障时，有可能是外界干扰、噪声引起的临时突变，不是传感器自身的问题，此时执行单测点数值重构方法，来替代测点在某一时刻的故障值，记录下该测点的故障频次，在加工过程中故障次数超过阈值时，可将其视为坏点，用单测点替代策略将该测点进行替换。

(2) 当 FBG 故障诊断系统检测出 FBG 传感器为恒温故障时，可以判定传感器本身已出现故障，若故障发生在实际加工过程中，为保证加工补偿的连续性，需要启用单测点替代方法来恢复传感器数值。在实际使用过程中，也可能会出现 FBG 整个通道都出现恒值的故障，即该通道上所有 FBG 传感器均出现恒值故障，此时需采用通道替代的方式来恢复测点数值。

4.3.2 基于 SVR 与 BA 温度测点重构

4.3.2.1 支持向量回归

支持向量回归(support vector regression,SVR)的核心思想是通过非线性映射 φ 将数据 x 映射到高维线性空间,在该空间实现线性回归,这样就将低维特征空间的非线性回归转化为高维特征空间的线性回归问题。

设已知训练集 $T=\{(x_1,y_1),(x_2,y_2),\cdots,(x_l,y_l)\}$,其中函数:

$$f(x)=w\cdot\varphi(x)+b \tag{4-3}$$

式中 $\varphi(x)$——输入空间 X 到高维空间的非线性映射;

w——权向量;

b——阈值。

w 和 b 可通过使下式最小化来估计:

$$R(f)=\frac{1}{2}\|w\|^2+C\frac{1}{l}\sum_{i=1}^{l}L_\varepsilon(y_i,f(x_i)) \tag{4-4}$$

式中 C——惩罚因子;

L_ε——损失函数。

引入松弛变量 δ_i、δ_i^*,可将优化目标表示为:

$$\min\frac{1}{2}\|w\|^2+C\frac{1}{l}\sum_{i=1}^{l}(\delta_i+\delta_i^*)$$

$$\text{s.t.}\begin{cases}y_i-w\cdot\varphi(x_i)-b\leqslant\varepsilon+\delta_i\\ w\cdot\varphi(x_i)+b-y_i\leqslant\varepsilon+\delta_i^*\\ \delta_i,\delta_i^*\geqslant 0\quad(i=1,2,\cdots,l)\end{cases} \tag{4-5}$$

该问题的对偶问题为:

$$\max\left\{-\frac{1}{2}\sum_{i,j=1}^{l}[(\alpha_i-\alpha_i^*)(\alpha_j-\alpha_j^*)K(x_i\cdot x_j)]\right\}-\sum_{i=1}^{l}\alpha_i(\varepsilon-y_i)-\sum_{i=1}^{l}\alpha_i^*(\varepsilon+y_i)$$

$$\text{s.t.}\begin{cases}\sum_{i=1}^{l}(\alpha_i-\alpha_i^*)=0\\ 0\leqslant\alpha_i,\alpha_i^*\leqslant C\quad(i=1,2,\cdots,l)\end{cases} \tag{4-6}$$

通过求解上述问题,可得到支持向量回归的决策函数为:

$$f(x)=\sum_{i=1}^{l}(\alpha_i-\alpha_i^*)K(x_i\cdot x)+b \tag{4-7}$$

式中,核函数是 $K(x_i\cdot x_j)=\varphi(x_i)\varphi(x_j)$。

4.3.2.2 蜜蜂算法

蜜蜂算法(bee algorithm,BA)[131]为一种启发式算法,是受到自然界中蜂群采蜜行为的启发而提出的一种基于种群的优化算法。蜜蜂算法的目标是搜寻出一组优化解,即蜜蜂找到食物源的位置,其算法步骤如图 4-15 所示。

蜜蜂算法的主要步骤如下:

步骤 1:初始化侦查蜂群,其数量为 n。

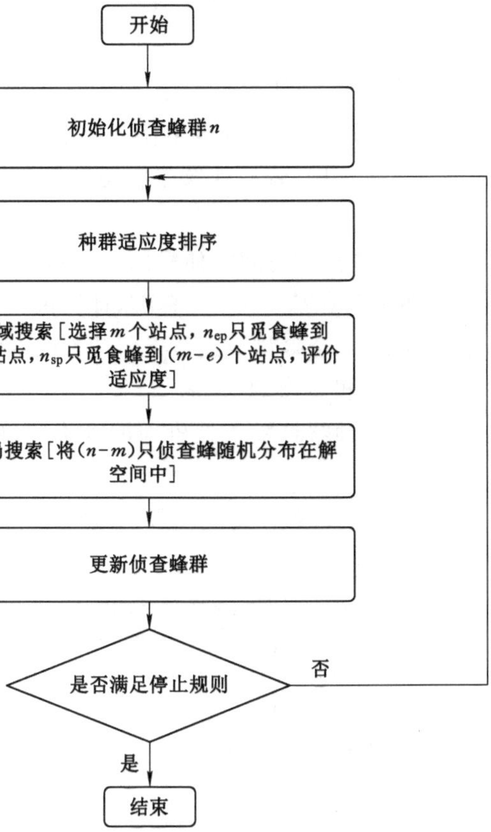

图 4-15　蜜蜂算法流程图

步骤 2：种群适应度排序。

步骤 3：领域搜索。选择 m 个站点进行领域搜索，派遣 n_{ep} 只觅食蜂到最好的 e 个站点，n_{sp} 只觅食蜂到较好的 $(m-e)$ 个站点，评价其适应度，并执行贪婪选择策略选择侦查蜂。

步骤 4：全局搜索。为避免陷入局部最优，将 $(n-m)$ 只侦查蜂随机分布在解空间中，并评价其适应度。

步骤 5：更新侦查蜂种群。

步骤 6：判断是否符合结束停止条件。

步骤 7：结束循环。

4.3.2.3　基于 BA 优化的 SVR 测点重构方法

支持向量回归的参数选择是实际问题处理中的难点，基于此，采用蜂群算法优化支持向量回归的参数，达到智能寻优的目的，本节采用径向基函数 RBF 作为 SVR 的核函数：

$$K(x,x_i) = \exp(-| x - x_i |^2/\sigma^2) \tag{4-8}$$

BA 算法需要优化两个参数，即核半径 σ 和惩罚参数 C。σ 关系着函数的径向作用范围，而 C 控制模型的复杂度与逼近误差折中量，其值的大小影响模型推广能力。以支持向量回归的均方误差(MSE)为目标函数，建立与 (C,σ) 相关的函数 $F(C,\sigma)$，建立数学模型：

$$\min F(C,\sigma)$$

$$\text{s. t.}\begin{cases}C\in[C_{\min},C_{\max}]\\ \sigma\in[\sigma_{\min},\sigma_{\max}]\end{cases}\tag{4-9}$$

基于 BA 的 SVR 参数优化流程如图 4-16 所示，其具体步骤如下：

步骤 1：设置 SVR 参数（惩罚系数 C，核函数半径 σ）的上、下界为 100 和 0.01，设置 BA 参数（蜂群规模 NP＝20，蜜源 FN＝10，蜜源连续未被更新的最大次数 limit＝100，算法迭代次数 N＝10）。

步骤 2：初始化 SVR 参数构成搜索空间的侦察蜂，每一对参数(C,σ)代表一只蜜蜂。

步骤 3：训练上一步形成的蜂群构建的 SVR 模型，计算每只侦察蜂的适应度 MSE。

步骤 4：招募蜜蜂到被选中的 m 个食物源进行近邻搜索（最好的 e 个食物源招募更多的蜜蜂），计算其适应度并更新 SVR 模型参数(C,σ)。

步骤 5：派遣剩余的($n-m$)只侦察蜂随机搜索新的食物源，计算其适应度并更新 SVR 模型参数(C,σ)。

步骤 6：重复步骤 4 和 5 直至达到最大迭代次数 N，并返回当前最优的 SVR 模型参数(C,σ)。

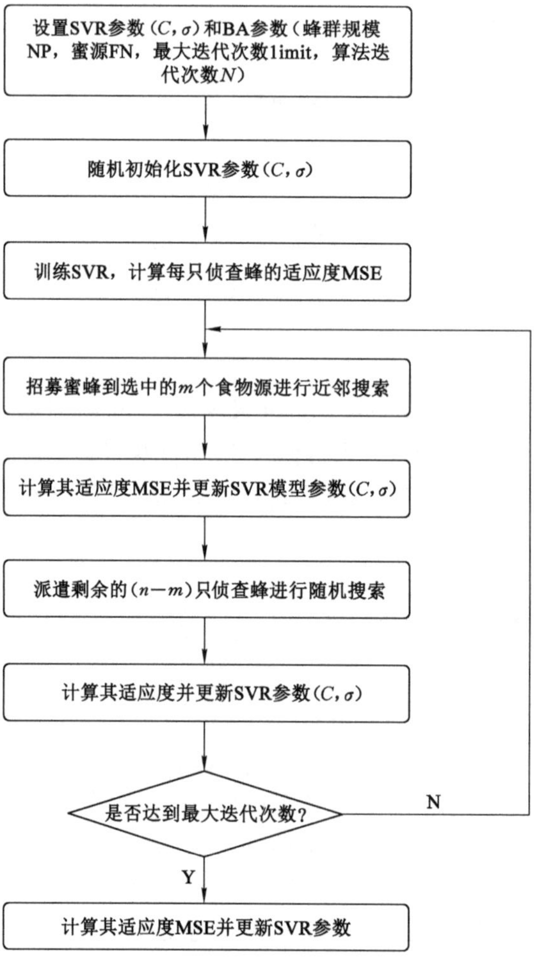

图 4-16　基于 BA 优化 SVR 参数流程图

4.3.2.4　实验验证

实验使用该传感器的历史数值作为输入，利用前三点数据来预测后一点数据，并用前180点的数据进行训练，后50点的数据进行测试，分别预测了在恒速空转、变速空转、加工三种情况下的重构值，如图4-17所示。为了验证BA-SVR重构算法的有效性，利用未优化的BP和SVR进行故障测点重构，如图4-18和图4-19所示。其重构残差统计如表4-1所示，从表中可以看出，通过对比MAE、MSE、MAPE的值，BA-SVR在不同工况条件下表现都最优。

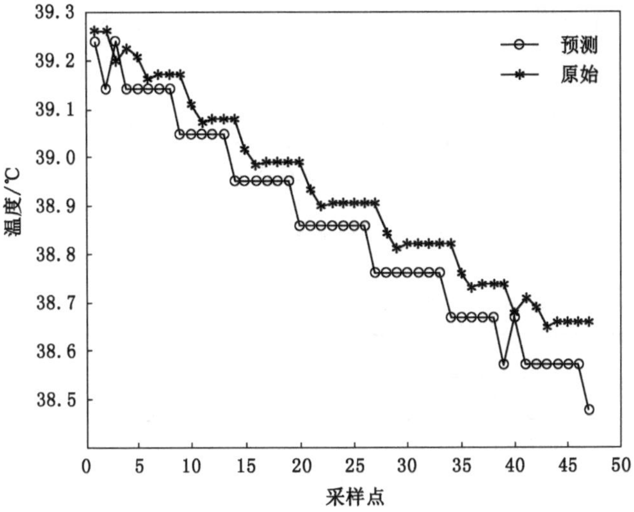

图 4-17　BA-SVR 温度预测图

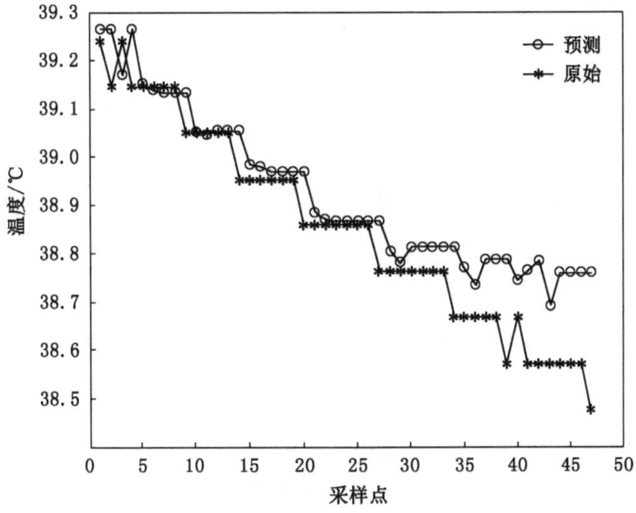

图 4-18　BP 温度重构图

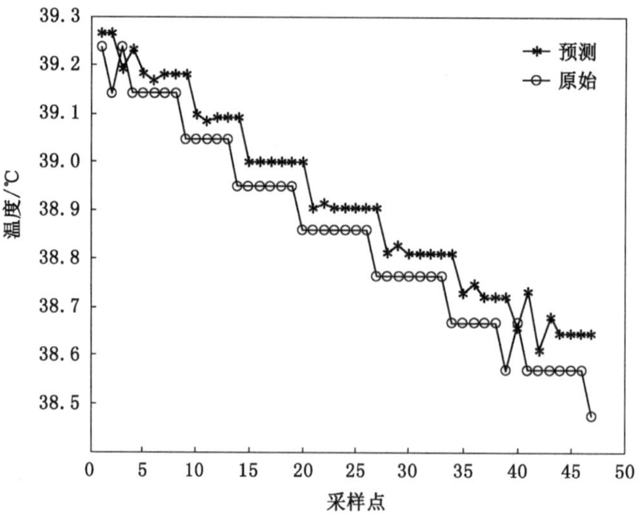

图 4-19 SVR 温度重构图

表 4-1 三种不同工况下温度重构残差对比图

工况	模型	MAE	MSE	MAPE
恒速空转	BA-SVR	**0.071 7**	**0.006 9**	**0.001 8**
	BP	0.073 1	0.010 4	0.001 9
	SVR	0.079 2	0.007 4	0.002 8
变速空转	BA-SVR	**0.109 7**	**0.010 8**	0.006 6
	BP	0.154 4	0.033 8	**0.005 1**
	SVR	0.243 9	0.073 5	0.008 0
加工铣槽	BA-SVR	**0.055 2**	**0.004 7**	**0.001 9**
	BP	0.103 6	0.020 5	0.003 5
	SVR	0.088 4	0.014 4	0.003 0

4.3.3 FBG 单测点和通道替代方法

根据 4.3.1 小节的讨论，当 FBG 测点出现坏点和整条通道出现故障时，就要采取测点替代和通道替代的策略来恢复测点数据，本小节主要研究了基于功效系数法的 FBG 测点评估模型，依托评估结果来选取最优替代测点。

4.3.3.1 功效系数法

功效系数法也称为功效函数法，是依托于多目标规划原理而提出的。该方法的目标是计算各指标实现的满意程度，设定一个满意值和不允许值，以这两个值为取值范围，确定各指标的分数，通过加权平均等方法进行综合评估，将其值作为评价的依据。线性功效系数法是最常用的一种方法，该方法靠功效最好和最坏点之间的直线来反映功效程度。

考虑如下的多目标规划问题：

$$\begin{cases} \min(f_1(x), f_2(x), \cdots, f_k(x)) \\ \max(f_{k+1}(x), f_{k+2}(x), \cdots, f_p(x)) \\ \text{s.t.} \quad x \in \mathbf{R} \end{cases} \tag{4-10}$$

求出 $f_i(x)$ 的最大值和最小值：

$$\begin{aligned} &\max_{x\in\mathbf{R}} f_i(x) = \overline{f_i} \quad i = 1,2,\cdots,p \\ &\min_{x\in\mathbf{R}} f_i(x) = \underline{f_i} \quad i = 1,2,\cdots,p \end{aligned} \tag{4-11}$$

(1) 由于当 $i=1,2,\cdots,k$ 时，$f_i(x)$ 要求越小越好，故可取：

$$d_i = d_i(f_i(x)) = \begin{cases} 1 & f = \underline{f_i} \\ 0 & f = \overline{f_i} \\ 1 - \dfrac{f_i(x) - \underline{f_i}}{\overline{f_i} - \underline{f_i}} & \underline{f_i} < f < \overline{f_i} \end{cases} \tag{4-12}$$

式中选取 $1 - \dfrac{f_i(x) - \underline{f_i}}{\overline{f_i} - \underline{f_i}}$ 作为函数值，过两点 $(\underline{f_i},1)$ 和 $(\overline{f_i},0)$ 可作一条直线，其方程为：

$$\frac{f_i(x) - \underline{f_i}}{\overline{f_i} - \underline{f_i}} = \frac{d_i(f_i(x)) - 1}{0 - 1} \quad i = 1,2,\cdots,k \tag{4-13}$$

由上式可知，越靠近 $(\underline{f_i},1)$ 的功效越好，越靠近 $(\overline{f_i},0)$ 的功效越坏，所以 $d_i(f_i(x))$ 便可以反映 $f_i(x)(i = 1,2,\cdots,k)$ 越小越好。

(2) 当 $i=k+1,k+2,\cdots,p$ 时，$f_i(x)$ 要求越大越好，故可取：

$$d_i = d_i(f_i(x)) = \begin{cases} 1 & f = \overline{f_i} \\ 0 & f = \underline{f_i} \\ \dfrac{f_i(x) - \underline{f_i}}{\overline{f_i} - \underline{f_i}} & \underline{f_i} < f < \overline{f_i} \end{cases} \tag{4-14}$$

过两点 $(\underline{f_i},0)$ 和 $(\overline{f_i},1)$ 可作一条直线，其方程为：

$$\frac{f_i(x) - \underline{f_i}}{\overline{f_i} - \underline{f_i}} = \frac{d_i(f_i(x)) - 0}{1 - 0} \quad i = k+1,k+2,\cdots,p \tag{4-15}$$

由上式可知，越靠近 $(\underline{f_i},0)$ 的功效越坏，越靠近 $(\overline{f_i},1)$ 的功效越好，所以 $d_i(f_i(x))$ 便可以反映 $f_i(x)(i = k+1,k+2,\cdots,p)$ 越大越好。

由(1)和(2)所推导出的 $d_i(f_i(x))$ 公式中，当各 $d_i(f_i(x)) \approx 1$ 时便可以同时保证前 k 个目标越小越好，而后 $(p-k)$ 个目标越大越好。

通常在求解实际问题时不会寻求最坏解，因此不妨假设 $d_i > 0$，对于 $\forall x \in \mathbf{R}, i = 1, 2,\cdots,p$，作其几何平均数：

$$h(F(x)) = \left(\prod_{i=1}^{p} d_i(f_i(x))\right)^{1/p} \tag{4-16}$$

称 $h(F(x))$ 为功效函数，并以如下单目标规划式的最优解作为多目标规划的解：

$$\max_{x\in\mathbf{R}} h(F(x)) \tag{4-17}$$

4.3.3.2　功效系数法单点替代

针对评价对象的复杂性和属性多元性，功效系数法能够从不同的侧面对评价对象进行综合评价，其主要特点是直观明了，能够将不可比和互补指标依托某种规则量化成具有可比性的指标，同时又将各指标的重要性考虑到了评价体系中。

在评价体系中，主要使用灰色关联度和欧氏距离来衡量故障点与其他点之间的相似性。而灰色关联度是极大型指标，越大越好；欧氏距离是极小型指标，越小越好。两者选择标准相反，但对我们的评价体系来说同样重要，因而选择功效系数法将两个指标的实际值转为无量纲的功效系数，再根据各自权重关系得到综合评价值，其评价流程如图 4-20 所示，计算出功效系数的大小，以此选出最佳的替代点。具体步骤如下：

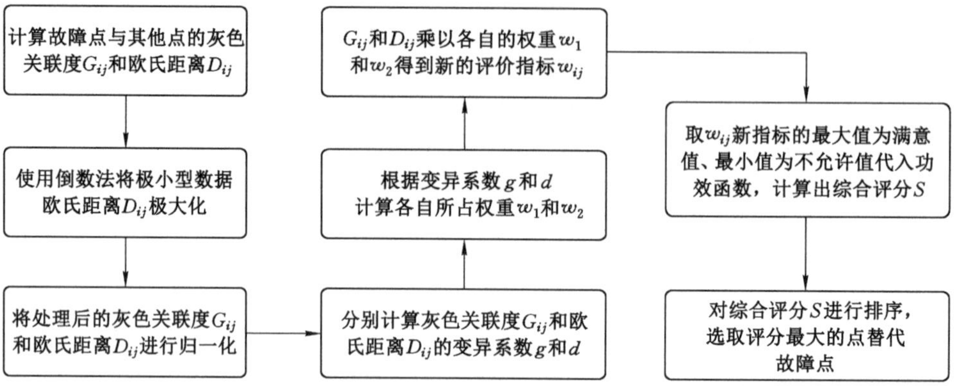

图 4-20　基于功效系数法测点评价

步骤 1：以故障点正常时的值为参考列、其他点为比较列，计算灰色关联度 G_{ij} 和欧氏距离 D_{ij}。

步骤 2：使用倒数法即 $D_{ij} = 1/D_{ij}$ 将极小型数据 D_{ij} 极大化，方便计算得分。

步骤 3：将处理后的灰色关联度 G_{ij} 和欧氏距离 D_{ij} 进行归一化。

步骤 4：分别计算灰色关联度 G_{ij} 和欧氏距离 D_{ij} 的变异系数 $g = \sigma_{G_{ij}} / \overline{G_{ij}}$ 和 $d = \sigma_{D_{ij}} / \overline{D_{ij}}$（其中 $\sigma_{G_{ij}}$ 表示 G_{ij} 的标准差，$\overline{G_{ij}}$ 表示 G_{ij} 的平均值）。

步骤 5：根据变异系数 g 和 d 计算各自所占权重 $w_1 = g/(g+d)$ 和 $w_2 = d/(g+d)$。

步骤 6：G_{ij} 和 D_{ij} 乘以各自的权重 w_1 和 w_2 得到新的评价指标 $w_{ij} = G_{ij} \times w_1 + D_{ij} \times w_2$。

步骤 7：取 w_{ij} 的最大值为满意值、最小值为不允许值代入功效函数，计算出综合评分 $S = [(w_{ij} - \underline{w_{ij}})/(\overline{w_{ij}} - \underline{w_{ij}})] \times 40 + 60$（其中 $\underline{w_{ij}}$ 为不允许值，$\overline{w_{ij}}$ 为满意值）。

步骤 8：对综合评分 S 进行排序，选取评分最大的点替代故障点。

4.3.3.3　通道替代

假设一个通道共有 m 个传感器，采样时间维度为 n，则一个通道的数据组成 $(n \times m)$ 的矩阵，通道替代核心思想是通过计算矩阵之间的相关系数来确定它们之间的相关性，并选出与故障通道相关系数最高的通道来替代它。相关系数计算公式如下：

$$r = \frac{\sum_m \sum_n (A_{mn} - \overline{A})(B_{mn} - \overline{B})}{\sqrt{[\sum_m \sum_n (A_{mn} - \overline{A})^2][\sum_m \sum_n (B_{mn} - \overline{B})^2]}} \tag{4-18}$$

式中　$\overline{A}$——矩阵 $\boldsymbol{A}$ 的像素平均值，即先计算矩阵 $\boldsymbol{A}$ 各列的平均值，再计算各行平均值；

A_{mn}——矩阵 $\boldsymbol{A}$ 中第 m 行第 n 列的元素。

以机床主轴上 6 个通道为例，在不同工况下，计算它们之间的相关系数，结果如表 4-2、

表 4-3 和表 4-4 所示。更新在不同工况下通道之间的相关系数表，当故障发生时，依据相关系数表来选择可以替代的通道。

表 4-2　恒速空转实验各通道相关系数

	通道 1	通道 2	通道 3	通道 4	通道 5	通道 6
通道 1	1	0.070	0.615	0.464	0.642	0.710
通道 2	0.070	1	−0.380	0.734	0.719	0.371
通道 3	0.615	−0.380	1	−0.124	0.138	0.015
通道 4	0.464	0.734	−0.124	1	0.796	0.677
通道 5	0.642	0.719	0.138	0.796	1	0.608
通道 6	0.710	0.371	0.015	0.677	0.608	1

表 4-3　变速空转实验各通道相关系数

	通道 1	通道 2	通道 3	通道 4	通道 5	通道 6
通道 1	1	0.925	0.933	0.846	−0.222	0.881
通道 2	0.925	1	0.952	0.735	−0.231	0.831
通道 3	0.933	0.952	1	0.768	−0.276	0.889
通道 4	0.846	0.735	0.768	1	−0.199	0.653
通道 5	−0.222	−0.231	−0.276	−0.199	1	−0.321
通道 6	0.881	0.831	0.889	0.653	−0.321	1

表 4-4　加工铣槽实验各通道相关系数

	通道 1	通道 2	通道 3	通道 4	通道 5	通道 6
通道 1	1	−0.314	0.778	0.150	−0.137	−0.487
通道 2	−0.314	1	−0.048	0.566	0.832	0.193
通道 3	0.778	−0.048	1	0.451	0.174	−0.630
通道 4	0.150	0.566	0.451	1	0.576	−0.101
通道 5	−0.137	0.832	0.174	0.576	1	0.130
通道 6	−0.487	0.193	−0.630	−0.101	0.130	1

4.4　本章小结

本章基于 FBG 测量系统所得到的机床主轴温度数据，重构机床在各种工况下的温度场，得出机床主轴在同一横截面上温度场分布均匀、垂直方向存在温度场缓慢变化梯度的规律，为下一步对 FBG 实时在线故障诊断提供依据；统计分析了 FBG 测温系统在实际运行过程中所出现的故障，针对这些故障，利用图像处理的思想，提出了改进型基于腐蚀和膨胀的实时在线故障检测方法，解决了 FBG 测量系统多点在线故障诊断问题；为保障补偿系统稳定运行，提出一套 FBG 测温数据故障恢复策略，通过基于 BA 的 SVR 优化预测重构方法和基于功效系数评价的测点替代与基于相关性的通道替代机制来保障重型机床测量数据的可靠性。

第5章 数控机床经典热误差建模方法

热误差预测模型是热误差补偿技术中的一项关键技术，热误差补偿系统的最终补偿效果在很大程度上取决于热误差预测模型建立得精确与否。对数控机床热误差的建模过程，就是依据试验测得的温度和位移数据建立起数控机床温度场和热误差的函数映射模型。数控机床由于其自身的结构复杂，机床受内外热源的影响较大，不同的操作时间和不同的工况下，其温度场也会发生相应的变化，因此机床的热误差具有非线性、动态性和时变性等特点，很难对机床的温度场进行准确的检测。

热误差建模的理论方法众多，但是传统的建模方法如回归法、有限元法、时序分析法很难得到温度与热误差的精确映射关系。近年来，人工神经网络由于具有强大的非线性映射能力，良好的自学习、记忆能力和快速的建模能力，在数控机床热误差建模方面得到了广泛的应用。

5.1 基于BP神经网络的热误差建模

5.1.1 BP神经网络

BP神经网络通常由一个输入层、一个或者多个隐含层和一个输出层构成，其隐含层的传递函数通常采用logsig函数、tansig函数和purelin函数，多个具有非线性传递函数的隐含层使BP神经网络可以学习输入和输出之间的任意非线性关系。图5-1显示了一个由单个隐含层构成的三层BP神经网络模型。

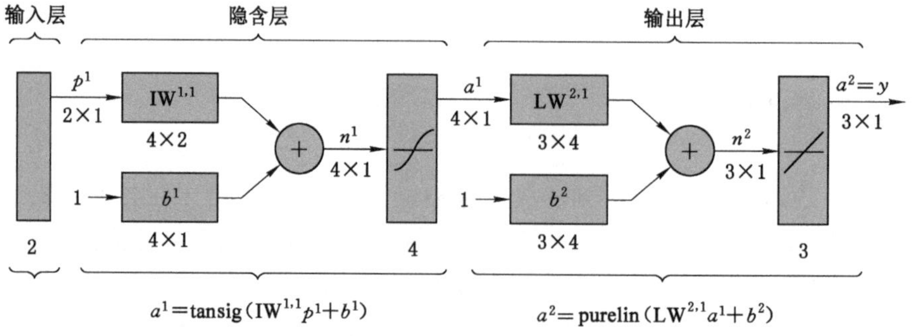

图5-1 具有单个隐含层的BP神经网络

BP神经网络的学习过程包括输入信号的正向传播和误差信号的反向传播两个过程，通过对网络权值和阈值的不断调整，把均方误差最小化，最终达到设定的训练误差目标。

在输入信号的正向传播过程中，输入层接收训练样本的输入信号，经过隐含层的计算处理后，本次的训练输出传至输出层。在传递过程中，前一层神经元的输入影响本层神经元的输出，各层的连接权值不变。如果本次的训练输出与期望输出有很大的偏差，就会进入误差反向传播阶段。

在误差信号的反向传播过程中，误差信号的传播方向与输入信号的传播方向正好相反，输出误差以一定形式经由隐含层传递回输入层，传递过程中，输出误差会在隐含层和输出层的神经元中被分摊，之后逐层地修改权值和阈值，直到训练输出与期望输出之间的误差满足设定的精度要求。图 5-2 显示了 BP 神经网络算法的流程图。

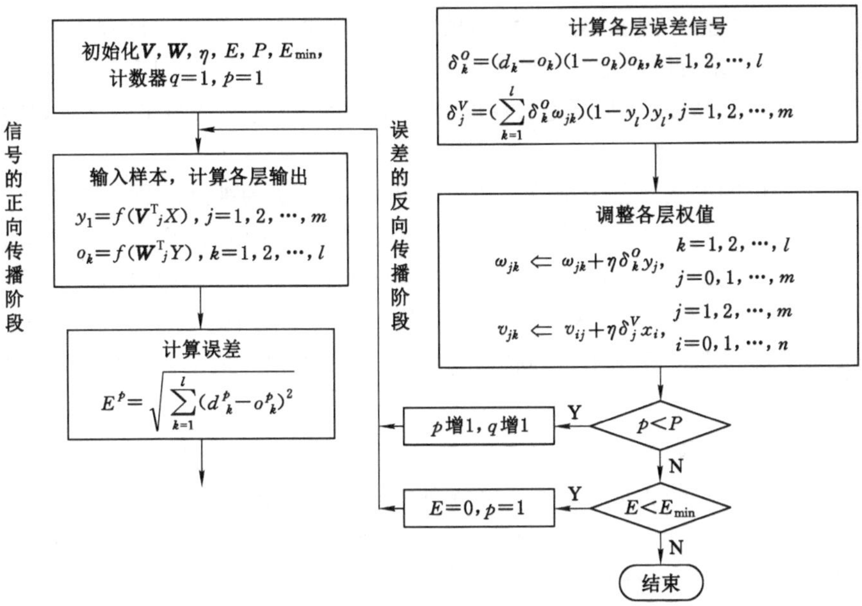

V—输入层到隐含层的权值矩阵；W—隐含层到输出层的权值矩阵；P—训练样本的总数；q—训练次数计数器；p—样本模式计数器；η—学习率；E—误差变量，初始值取 0；E_{min}—网络训练精度；d—网络输出向量。

图 5-2　标准 BP 神经网络算法流程图

5.1.2　BP 神经网络的热误差建模

本课题组基于热误差敏感度分析与模糊聚类相结合的方法对 CR5116 柔性立式加工单元进行了温度测点的优化选择，从 3 个通道中选择出了 7 个关键温度测点，它们分别是 CH01-2、CH01-10、CH02-5、CH03-5、CH03-6、CH03-9、CH03-10。

通过前文对温度与热误差测量数据的分析结果可以发现，各关键点的温差变化与主轴的热误差变化有很大的相关性，因此，基于各关键点温差数据建立热误差预测模型将会取得更加理想的效果。而在文献[47]中，作者分别基于绝对温度变量和温差变量建立了数控机床主轴热误差预测模型。经过对比发现基于温差变量建立的热误差预测模型具有更好的预测效果。同时也验证了本书在第 3 章对关键点温差与主轴热误差测量数据的分析结果。为了建立更加准确的热误差预测模型，本书将基于该 7 个关键测点的温差变量与主轴 Y 轴轴向静态热漂移误差数据建立热误差的预测模型。

实验采集了连续 72 h 的三组温度数据和主轴 X、Y、Z 轴轴向的静态热漂移误差数据，在建模实验中，第一组(即 0～24 h)数据用于热误差预测模型的训练过程，第二组、第三组(即 24～72 h)数据用于验证热误差预测模型的精度。理论上讲，只要对 BP 神经网络的连接权值和网络结构进行合适的选择，就能逼近任意的非线性函数。下面介绍 BP 神经网络模型的参数选取。

5.1.2.1 网络结构的选择

BP 神经网络由输入层、隐含层、输出层构成。随着隐含层数量的增加，网络的拟合精度会越来越高，但是预测能力会随之下降。另外，复杂的网络结构不但会增加网络的学习负担，也会使模型建立过程中的计算量大大增加。该预测模型最终要应用到嵌入式实时补偿器，考虑到嵌入式系统有限的运算空间和计算速度，本书选取了三层 BP 神经网络结构。为了不影响网络的拟合精度，增加了隐含层的神经元数目，通过大量的实验比较，最终确定隐含层的神经元个数为 25 个。

根据优化选取的关键温差变量数目和热误差项，输入层的神经元数目设定为 7 个，输出层的神经元数目设定为 1 个。选取 logsig 函数作为隐含层的激励函数。考虑到 Y 轴轴向热漂移误差的变化范围从 0 μm 到 16 μm 不等，超过了 ±1 μm，因此输出层采用线性函数 purelin 函数。BP 神经网络训练算法采用共轭梯度算法中的 trainlm 函数，在这一算法中，为了能够获得比标准梯度算法更快的收敛速度，各层权值和阈值的调整沿着共轭梯度的反方向进行。

5.1.2.2 BP 神经网络的学习

本书在第一天测量数据和第二、三天测量数据中分别随机抽取出 130 组训练数据和 90 组检验数据，对 BP 神经网络模型进行训练和验证。在基于 Matlab 仿真平台 BP 神经网络的训练中，需要对下列参数进行设定：

(1) 学习速率的确定。学习速率决定了权值和阈值更新的速度。在工程应用中，一般选取较小的学习速率，本书选取系统默认值 0.01。

(2) 误差平方和的确定。误差平方和确定了模型的拟合精度。虽然较小的误差平方和会带来较好的拟合效果，但是会降低模型的预测能力，也会使网络出现过拟合现象，降低网络的泛化能力。经过多次的仿真实验，在兼顾模型拟合精度和预测能力的情况下，本书选取的误差平方和为 0.000 1。

(3) 最大训练次数的确定。当模型的收敛速度过小时，会导致模型训练次数增加，学习时间过长。在本书的建模过程中，由于训练算法选取合适，该参数并没有起到太大作用。训练中，选取最大训练次数为 300。

将选取的第一组训练数据输入 BP 神经网络模型中进行训练。图 5-3 显示了该模型的训练过程，由图可知，经过 55 次迭代，网络就能收敛，达到设定的拟合精度要求。

之后将第二组、第三组关键温差变量和主轴 Y 轴轴向静态热漂移误差数据输入该模型进行预测，验证该模型的预测能力。图 5-4 显示了第二组、第三组数据的热误差预测情况。表 5-1 列出了基于 BP 神经网络对 Y 轴轴向静态热漂移误差预测后的利用指标波动幅度、平均误差和均方差的评价结果。

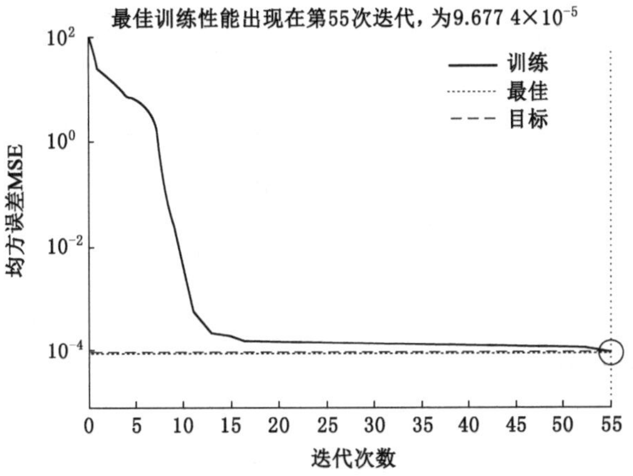

图 5-3　BP 神经网络模型训练过程

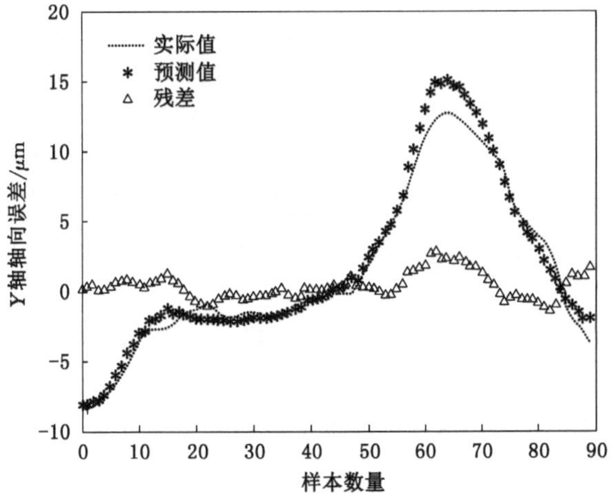

图 5-4　BP 神经网络模型预测效果

表 5-1　BP 神经网络热误差建模残差指标

模型	波动幅度/μm	平均误差/μm	均方差/μm
BP 神经网络	4.27	0.34	0.97

由图 5-4 和表 5-1 可以看出，该 BP 神经网络模型对 Y 轴轴向静态热漂移误差进行了比较好的预测。在文献[53]中，作者分别基于主成分分析与 BP 神经网络相结合和温度测点优化与 BP 神经网络相结合的方法对机床的主轴热漂移误差进行了建模，图 5-5 和图 5-6 显示了其建模最后的结果，表 5-2 是这两种建模方法利用指标波动幅度、平均误差和均方差的评价结果。

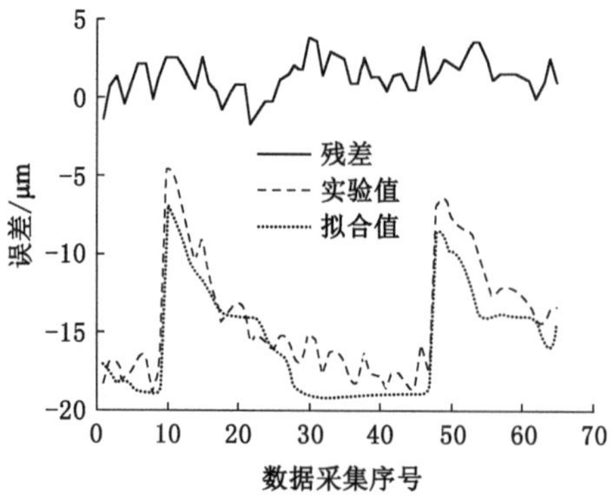

图 5-5　主成分分析-BP 神经网络模型预测结果

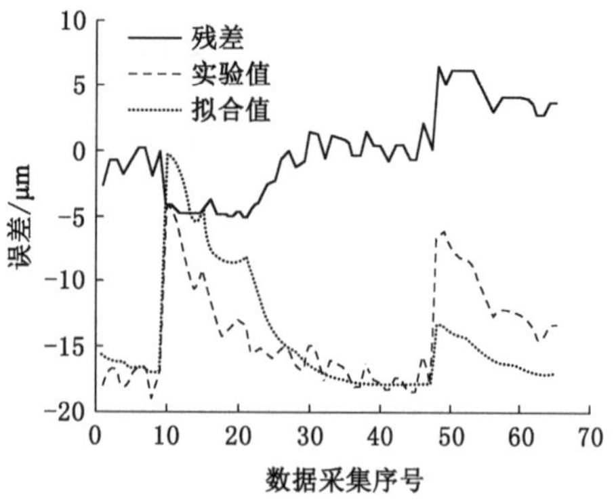

图 5-6　测点优化-BP 神经网络模型预测结果

表 5-2　对比模型的残差指标

模型	波动幅度/μm	平均误差/μm	均方差/μm
主成分分析-BP 神经网络	5.53	1.15	1.46
温度测点优化-BP 神经网络	11.45	2.80	11.48

由图表可见，本书所采用的 BP 神经网络取得了更好的预测效果。经过分析对比，本书建模方法的优势在于：

(1) 基于光纤光栅传感器对数控机床的温度场进行了检测。与传统电类温度传感器相比，光纤光栅传感器的测量精度更高，并且耐腐蚀、耐高温，对电绝缘，抗电磁干扰，更加适用于机床工作时的加工环境。

(2) 在温度与热误差检测过程中，本课题组每隔 1 min 对测点温度和主轴轴向静态热漂移误差进行了 72 h 连续不间断的检测，更加准确地检测了测点温度与主轴轴向静态热漂移误差的变化情况，为 BP 神经网络建模提供了更加丰富准确的样本数量，提高了网络的训练效果。

(3) 在热误差建模过程中，对 BP 神经网络的各项参数进行了大量的实验检测，从中优化选择出了适于本次建模的网络参数。在模型建立过程中，进行了大量的重复建模，从中选取了预测精度较高的模型。

虽然利用 BP 神经网络对机床主轴 Y 轴轴向静态热漂移误差建模取得了比较好的预测效果，但是由于 BP 神经网络自身的局限性，还是存在着一些不足之处，主要表现在以下几个方面：

(1) BP 神经网络的结构选择很难确定，迄今为止，仍没有统一完整的理论来指导神经网络结构参数的选择，往往都是通过大量的建模实验比较，进而选择出合适的结构参数。

(2) 由于在每次建立神经网络过程中会随机初始化神经网络的权值和阈值，因此在相同的网络结构和参数设置下，每次的建模都会产生不同的效果，预测结果往往也有很大的偏差，要想获得理想的预测效果，需要进行大量的重复性建模工作，严重降低了模型建立的效率。

(3) BP 神经网络的收敛速度较慢，容易造成局部极小化问题。由于 BP 神经网络采用局部搜索的优化方法，网络的参数是沿着局部改善的方向逐步调整的，因此非常容易使网络陷入局部极值，从而造成训练失败。

在数控机床的热误差建模过程中，BP 神经网络的这些缺点很大地影响了建模的结果，也给热误差建模带来了很大的不便，但是由于其具有高度的自学习和自适应能力，可以在一次建模的基础上利用不同工况下的温差数据和热误差数据进行重复调整学习，因此可以很大地提高模型的准确性和鲁棒性。图 5-7 的预测结果显示，该模型对第二组数据的预测效果并不是很理想，因此在第二组数据中重新选取了 130 组数据对模型进行调整，调整后的预测结果如图 5-8 所示。由图 5-8 可以看出，在基本不影响第三组预测结果的前提下，网络的预测效果得到了很大的改善。

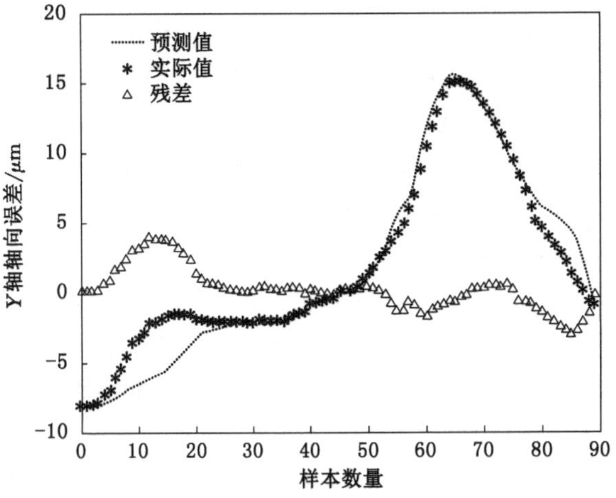

图 5-7　待修正的 BP 神经网络模型

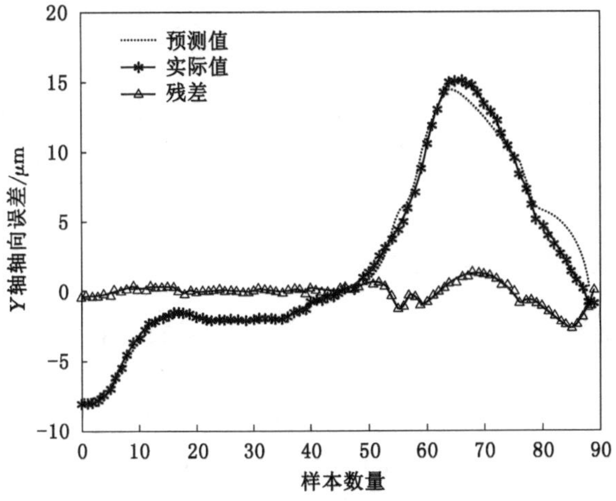

图 5-8　修正后的 BP 神经网络模型

因此，在不同工况下，经过大量样本数据重复学习调整，可以得到准确性和鲁棒性较好的 BP 神经网络模型。在重复训练过程中，训练精度应设置得比较大，不然会出现过度拟合现象，从而严重影响第三组的预测效果。本次实验中，调整学习过程中的误差平方和为 0.1。

5.2 基于 RBF 神经网络的热误差建模

5.2.1 RBF 神经网络

径向基(RBF)神经网络是只有一个隐含层的前馈型神经网络。在 BP 神经网络函数逼近过程中，每一层的权值和阈值都会影响任何一个输出，因此这种全局逼近方式的学习速度很慢。而在 RBF 神经网络输入空间的某个局部区域中，网络的输出只受少数几个连接权值的影响，因此 RBF 神经网络需要更多的神经元，但是它有更快的训练速度，在样本数量较多的情况下，RBF 神经网络的训练效果是很好的。

RBF 神经网络在网络结构上包括输入层、隐含的径向基层和输出线性层三层。RBF 神经网络隐含层神经元传递函数是以偏差 b 与输入信号和权值之间的向量距离的乘积作为输入，最常用的传递函数是高斯函数，其表达式为：

$$\mathrm{radbas}(n) = \mathrm{e}^{-n^2} \tag{5-1}$$

在 RBF 神经网络中，高斯函数的自变量 n 由权值向量和输入向量之间的距离 $||\mathrm{dist}||$ 表示。由式(5-1)可知，随着权值向量和输入向量间距离(即高斯函数的输入变量 n)的增大，高斯函数的输出将逐渐减小。

RBF 神经网络的学习过程分为两个步骤：第一步是确定隐含层径向基函数的中心，即输入层到隐含层的连接权值；第二步为有监督学习阶段，通过训练不断地调整径向基函数的连接权值和阈值，最终确定网络各层的参数。

在 Matlab 中，newrbe 和 newrb 都可以用来创建 RBF 神经网络。所不同的是，newrbe 函数创建的 RBF 神经网络在样本训练时训练结果达到零误差，而 newrb 函数则是基于迭代的方法对 RBF 神经网络进行创建，迭代增加一次，隐含层就会增加一个神经元，当训练后网络的平方和误差低于设定的目标误差时，迭代停止，RBF 神经网络训练结束。在本次的热误差建模过程中，由于训练样本数目过大，将会导致网络的规模也很大，所以选取更有效的 newrb 函数创建 RBF 神经网络。

5.2.2 RBF 神经网络的热误差建模

和 BP 神经网络建模一样，在建立 RBF 神经网络模型之前要对其函数进行选择，并确定相应参数。

(1) 选择 RBF 神经网络的创建函数。在热误差建模过程中，由于训练样本中关键测点温差与主轴误差之间并不是准确的映射关系，因此，零误差训练的 newrbe 函数并不能取得很好的预测效果。另外，由于训练样本高达 130 组，newrbe 函数创建的 RBF 网络会十分庞大臃肿。因此，选择更加高效的 newrb 函数来创建 RBF 神经网络。

(2) 在 newrb 函数生成的网络中，需要设置两个参数，即 RBF 神经网络的误差目标 goal 和散布常数 spread。在平衡拟合精度和预测精度的前提下，经过大量的仿真实验验证，最终选择的误差目标 goal 为 0.01。散布常数 spread 的选择对于 RBF 神经网络的创建有很大的影响。如果散布常数选取得过小，会造成神经元的相应区域不能覆盖整个输入范围，造成拟合的欠交叠情形；而散布常数选取得过大，则会造成交叠区域过大导致重复响应，即过交叠情形。经过大量仿真实验的验证，最终确定散布常数为 4.5。

将第一组数据中的 130 个训练样本输入 RBF 神经网络中进行训练，图 5-9 显示了 RBF 神经网络的学习过程。由图可知，经过 12 次迭代过程，网络就达到了预设的误差目标。

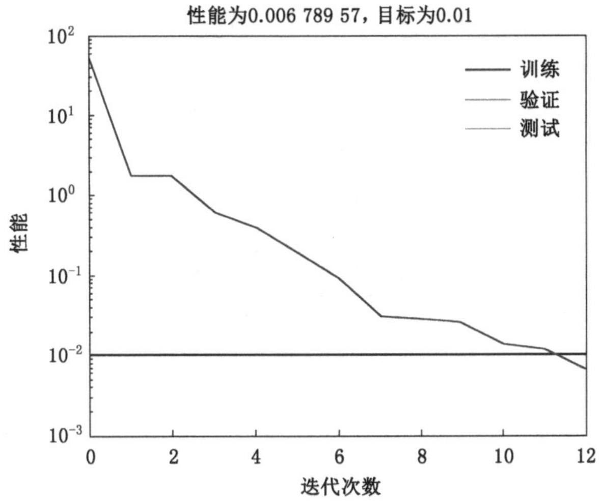

图 5-9　RBF 神经网络的训练过程

将第二组、第三组关键温差数据和 Y 轴轴向静态热漂移误差数据输入训练好的 RBF 神经网络中进行预测，验证 RBF 神经网络的预测精度。图 5-10 显示了 RBF 神经网络的预测结果，表 5-3 列出了基于 RBF 神经网络对 Y 轴轴向热误差预测后的利用指标波动幅度、平均误差和均方差的评价结果。

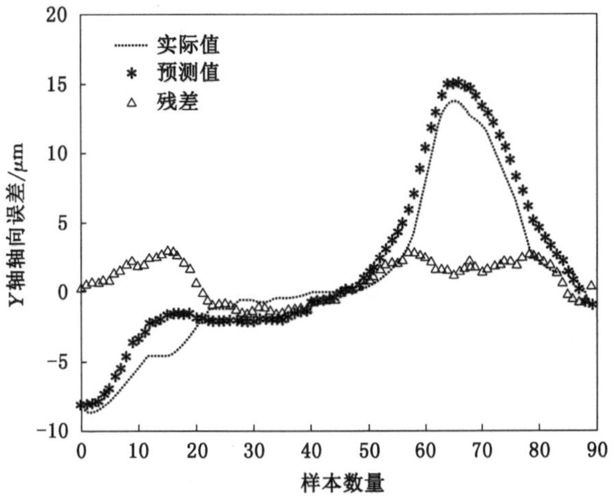

图 5-10　RBF 神经网络模型预测结果

表 5-3 RBF 神经网络热误差建模残差指标

模型	波动幅度/μm	平均误差/μm	均方差/μm
RBF 神经网络	4.55	0.83	2.66

由图 5-10 和表 5-3 可知，RBF 神经网络对 Y 轴轴向静态热漂移误差进行了比较准确的预测。与 BP 神经网络相比，RBF 神经网络在各项指标上都略有不及，但是 RBF 神经网络的训练过程迭代次数少、神经网络结构简单，因此不管是在训练过程中还是在预测过程中，RBF 神经网络的计算量都大大减少了。

为了验证 RBF 神经网络在训练效率上的优越性，取 5.1.2 节中 BP 神经网络的相同结构和参数设置本节中 RBF 神经网络的结构和参数，分别对 130 组、260 组和 390 组样本量进行了对比建模，表 5-4 显示了两组模型在网络训练过程中的迭代次数。

表 5-4 RBF 神经网络和 BF 神经网络建模试验迭代次数对比

模型	样本数量/组		
	130	260	390
RBF 神经网络	13	48	79
BP 神经网络	87	5 792	10 000 以上

表 5-4 显示，对于样本数量较大的数据建模时，RBF 神经网络的训练效率比较高，所需的训练时间也比较短。因此，RBF 神经网络比较适用于大量样本数据的模型建立，对于少量样本的模型，BP 神经网络具有更好的优越性。

5.3 基于遗传算法优化的 BP 神经网络热误差建模

虽然 BP 神经网络具有良好的非线性映射能力，但是应用在复杂系统中往往收敛速度较慢，并且容易陷入局部极值点，导致网络的训练过程不稳定，很大地影响了网络的预测精度。另外，网络权值和阈值初始化过程中的随机取值，也使得网络重复训练过程中的随机波动较大，很难取得理想的建模效果。而遗传算法(genetic algorithm，GA)能够自动获取搜索空间，具备较好的寻求全局最优解的能力，因此可以利用遗传算法对 BP 神经网络结构的初始权值和阈值进行全局寻优，这样就可以克服 BP 神经网络的自身缺点，提高其训练时收敛的速度和精确性。本节将利用遗传算法改进 BP 神经网络，建立数控机床 Y 轴轴向静态热漂移误差的 GA-BP 模型。

5.3.1 遗传算法

遗传算法是一种模拟生物进化过程中自然选择和遗传学机理随机化搜寻最优解的方法。该方法基于优胜劣汰、适者生存的原则，在全局域中进行复制、交叉、变异等遗传操作来寻求最优解，全局搜索能力较强。在遗传算法的进化过程中，种群的遗传操作都是随机性的，并且还能根据历史信息来推测下一代的期望种群，这样不但能搜索到所有的解空间，还能在种群的遗传进化中达到较快的收敛速度，最终求得问题的最优解。遗传算法的实现简单易行，同时具有较强的鲁棒性，可以很好地弥补 BP 神经网络的收敛速度过慢和容易陷入极值点等缺点。

遗传算法的搜索过程是典型的迭代过程，其基本过程如下：

(1) 对参数集进行编码。在利用遗传算法求解实际问题时，需要对染色体(即问题的解空间)进行编码，这样才方便之后的交叉、变异操作。一般常用的编码方式有二进制编码和实数编码。在二进制编码中，用固定长度的二进制数来表示种群的个体，这样易于编解码操作和交叉、变异等遗传操作。而实数编码中用某一范围内的实数来表示染色体的基本单元，与二进制编码相比，虽然其编码形式稍显复杂，但是更利于解决高精度、多维数值问题，也可以更接近待解空间。本书中采用的是实数编码方式。

(2) 随机产生初始化种群。

(3) 评价种群，计算适应度值。在遗传操作之前，需要选取合适的适应度函数。适应度函数是评价个体优劣的标准，适应度值比较高的个体将有更高的概率做复制操作，而适应度值较低的个体将会做交叉、变异操作，从而在种群遗传过程的交叉、变异操作中来提高平均适应度值，最终找到问题的最优解。可见，在遗传算法中，适应度函数起着决定性作用。

(4) 对不合格的种群进行交叉、变异等遗传操作，从而产生下一代种群。遗传操作是遗传算法中最核心最基本的操作，是决定遗传算法性能的关键步骤。

复制操作：选择出适应度值比较高的个体并进行重组，确定下一代的个体数目，从而产生下一代的种群。

交叉操作：从种群中随机抽出两个个体，依据一定的策略交换每个个体的部分染色体进而生成新个体，一般采用单点交叉操作。

变异操作：依据设定的变异概率，对染色体编码串中的部分基因进行改变，进而生成全新的个体。

(5) 判断种群性能是否达到了预定的误差目标，或者是否达到了最大的进化次数，不满足则继续进行遗传操作。

图 5-11 为遗传算法的基本流程图。

5.3.2　遗传算法优化 BP 神经网络的理论基础

遗传算法优化 BP 神经网络的基本思想为：在确定了 BP 神经网络的结构之后，首先利用训练样本对 BP 神经网络各层的初始权值和阈值进行全局寻优，在满足了设定的误差目标之后，再将遗传算法寻找的最优权值、阈值代入 BP 神经网络中进行样本训练，基于误差梯度下降原理在极值点附近进行快速搜索，直到训练结束。这样不但提高了 BP 神经网络的收敛速度，同时也避免了陷入局部极值点的缺点。图 5-12 为 GA-BP 神经网络的算法流程图。

在进行 GA-BP 建模操作之前，需要对关键温度变量和 Y 轴轴向误差变量进行归一化处理，这样方便 GA-BP 模型的建立和加快网络的训练速度，即：

$$P_{ij} = 2 \times \frac{P_{ij} - \min P_i}{\max P_i - \min P_i} - 1 \quad i = 1,2,\cdots,n; j = 1,2,\cdots,m \tag{5-2}$$

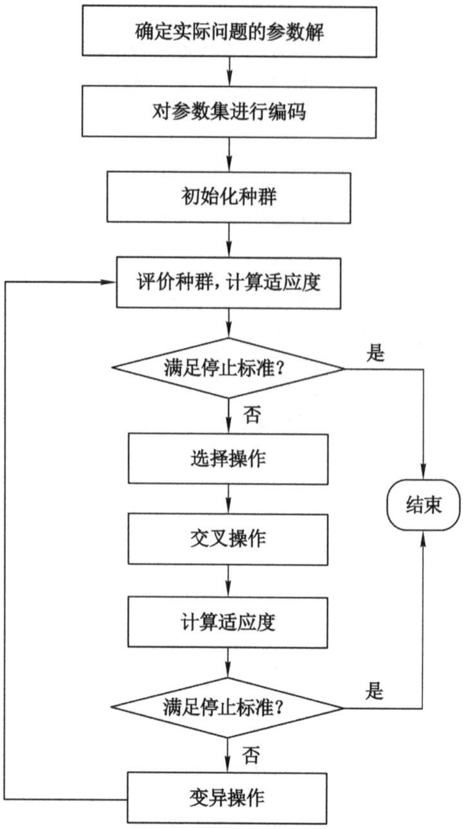

图 5-11　遗传算法基本流程图

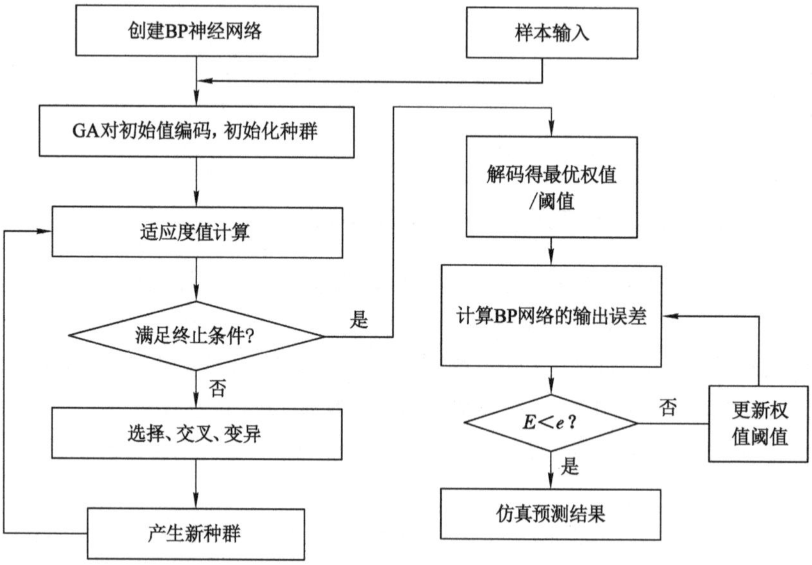

图 5-12　GA-BP 神经网络算法流程图

式中　P_{ij}——$n \times m$ 维样本矩阵 $\boldsymbol{P}$ 中的每一个元素；

$\min P_i$——样本矩阵第 i 行元素中的最小值；

$\max P_i$——样本矩阵第 i 行元素中的最大值。

GA-BP 神经网络的目标函数采用误差平方和，即：

$$E = \sum_{i=1}^{n} (y_i - \hat{y}_i)^2 \tag{5-3}$$

式中　n——输出数据的个数；

$\hat{y}_i$——网络输出的第 i 个实际值；

y_i——网络输出的第 i 个预测值。

GA-BP 神经网络的误差平方和越小，表示网络的性能越好。因此，选取误差平方和的倒数作为遗传算法的适应度函数，误差平方和越小表示该个体的适应度越大。

5.3.3　遗传算法优化的 BP 神经网络热误差建模

5.3.3.1　BP 神经网络的结构设计

本次建模的目的是改善 BP 神经网络的收敛速度，以获得更高的学习效率。本次建模依然采用上文中设计的结构模型，采用三层网络结构，输入层神经元数目为 7，隐含层神经元数目为 25，输出层神经元数目为 1。隐含层激励函数采用 logsig 型，输出层函数采用 purelin 线性函数。BP 神经网络的学习算法采用共轭梯度算法中的 trainlm 函数。设定最大训练次数为 300，学习速率为 0.01，误差平方和指标为 0.000 1。

5.3.3.2　遗传算法的参数确定

在进行遗传操作之前，对遗传算法的各个结构参数做如下设定：

(1) 种群大小：即种群中所包含的个体数。种群数太少会降低搜索范围，从而得不到最优解；种群数过大会增加搜索时间，降低种群的搜索效率。在本次建模中，设定种群个数为 50。

(2) 交叉概率：交叉概率设置得越大，产生新个体的概率越大，但是过大的交叉概率会对优秀的个体结构造成破坏，从而失去优秀的遗传基因；而过小的交叉概率会降低搜索速度，甚至导致停滞。本次建模中设置的交叉概率为 0.1。

(3) 变异概率：即个体基因变异操作的概率，一般要很小。本次建模中设置为 0.01。

(4) 终止进化代数：当迭代次数达到设定的终止代数时，搜索过程结束。本次建模中发现，当迭代 40 次时，基本达到了设定误差目标，因此设置终止进化代数为 50。

由于 BP 神经网络的网络结构是 7—25—1，所以遗传算法需要确定的权值有 $7 \times 25 + 25 \times 1 = 200$ 个，阈值有 $25 \times 1 = 25$ 个，需要确定 225 个网络参数，适应度函数采用网络输出误差的倒数，选用比例选择算子和单点交叉方式。

5.3.3.3　遗传算法优化的 BP 神经网络主轴热误差建模

为验证本次建模的优化效果，依然采用第一组数据作为训练数据，第二组、第三组数据作为检验数据。将第一组数据输入 GA-BP 神经网络中进行训练，图 5-13 显示了该模型的训练过程。图 5-14 显示了本次建模过程中 GA-BP 神经网络对 Y 轴轴向误差的预测结果。

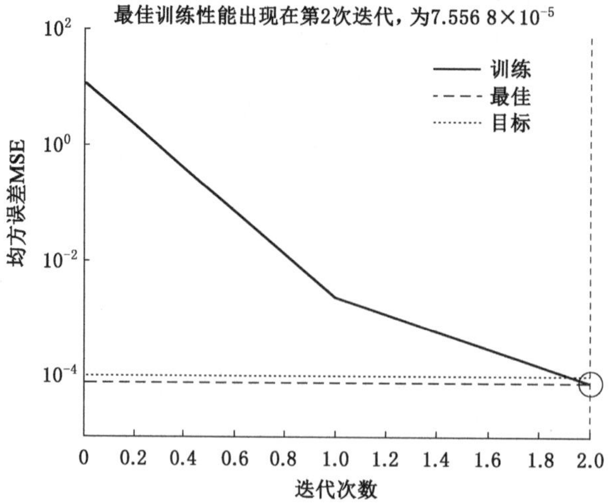

图 5-13 GA-BP 神经网络训练过程

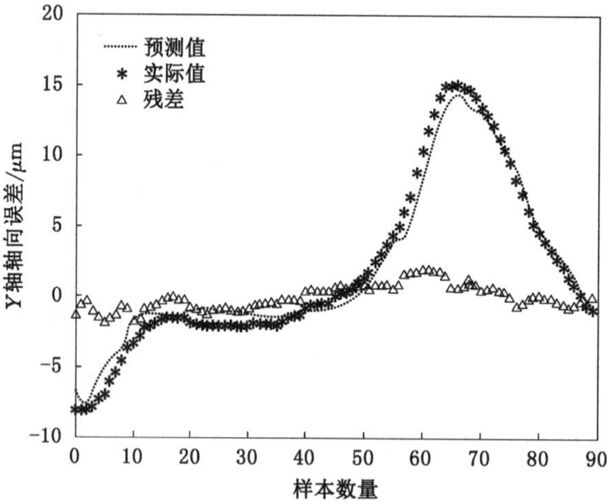

图 5-14 GA-BP 神经网络预测结果

从图 5-13 中可以看出，在经过遗传算法优化 BP 神经网络初始权值和阈值之后，训练过程中只经过了 2 次迭代就达到了预定的误差目标，极大地提高了 BP 神经网络的收敛速度。而从图 5-14 的预测效果中可以看出，在提高 BP 神经网络收敛速度的同时，GA-BP 神经网络模型也取得了很好的预测效果。表 5-5 列出了基于 GA-BP 神经网络对 Y 轴轴向静态热漂移误差预测后的利用指标波动幅度、平均误差和均方差的评价结果。

表 5-5 GA-BP 神经网络热误差建模残差指标

模型	波动幅度/μm	平均误差/μm	均方差/μm
GA-BP 神经网络	3.82	−0.10	0.86

由图 5-13 和表 5-5 可以看出，遗传算法对 BP 神经网络模型进行了很好的改进，使热误

差模型具有了更好的预测精度。

由于数控机床热误差预测模型最终要应用到嵌入式补偿器中，因此要求模型尽可能简单，所以 BP 神经网络建模中结构难以确定的问题并不突出，而其收敛速度过慢、容易陷入极值点并且重复建模过程中的随机性给建模工作带来了很大的不便。通过应用遗传算法对 BP 神经网络进行优化以后，不但提高了模型的预测精度，也很好地控制了重复建模中的随机性，而且在重复的建模过程中，每次建立的模型都有很好的预测精度。同时，由于遗传算法对 BP 神经网络的初始权值和阈值进行了预测，使得 BP 神经网络的收敛速度得到了很大的提高，解决了针对大量样本建模 BP 神经网络收敛过慢的难题。

5.4　本章小结

本章主要介绍了基于 BP 神经网络、RBF 神经网络和遗传算法优化的 BP 神经网络方法的数控机床热误差建模与预测。BP 神经网络模型建立简便，精度较高，但是重复建模差别较大，收敛速度较慢，容易陷入局部极值点。RBF 神经网络针对大量样本建模具有很好的收敛速度和较好的准确性，但是不适用于不同样本的重复建模。因此利用遗传算法来优化 BP 神经网络，对 BP 神经网络的初始权值和阈值进行优化，得到改进后的 BP 神经网络模型。与未改进的 BP 神经网络相比，基于遗传算法优化的 BP 神经网络具有更好的收敛速度，并且重复建模过程中的准确性得到了很大的提高，更加适用于数控机床的热误差建模。

第6章 数控机床热误差建模鲁棒性研究

在热误差补偿技术的实际应用中，热误差模型的鲁棒性的好坏决定了热误差预测模型能否长期有效使用。在数控机床的实际加工过程中，周围环境的变化、工作情况的变化以及传感器测量精度的变化都会对热误差模型的预测精度产生一定的影响，本章主要研究了在传感器测量精度发生变化的情况下热误差模型的鲁棒性，并依据实验结果对模型进行改进。

6.1 数控机床热误差模型的鲁棒性研究

所谓鲁棒性，是指对于那些具有不确定性的控制对象，模型保持稳定性及动态性的能力。在数控机床热误差建模工作中，建立较高准确度和较强鲁棒性的热误差预测模型一直是热误差补偿技术中的难题，数控机床上的热源分布、热源点的发热强度、机床材料的热膨胀系数以及数控机床的结构特点都会影响机床的热误差。在热误差补偿技术中，热误差模型的预测精度在很大程度上决定着最终的热误差补偿效果，因此在实际应用中热误差预测模型应该能够在复杂的加工环境中拥有比较理想的预测精度。但是，在不同的工况下，数控机床的热源分布、热源点的发热强度都会产生变化。另外，随着长时间的使用，机床的各零部件会产生不同程度的磨损。这些因素都会在一定程度上影响机床的热误差，从而造成热误差模型的预测精度降低，所以对热误差预测模型的鲁棒性检验就显得十分必要。一般通过检验热误差预测模型在不同季节、不同加工情况、不同加工环境以及错误输入情况下的预测稳定性来检验热误差模型的鲁棒性。

而在基于温度测点优化的热误差模型中，各关键测点的温差数据作为热误差预测模型的唯一输入，其测量值的准确性对模型的预测精度有一定的影响。随着温度传感器的长时间使用，传感器的测量精度会逐渐下降。另外，在特殊情况下（比如人为损坏等）也会严重影响传感器的测量精度。因此，对关键测点温差变量的容错性好坏也可以作为衡量热误差模型鲁棒性的指标之一。

6.2 热误差模型鲁棒性测试实验

为了验证前文所建立模型对关键测点温差变量的容错性，在第二组、第三组的7个关键测点温差变量中随机加入了噪声，来模拟温度传感器测量精度下降的情形，并分别将7个测点加过噪声的关键温度数据输入神经网络模型中进行热误差预测，然后观察模型预测值的误差变化。在神经网络的训练过程中，各温差变量的变化趋势及变化幅度对模型的训练效果有很大的影响，因此在随机噪声的加入过程中，依据下式来产生随机误差：

$$c_i = (\max \boldsymbol{T} - \min \boldsymbol{T}) \times r \times d \tag{6-1}$$

式中　c_i——每个温差变量加入的随机误差量；

$\boldsymbol{T}$——每组温差变量矩阵；

r——±1 之间的随机数；

d——加入误差的比例，在本次实验中，加入的误差比例为 20%。

图 6-1 显示了 7 个关键测点温差变量在加噪声前后的变化曲线。

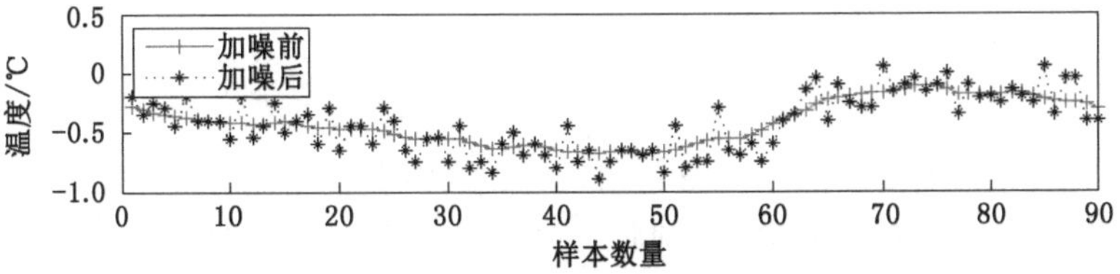

(a) CH01-2

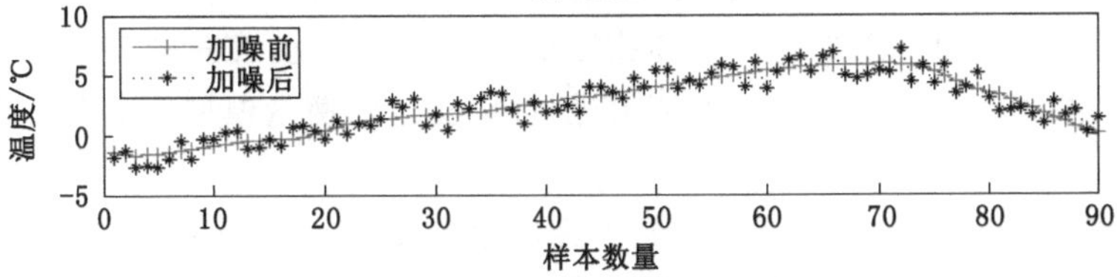

(b) CH01-10

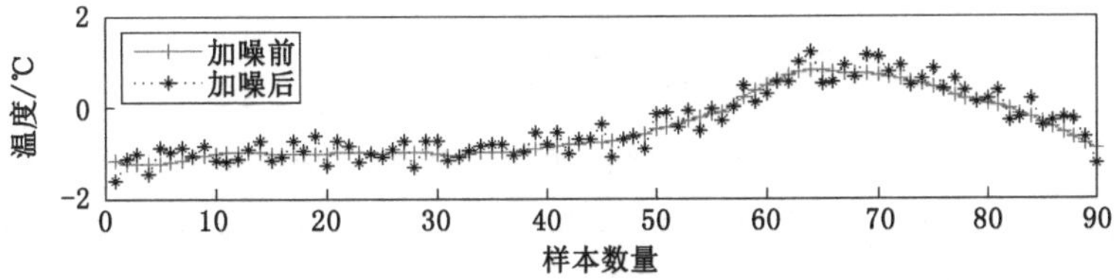

(c) CH02-5

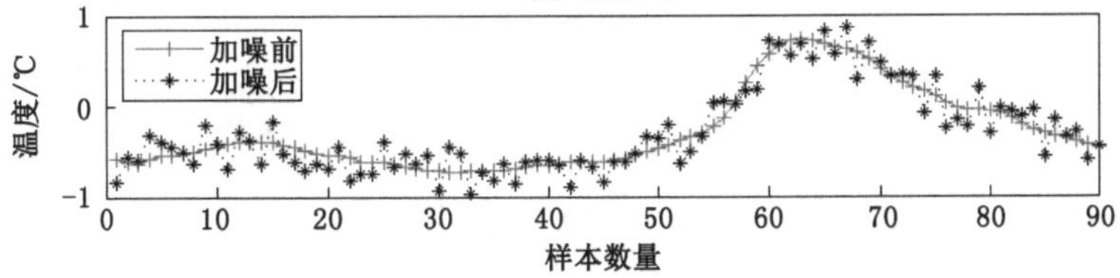

(d) CH03-5

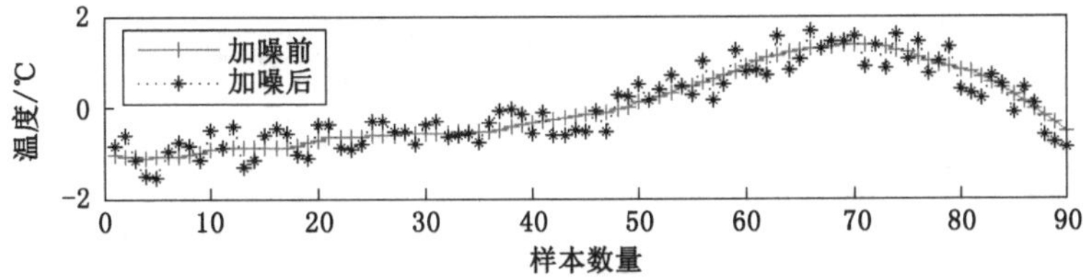

(e) CH03-6

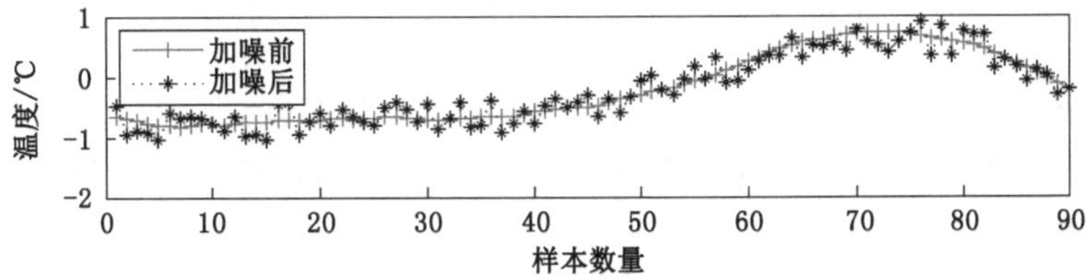

(f) CH03-9

图 6-1　7 个关键测点温差变量加噪声前后对比

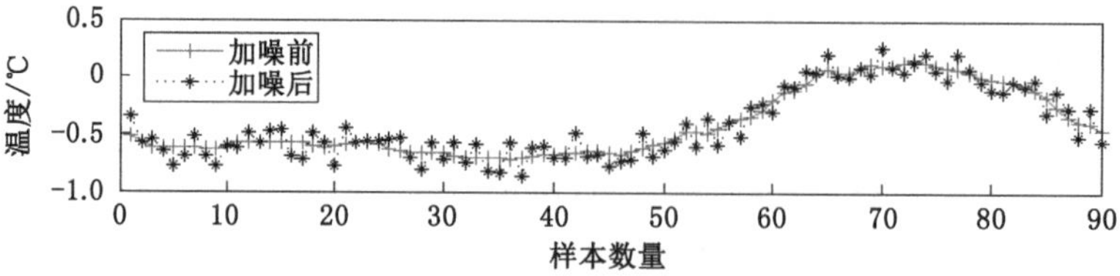

(g) CH03-10

图 6-1 (续)

在热误差模型对关键测点温差变量容错指标的鲁棒性实验中，设计了单关键点温差变量容错性能对比实验，在该实验中，分别将 CH01-2、CH01-10、CH02-5、CH03-5、CH03-6、CH03-9 和 CH03-10 等 7 个关键测点的温差数据加噪声后的预测样本输入 3 个模型中进行预测，并把每组的预测值和未加噪声的预测结果进行横向对比，衡量模型对单关键点温差变量的容错性能，然后将 7 组加噪声的预测值进行纵向对比，衡量模型对 7 个关键测点温差变量的容错性能。

实验完毕之后，对 BP 神经网络、RBF 神经网络和 GA-BP 神经网络三种模型的容错能力进行比较分析，并依据分析结果提出模型的改进方案。

6.2.1 BP 神经网络模型鲁棒性测试实验

在本次实验中，选取 5.1.2 小节中训练好的 BP 神经网络模型。在未加噪声之前，该模型的预测结果如图 6-2 所示，之后分别将加过噪声的关键测点温差变量输入 BP 神经网络进行预测，7 次的预测结果如图 6-3～图 6-9 所示。

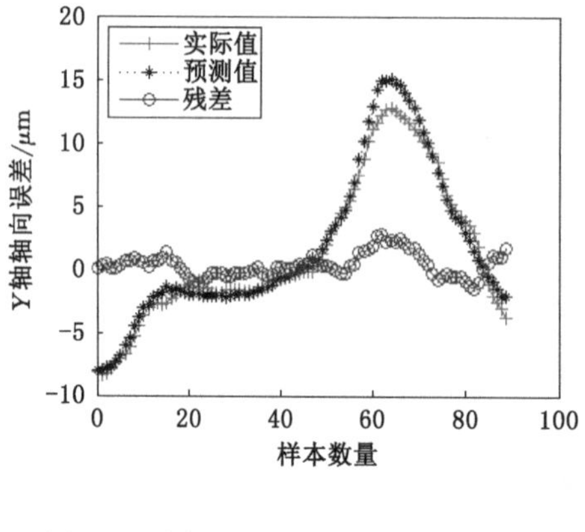

图 6-2 未加噪预测输出(BP 神经网络)

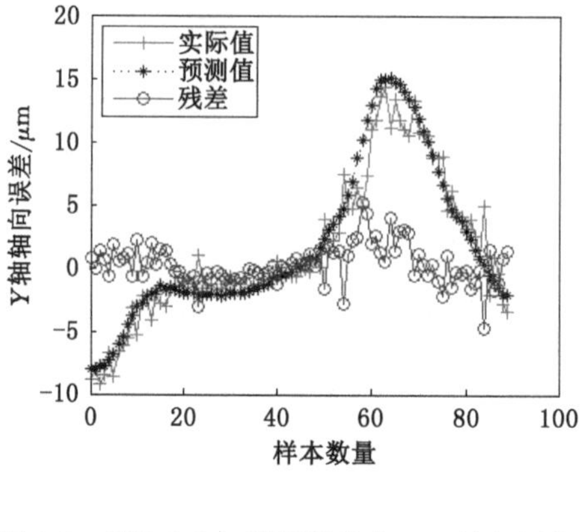

图 6-3 CH01-2 加噪预测输出(BP 神经网络)

通过观察图 6-2～图 6-9 的预测结果可以发现，当各关键测点温差变量加入噪声后，BP 神经网络模型仍然能够保持较好的预测效果，但是各关键测点对模型的预测效果产生的影响并不相同。由图 6-6、图 6-7 和图 6-9 可以发现，当 CH03-5、CH03-6、CH03-10 所在关键测点的温差变量加入 20%变化幅度的人为噪声之后，BP 神经网络模型的预测结果几乎没有发生变化，仍保持了比较好的预测效果，因此可以看出，该模型对这三个关键测点具有较好的容错性。由图 6-3 和图 6-5 可以发现，当 CH01-2、CH02-5 所在关键测点的温差变量加入噪声之后,BP 神经网络模型在前半段仍能保持较好的预测效果,但是随着后半段两处关键测点出现较大的温度变化,噪声对模型的预测结果产生了较大影响。观察图 6-4 和图 6-8 可以发现,CH01-10、CH03-9 所在关键测点的温差变量在加入噪声之后,BP 神经网络模型同样只是在一段时期内出现了预测结果偏离实际误差值,这也在一定程度上反映出了 BP 神经网络训练过程中局部搜索的特点。

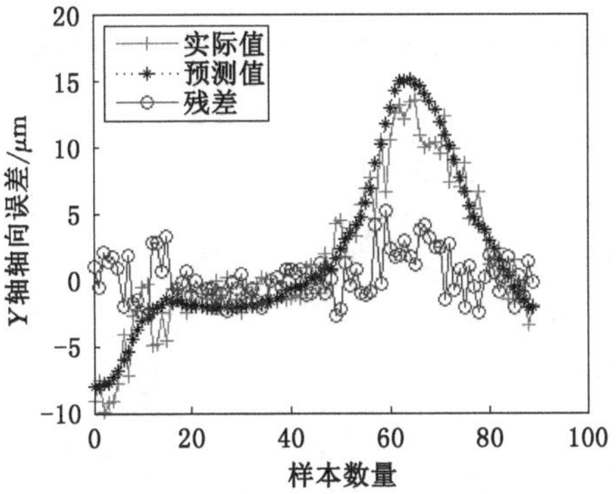

图 6-4　CH01-10 加噪预测输出(BP 神经网络)

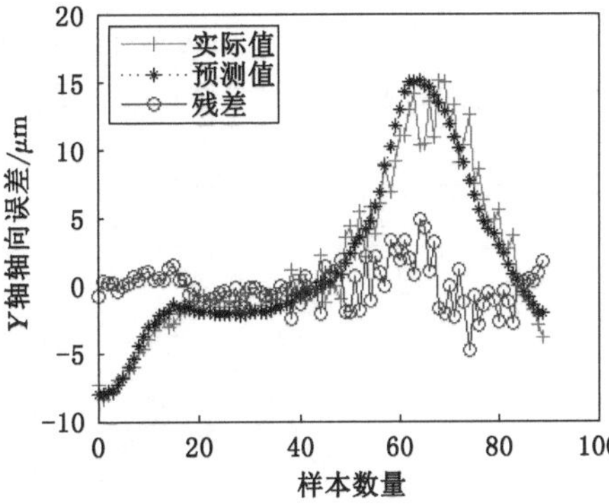

图 6-5　CH02-5 加噪预测输出(BP 神经网络)

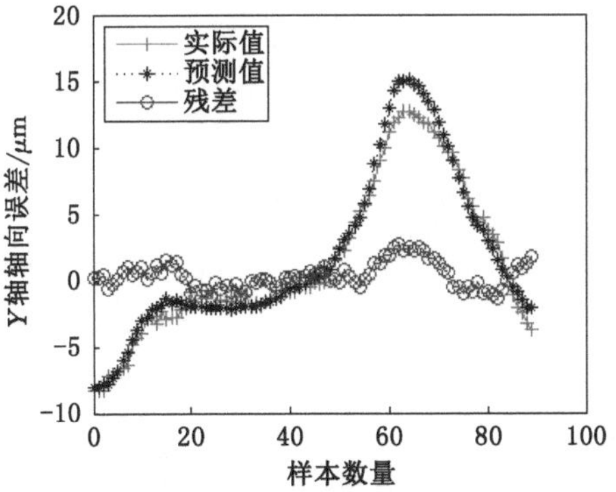

图 6-6　CH03-5 加噪预测输出(BP 神经网络)

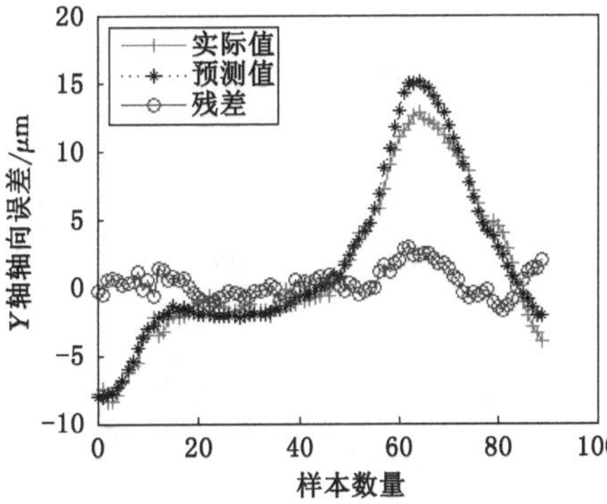

图 6-7　CH03-6 加噪预测输出(BP 神经网络)

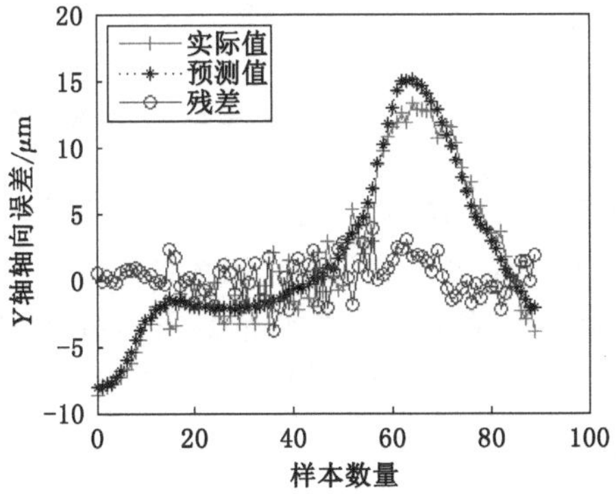

图 6-8　CH03-9 加噪预测输出(BP 神经网络)

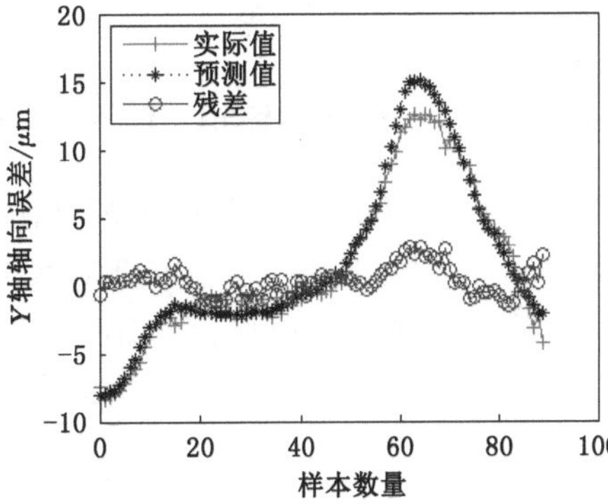

图 6-9　CH03-10 加噪预测输出(BP 神经网络)

通过单关键点温差变量容错性能对比实验可以发现，BP 神经网络模型虽然针对一些关键测点仍然能取得较好的预测效果，但是针对多数关键测点的预测效果出现了很明显的偏差。由此可见，BP 神经网络模型对于单关键点温差变量的容错性能并不是很好。

6.2.2 RBF 神经网络模型鲁棒性测试实验

在本次实验中，选取上文中训练好的 RBF 神经网络模型。在未加噪声之前，该模型的预测结果如图 6-10 所示，之后分别将加过噪声的关键温差变量输入 RBF 神经网络模型中进行预测，7 次的预测结果如图 6-11～图 6-17 所示。

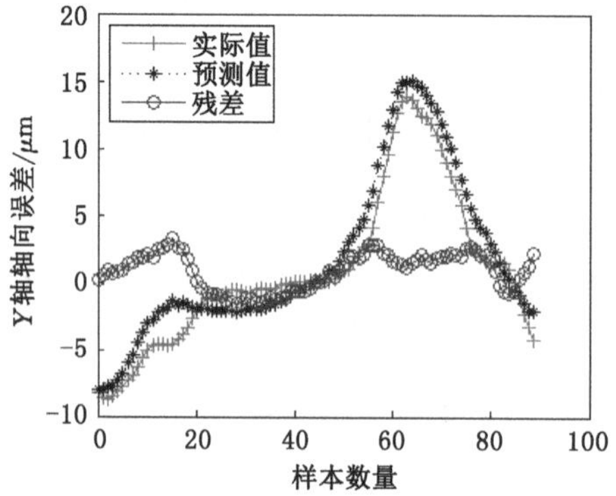

图 6-10　未加噪预测输出(RBF 神经网络)

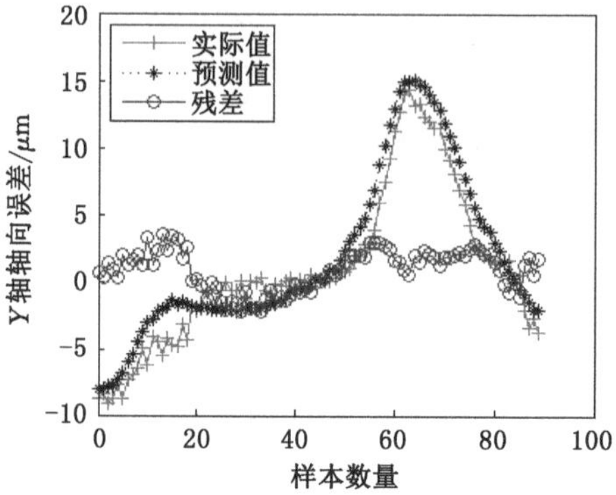

图 6-11　CH01-2 加噪预测输出(RBF 神经网络)

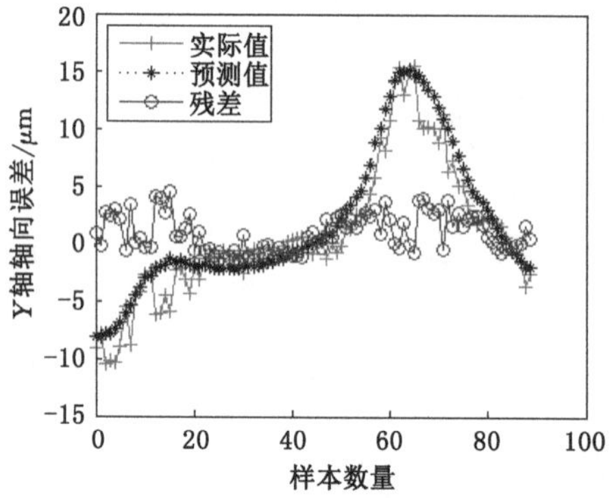

图 6-12　CH01-10 加噪预测输出(RBF 神经网络)

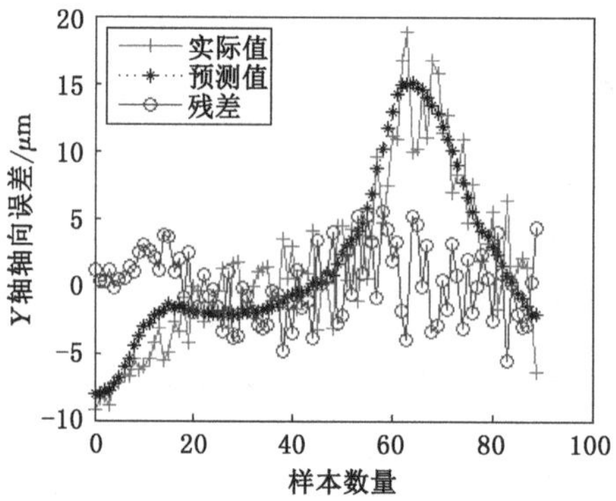

图 6-13　CH02-5 加噪预测输出(RBF 神经网络)

将图 6-11～图 6-17 与图 6-10 进行对比可以发现，除了图 6-13 之外，RBF 模型均取得了较好的预测效果，各关键测点噪声对 RBF 模型的预测结果并没有带来很大的影响。由此可见，与 BP 神经网络模型相比，RBF 神经网络模型对单关键点温差变量具有更好的容错性。但是，当 CH02-5 所在测点温差变量加入噪声后，模型的预测效果发生了很大的变化，RBF 神经网络模型已经趋于崩溃。

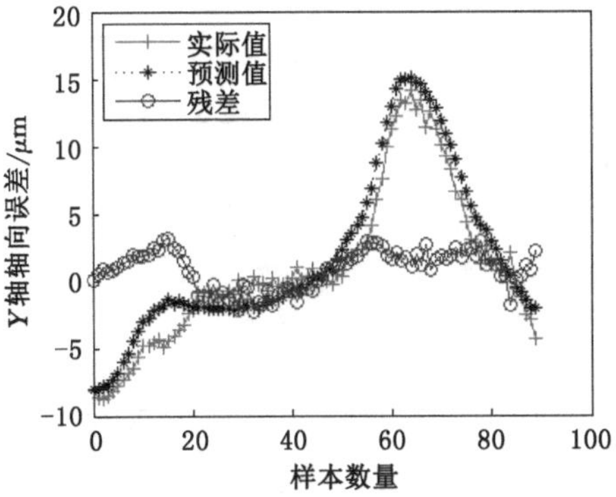

图 6-14　CH03-5 加噪预测输出(RBF 神经网络)

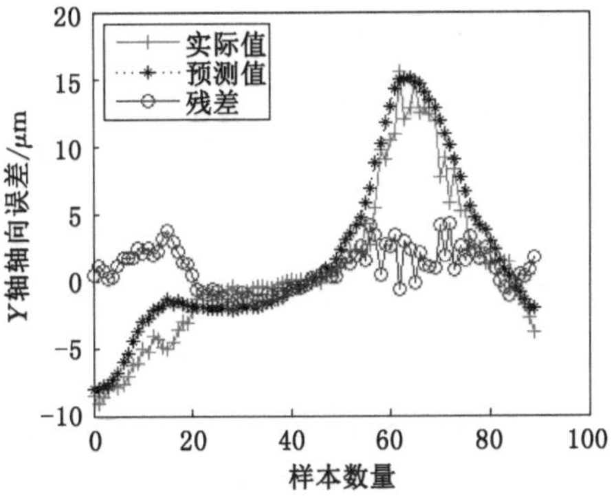

图 6-15　CH03-6 加噪预测输出(RBF 神经网络)

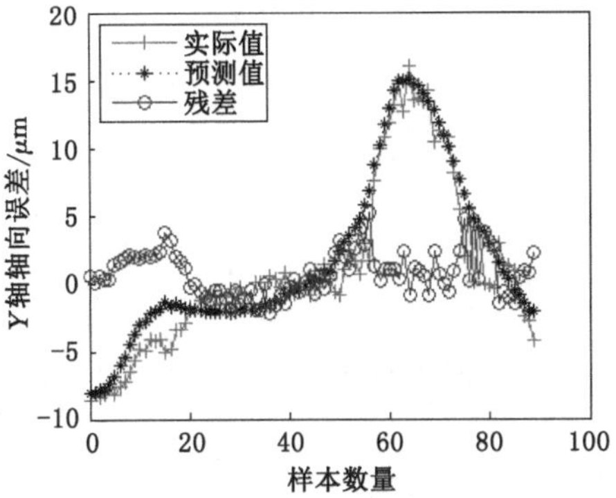

图 6-16　CH03-9 加噪预测输出(RBF 神经网络)

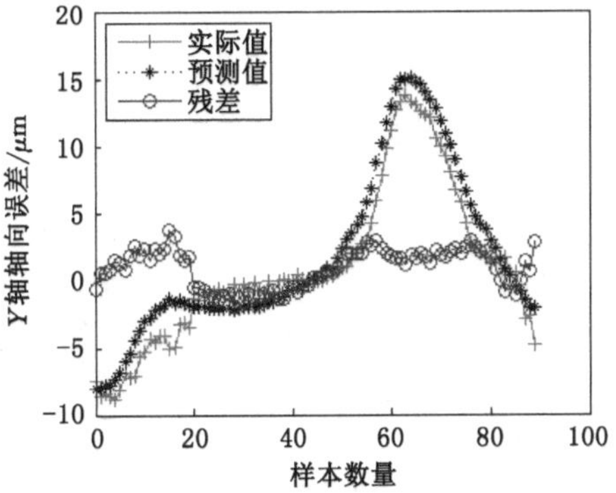

图 6-17　CH03-10 加噪预测输出(RBF 神经网络)

6.2.3　GA-BP 神经网络模型鲁棒性测试实验

在本次实验中,为了更好地与 BP 神经网络进行对比,选取了预测精度与 BP 神经网络相似的 GA-BP 模型。在未加噪声之前,该模型的预测结果如图 6-18 所示,之后分别将加过噪声的关键温差变量输入 GA-BP 神经网络模型中进行预测,预测结果如图 6-19～图 6-25 所示。

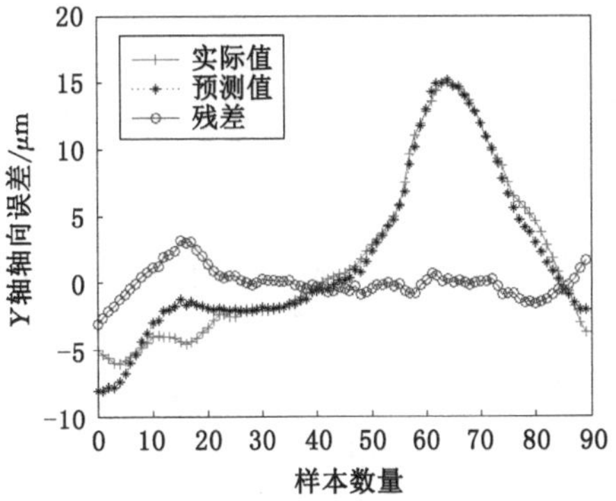

图 6-18　未加噪预测输出
(GA-BP 神经网络)

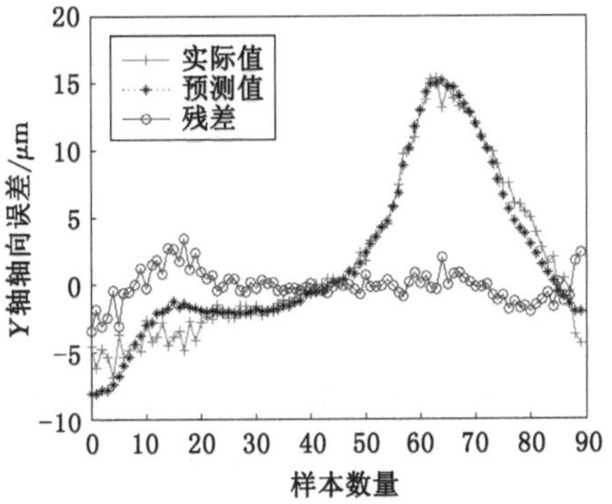

图 6-19　CH01-2 加噪预测输出
(GA-BP 神经网络)

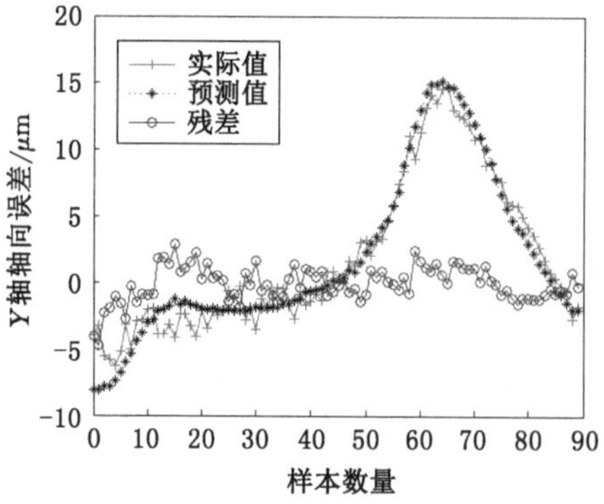

图 6-20　CH01-10 加噪预测输出
（GA-BP 神经网络）

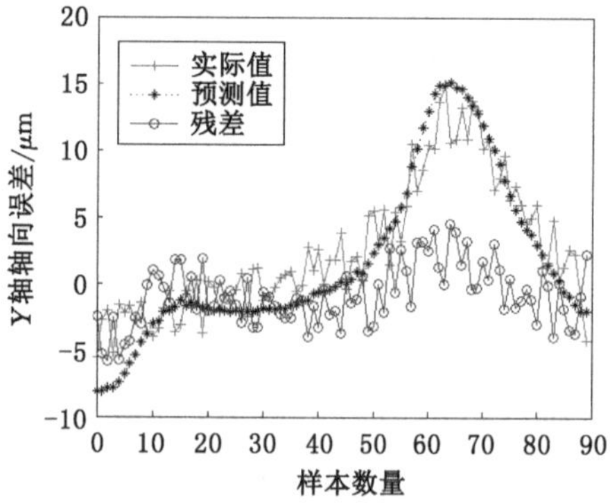

图 6-21　CH02-5 加噪预测输出
（GA-BP 神经网络）

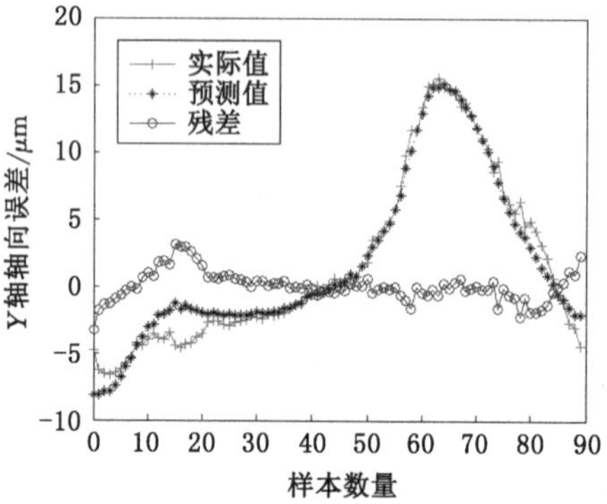

图 6-22　CH03-5 加噪预测输出
（GA-BP 神经网络）

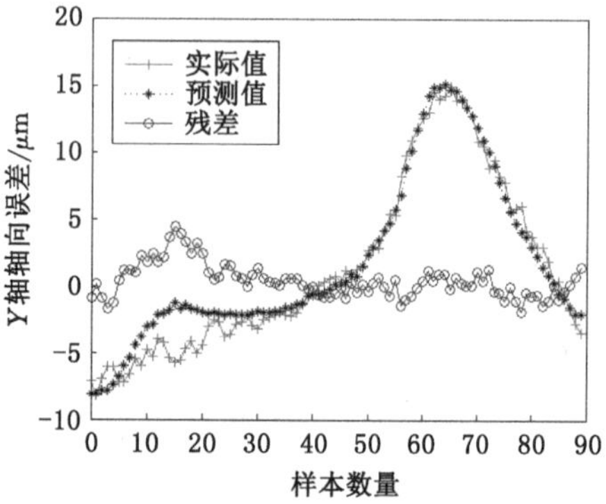

图 6-23　CH03-6 加噪预测输出
（GA-BP 神经网络）

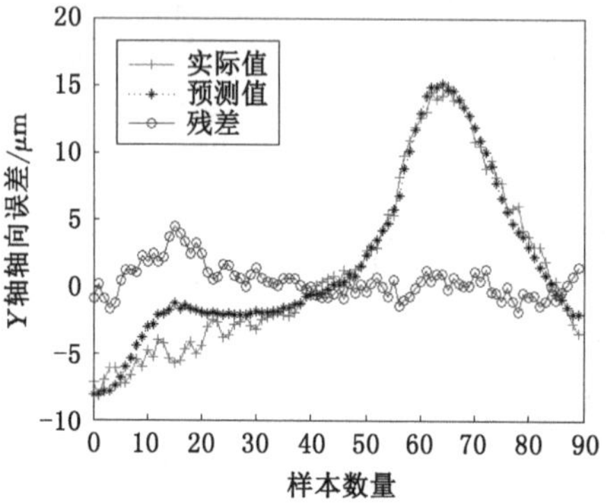

图 6-24　CH03-9 加噪预测输出
（GA-BP 神经网络）

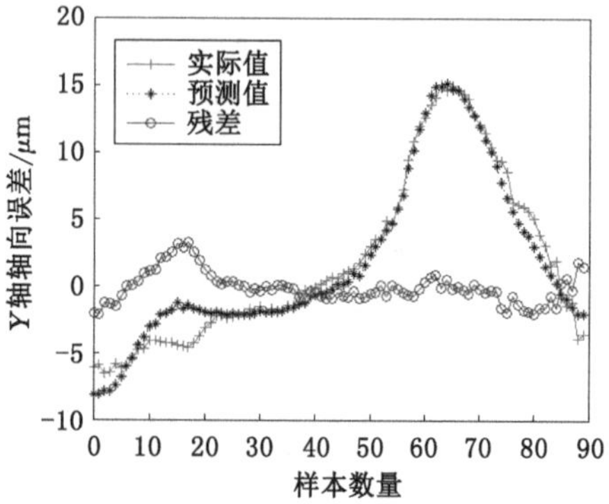

图 6-25　CH03-10 加噪预测输出
（GA-BP 神经网络）

由图 6-19～图 6-25 可以看出，在各关键测点温差变量加入较大噪声后，GA-BP 神经网络模型取得了比 BP 神经网络模型更好的预测效果，除了图 6-21 的预测输出出现较大偏差之外，其他各图均取得比较理想的预测输出。可以看出，在经过遗传算法优化之后，BP 神经网络模型对于单关键测点温差变量的容错性能得到了很大的提高。通过图 6-21 可以发现，与 RBF 神经网络模型类似，当 CH02-5 所在测点温差变量加入噪声之后，模型的预测效果出现了很大的偏差，已经不能很好地对 Y 轴轴向热漂移误差进行预测。

6.3　热误差模型鲁棒性结果分析及模型改进

6.3.1　热误差模型鲁棒性结果分析

在 6.2 节中，分别对 BP 神经网络模型、RBF 神经网络模型以及 GA-BP 神经网络模型进行了单点噪声预测输出对比实验，为了更好地衡量三种神经网络模型对单点加噪声温差变量的容错性，引入误差变动幅度、均方误差、绝对误差和、绝对误差和增量来对三种模型的容错性进行评价。表 6-1、表 6-2、表 6-3 分别列出了三种模型的容错性评估。

表 6-1　BP 神经网络容错性评估

噪声变量/指标	变化幅度/μm	均方误差/μm	绝对误差和/μm	绝对误差和增量/%
未加噪	4.27	0.97	67.36	0
CH01-2	9.88	2.51	107.65	59.8
CH01-10	7.83	3.04	127.01	88.6
CH02-5	9.57	2.48	106.12	57.5
CH03-5	4.07	1.05	71.79	6.6
CH03-6	4.56	1.16	76.30	13.3
CH03-9	7.58	2.04	101.71	51.0
CH03-10	4.31	1.15	74.52	10.6

表 6-2　RBF 神经网络容错性评估

噪声变量/指标	变化幅度/μm	均方误差/μm	绝对误差和/μm	绝对误差和增量/%
未加噪	4.86	2.64	129.29	0
CH01-2	5.68	3.00	135.61	4.9
CH01-10	6.10	3.51	133.22	3.0
CH02-5	10.99	6.84	193.71	49.8
CH03-5	5.44	2.70	130.12	0.6
CH03-6	6.01	3.16	131.54	1.7
CH03-9	7.40	3.28	128.01	−1.0
CH03-10	5.73	2.80	133.60	3.3

表 6-3 GA-BP 神经网络容错性评估

噪声变量/指标	变化幅度/μm	均方误差/μm	绝对误差和/μm	绝对误差和增量/%
未加噪	6.17	1.24	70.66	0
CH01-2	6.90	1.49	79.03	11.8
CH01-10	7.61	1.77	95.28	34.8
CH02-5	10.35	5.90	179.55	154.1
CH03-5	6.41	1.24	70.00	−0.9
CH03-6	6.36	1.72	85.74	21.3
CH03-9	8.12	2.44	103.26	46.1
CH03-10	5.32	1.34	77.76	10.0

通过表 6-1 可以发现，在将 CH01-2、CH01-10、CH02-5、CH03-9 加过噪声的温差数据输入训练好的 BP 神经网络模型时，均产生了 50%以上的相对误差和增量，其中，CH01-10 对模型预测结果的绝对误差和最大；而将 CH03-5、CH03-6、CH03-10 加过噪声的温差数据输入模型后，并没有对模型的预测结果产生很大的影响。从均方误差指标来看，尽管在各个温差变量中加入了噪声，但是均方误差还是控制在了 3 μm 左右，可见 BP 神经网络模型对于关键测点温差变量有比较好的容错性。

分析表 6-2 可以发现，相比于 BP 神经网络模型和 GA-BP 神经网络模型，RBF 神经网络模型对于关键测点温差变量具有最好的容错性。在 7 个关键测点温差变量中，只有 CH02-5 在加过噪声后对模型的预测结果有很大的影响，绝对误差和增量达到了 49.8%，其他几个关键测点温差变量加噪声后对模型预测结果产生的影响都很小。

分析表 6-3 可以发现，在将 CH01-10、CH02-5、CH03-6、CH03-9 加过噪声的温差数据输入训练好的 GA-BP 神经网络模型中时，产生了比较大的误差，其中 CH02-5 的影响最大，绝对误差和增量高达 154.1%，而 CH01-2、CH03-5、CH03-10 加噪声后对模型预测结果的影响并不是很大。

综合比较三种模型对于单关键点温差变量的容错性，在针对 Y 轴轴向热漂移误差的鲁棒性实验中，CH02-5 加噪声后对三种模型的预测结果均产生了很大的影响，因此，可以推断出，在数控机床静止状态下，CH02-5 所在热源点对机床主轴 Y 轴轴向热漂移误差的影响较大；CH03-5、CH03-10 加噪声后对三种模型的预测结果影响都较小，从另一方面也反映出，这两个光纤光栅传感器所在的热源点对数控机床主轴 Y 轴轴向热漂移误差的影响不大。

6.3.2 热误差预测模型改进

在热误差模型的鲁棒性实验中发现，CH03-5、CH03-10 两个关键测点的温差变量对于数控机床主轴 Y 轴轴向热漂移误差的影响较小，因此，在热漂移误差的模型建立过程中，可以去除这两个关键测点。为了验证 CH03-5、CH03-10 被去除后模型的预测效果，分别进行了去除 CH03-5、去除 CH03-10 和去除 CH03-5、CH03-10 关键测点后的建模实验，图 6-26～图 6-28 显示了三次基于 GA-BP 神经网络的改进模型预测效果。

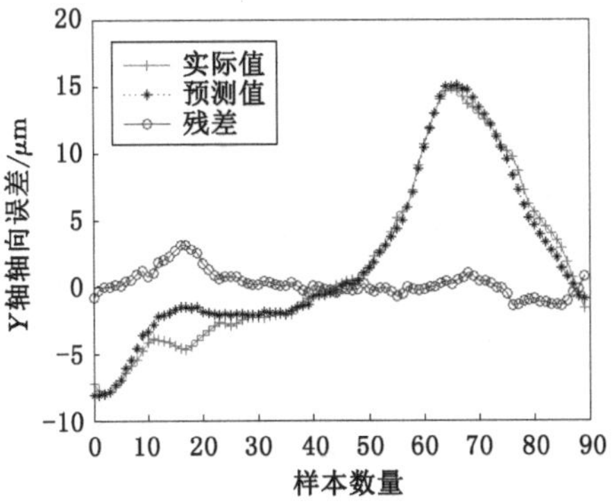

图 6-26　CH03-5 去除后预测效果

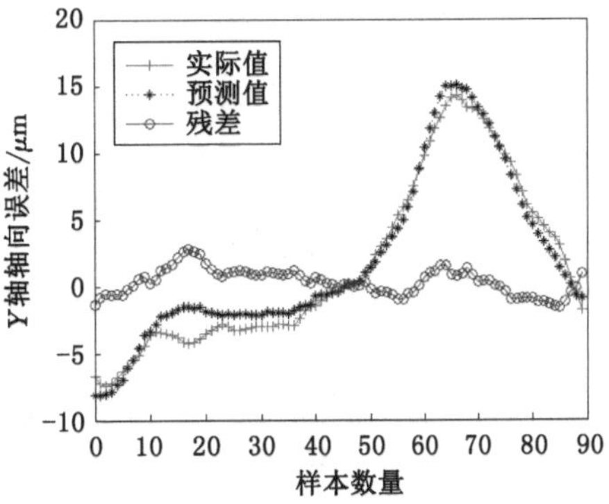

图 6-27　CH03-10 去除后预测效果

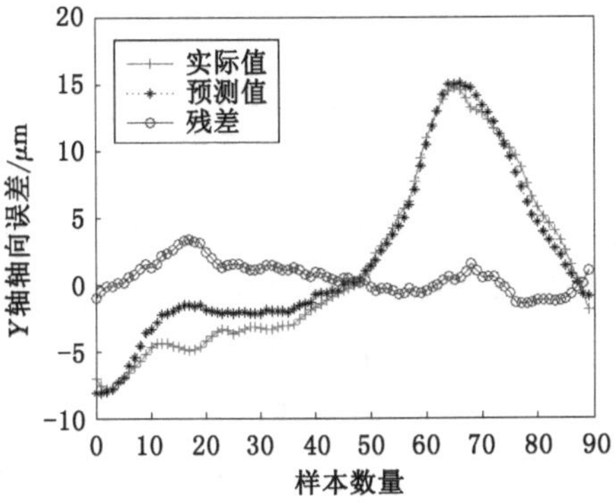

图 6-28　CH03-5、CH03-10 两点去除后预测效果

从图中可以看出，在数控机床主轴 Y 轴轴向静态热漂移建模过程中，去除 CH03-5 和 CH03-10 仍能取得比较好的预测效果。

在上文热误差模型鲁棒性测试实验中，发现 CH02-5 测点加噪声的温差数据对 BP、RBF 和 GA-BP 神经网络模型的预测精度都会产生较大影响，因此，当 CH02-5 测点的光纤光栅温度传感器被损坏以后，将会导致预测模型的崩溃。为了防止该情况的发生，选取与 CH02-5 测点距离较近的 CH02-6 测点作为冗余测点，当 CH02-5 测点的光纤光栅温度传感器损坏后，将取 CH02-6 测点的温差数据代替 CH02-5 测点的温差数据进行机床主轴 Y 轴轴向静态热漂移误差预测。图 6-29 显示了当 CH02-5 测点温度传感器损坏后，不能上传温度数据时 RBF 神经网络模型的预测效果，可以看出在此种情况下模型已经崩溃，不能正常预测 Y 轴轴向静态热漂移误差。图 6-30 显示了当 CH02-6 作为冗余测点将其温差数据代替 CH02-5 测点温差数据后 RBF 神经网络模型的预测效果，可以看出，虽然模型的预测精度下降了，但是模型仍能保持比较好的预测能力，没有出现崩溃现象。

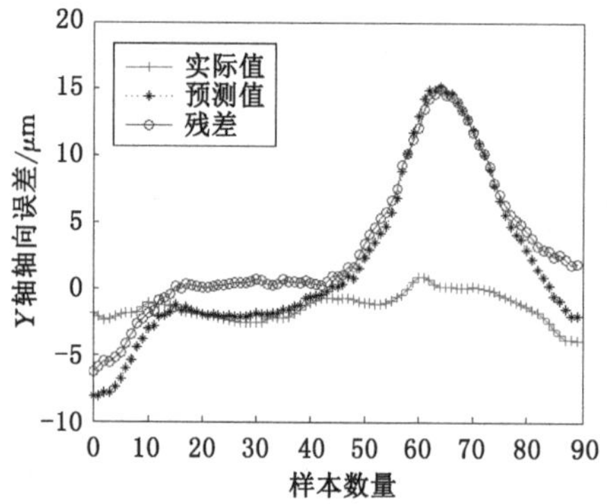

图 6-29　CH02-5 损坏后的预测效果

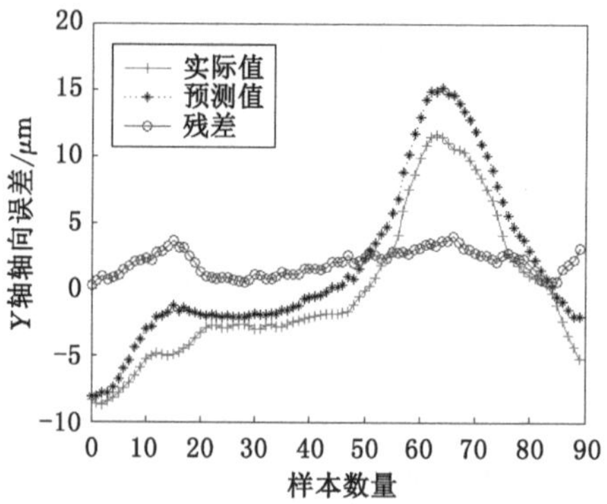

图 6-30　CH02-6 冗余后的预测效果

6.4　本章小结

本章对第 5 章建立的三个模型进行了单关键测点温差变量容错能力的鲁棒性实验。通过仿真实验发现，在对关键测点温差变量人为加噪声的情形下，三个模型对于多数温差变量具有较好的容错能力。通过对比三个模型的容错性能，发现 CH02-5 热源点对数控机床主轴 Y 轴轴向静态热漂移误差有较大影响，而 CH03-5 和 CH03-10 热源点对 Y 轴轴向静态热漂移误差影响不大。在此基础上，对 CH01-2、CH01-10、CH02-5、CH03-6、CH03-9 等 5 个关键测点温差变量进行了 GA-BP 重建模实验，结果证明，去除 CH03-5 和 CH03-10 测点以后，重新建立的模型仍有比较好的预测能力。针对在模型鲁棒性测试实验中对模型影响较大的温度测点提出了利用冗余测点替代关键测点的补偿方案，并通过仿真实验验证了该方案的可行性。

第 7 章　重型数控机床热误差补偿模型及优选

重型数控机床热误差模型是影响机床热误差补偿精度的关键因素，热误差模型预测精度直接影响到重型数控机床热误差补偿效果，在该领域的研究主要是通过建立机床表面温度与主轴热误差之间的映射关系，通过历史数据训练得出的热误差模型来预测实际加工过程中主轴的热漂移值。在以往的研究中，大部分目标是寻求建立统一的热误差补偿模型来预测热误差值。然而，在对重型机床热误差补偿实验研究中，发现用同一种热误差补偿模型很难适应不同工况、不同季节对热误差补偿精度的要求。针对这一问题，主要从热误差滞后效应、大数据驱动的热误差补偿模型的建立和热误差补偿模型优选策略这三个方面来研究。

7.1　热误差滞后效应研究

本节主要围绕着热误差补偿器何时进行补偿的问题来展开。根据线性膨胀理论和牛顿冷却定律，机床的热误差应该滞后于机床表面和环境温度的变化。在一些学者的研究中也提及机床的热误差滞后效应，但仅局限于机床静态时环境温度与热误差滞后效应，未分析多种工况条件下重型数控机床主轴热误差与机床表面温度滞后关系。本小节从这个角度出发，设计了相关实验，观察和发现热误差滞后效应及规律，为后期的热误差补偿策略奠定理论和实验基础。

7.1.1　热误差滞后效应分析

主要设计在不同工况条件下的实验，研究重型数控机床主轴热误差与环境温度和机床表面温度滞后效应。实验主要分为两大部分：在静态和空转时温度和热误差变化情况。

7.1.1.1　静态实验

静态实验主要研究重型数控机床主轴 Z 方向热误差与环境温度的变化关系，实验流程如第 3 章所示，选取了不同月份 4 d 的数据来进行分析，将 CCD 测得的主轴热误差数据 ΔZ 和温度变化 ΔT 归一化，3 月份滞后效应如图 7-1 所示，根据其他 3 d 统计结果，主轴热误差均出现了滞后效应，最小滞后 10.5 min，最大滞后 15 min。

7.1.1.2　空转实验

该实验主要探讨在主轴空转时主轴表面温度的变化与热误差滞后效应，按照 ISO 230-3：2001，机床主轴以不同转速空转 4 h，同时记录 CCD 在 Z 方向的位移值和机床表面温度值，将两者归一化后绘制在同一图形中，该实验在不同的日期一共做了 4 组，其中一组热误差滞后效应如图 7-2 所示，根据统计情况，4 组所呈现出来的热误差滞后效应不同，热误差滞后最大达到了 15 min，最小却只有 3.5 min。

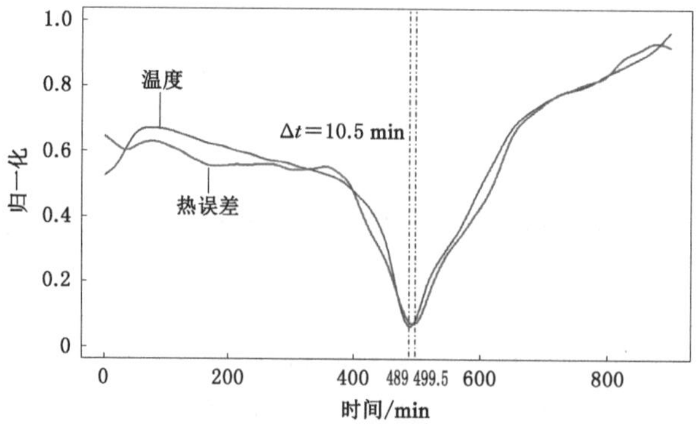

图 7-1 机床静态热误差滞后效应

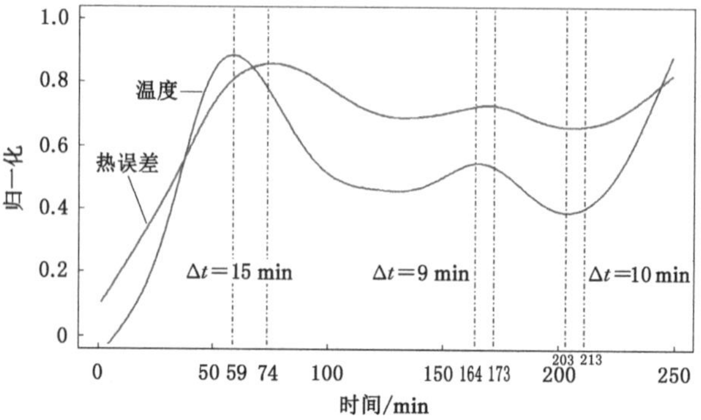

图 7-2 机床空转时热误差滞后效应

对滞后效应图形进行进一步统计分析发现，在同一天的实验中热误差滞后效应也不尽相同，但是其滞后的时间数值区别不大，最大差值仅在 2.5 min 左右，而在不同时间同一工况下，两组数据热误差滞后时间值却平均相差 8 min 左右。因此，在进行热误差建模时，根据不同工况，需考虑其滞后效应的影响。

7.1.2 重型机床热误差分布滞后模型

从上节讨论可以看出，重型机床热误差与机床表面温度之间存在明显的滞后效应，故本小节采用热误差分布滞后模型来建立热误差补偿模型，其定义为模型因变量不仅与一个或多个解释变量的当前值有关系，而且与其若干滞后值有关系，如下式所示：

$$y_t = \alpha_0 + \sum_{j=1}^{u}\sum_{i=0}^{n}\beta_{j,i}x_{j,t-i} + \varepsilon_t \tag{7-1}$$

式中 u——关键温度测点个数；

n——滞后期（阶数）；

$\beta_{j,i}$——第 j 个温度测点 i 阶滞后期值的影响系数；

$x_{j,t-i}$——第 j 个温度测点 i 阶滞后期值；

ε_t——随机误差项；

α_0——常数项；

y_t——热误差。

实验采用空转数据进行训练和验证，确定滞后阶数 n 时，采用权益系数法，即对不同的 $i=0,1,\cdots,n$ 条件下进行多元线性回归，当滞后变量的回归系数开始变得统计不显著，或其中有一个变量的系数改变符号时，$i-1$ 就是最终的滞后阶数。通过该方法，对 04-14 变速空转数据进行训练，可以确定滞后阶数为 3，按照第 3 章优化测点方法选出优化测点为 CH03-1、CH05-2、CH07-3、BACK，依据参考文献[132]所述方法，得到热误差滞后分布模型，利用该模型预测结果如图 7-3 所示。其与多元线性回归模型预测结果对比如表 7-1 所示。

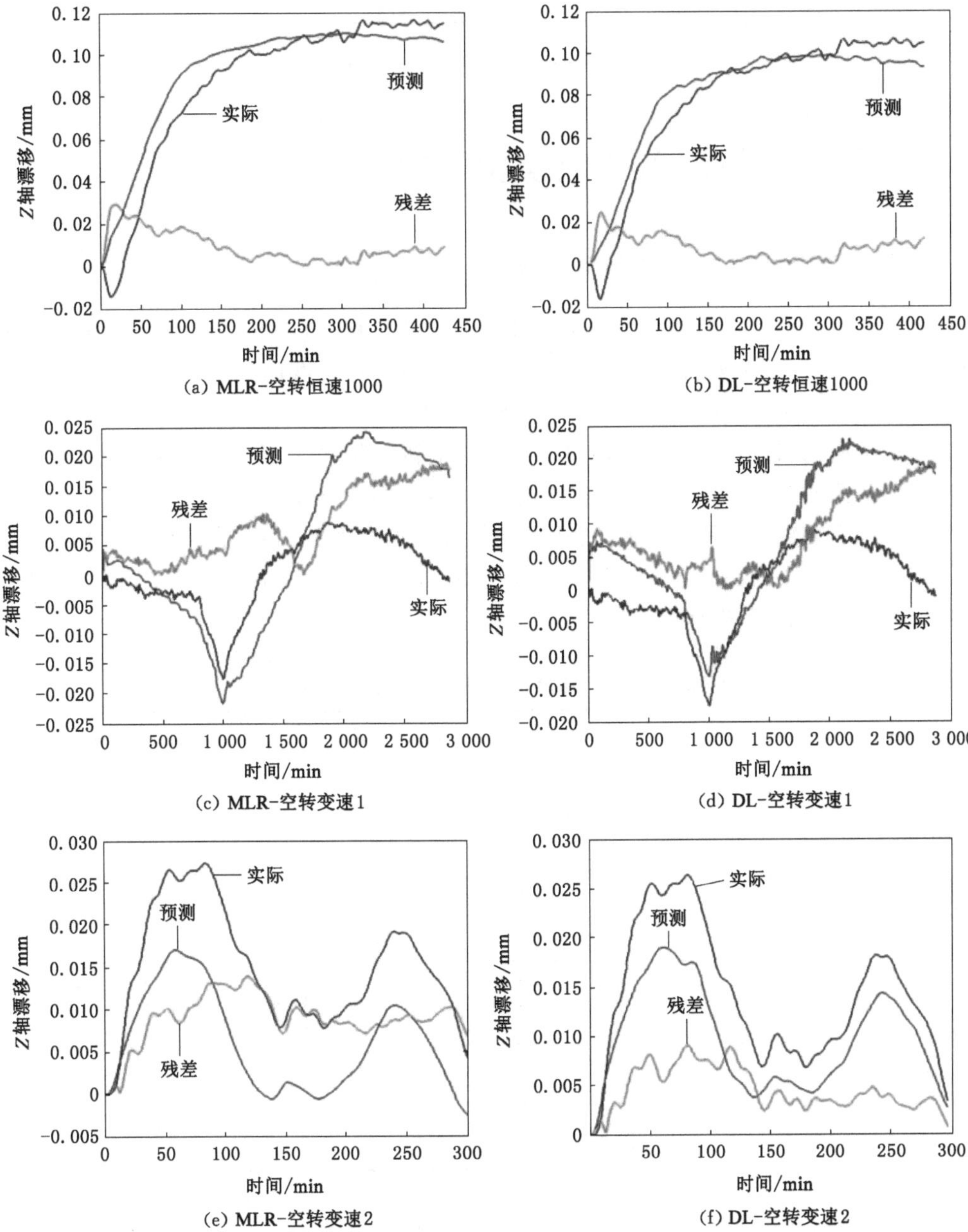

图 7-3　MLR 与 DL 预测模型对比

表 7-1　MLR 与 DL 模型预测结果统计

工况	模型	MAX/μm	MAE/μm	MSE
恒速空转 (1 000 r/min)	MLR	29	9	$1.383\,7\times10^{-4}$
	DL	25	7	$8.650\,0\times10^{-5}$
变速空转 1	MLR	28	14	$2.815\,5\times10^{-4}$
	DL	19	8	$9.227\,3\times10^{-5}$
变速空转 2	MLR	16	9	$9.147\,1\times10^{-5}$
	DL	9	4	$2.523\,2\times10^{-5}$

7.2　重型机床热误差补偿模型研究

7.2.1　影响重型机床热误差因素研究

在第 2 章时对机床热误差产生的原因进行了定性分析，包括对机床内部热源和外部热源的分析，主要结合可能影响机床热误差的因素，通过分析这些因素和热误差之间的关系，找出重型机床热误差的主因，为热误差建模奠定基础。

基于在重型机床上所做的不同转速下的恒速空转实验，统计重型机床在空转时的转速、热误差达到平衡的时间、环境温度变化、机床表面温度的变化及热误差最大值，从定量的角度分析热误差模型输入与环境温度、转速以及关键测点温度的关系，在统计过程中，将温度变化较大的镗铣头表面温度测点作为关键温度测点，把达到 95%最大热误差值的时间作为热误差平衡时间，统计数据如表 7-2 所示。

表 7-2　恒速空转时热误差及其影响因素参量统计

日期	Z 轴热漂移/mm	环境温度范围及变化/℃	CH07-1 温度变化量/℃	转速/(r/min)	达到热平衡时间/min
03-15	0.158	11.71～12.42(0.71)	15.43	1 000	117.0
08-22	0.119	31.62～32.87(1.25)	8.12	1 000	42.0
09-04	0.056	24.56～25.43(0.87)	11.19	1 250	110.0
08-23	0.038	30.81～32.37(1.56)	9.66	1 500	58.5
08-30	0.053	26.37～27.06(0.69)	10.56	1 500	50.5
09-05	0.081	24.75～25.62(0.87)	14.38	1 750	76.0
04-05	0.126	17.71～19.23(1.52)	17.25	2 000	86.5
08-31	0.094	25.37～26.18(0.81)	15.32	2 000	64.5
03-16	0.220	12.21～14.45(2.24)	27.43	2 500	125.0

从表 7-2 可以看出：① 关键测点温度升高幅度越大，主轴在 Z 方向的热漂移相对也就越大；② 影响热平衡时间的主要因素是当前环境温度，环境温度越低，机床达到热平衡的时间就越长；③ 环境温度升高量占关键测点温度升高量的比值在 10%以下，其对关键测点温

升的影响可以忽略不计；④ 影响机床主轴关键测温点升高的关键因素是机床的转速，机床的转速越高，主轴温升也就越大。综上所述，在影响主轴热误差因素中，主轴关键测点温度的变化与热误差变化有明显的关系，主轴关键测点的温度是内外热源影响的直接表征，包括主轴转速、环境温度对其的影响；而考虑单一因素与热误差关系时，环境温度对热误差的影响主要表现在机床达到热平衡的时间。因此，在预测主轴热误差时，还是以机床表面关键测点温度作为主要影响因素来进行预测。

7.2.2　基于 CNN 机床主轴热误差建模

上一小节通过数据分析得出机床表面温度是机床主轴热误差的主要影响因素，随着测量系统所采集的温度数据及热误差数据越来越多，是否可以通过这些数据训练出适应各种工况条件的热误差补偿模型是一个值得探讨的问题，本节就如何利用这些大数据建立一个基于数据驱动的热误差补偿模型展开相关探讨。

卷积神经网络(CNN)是一种多层的监督学习神经网络，卷积层和池化层是实现卷积神经网络特征提取功能的核心模块。该网络模型通过采用梯度下降法最小化损失函数对网络中的权重参数逐层反向调节，通过迭代训练提高模型的精度。卷积神经网络的低隐藏层是由卷积层和池化层交替组成，高层是全连接层。

7.2.2.1　CNN 热误差预测模型建模流程

基于卷积神经网络的建模流程主要分为三大部分。首先选择训练数据集 $S=(\Delta T_1, \Delta T_2, \Delta T_3, \Delta T_4, \Delta Z)$，其中 ΔT_i 为关键测点温度变化量，ΔZ 为主轴在 Z 方向的热误差。对数据集进行预处理，包括对数据的平滑(移动平均法)和归一化等，再将训练数据按照行向量打乱，该步骤的主要目的是避免在训练的过程中消除时间对热误差的影响，仅仅提取输入温度数据与机床热误差之间的关系。其次从训练集中抽取训练数据集 S_1，输入 CNN 网络模型进行训练，通过反向传播更新各层权重和偏置，直到达到训练目标损失函数的值。最后输入测试数据集 S_2，进行热误差预测。其流程如图 7-4 所示。

7.2.2.2　CNN 模型结构

CNN 模型结构主要包括输入层、卷积层、池化层、全连接层、Dropout 层和输出层，如图 7-5 所示。

输入层：输入前文所述的 16 个温度测点数据，将其变换为 4×4×1 的三维矩阵作为下一层的输入。

第一卷积层：采用的过滤器的尺寸为 3×3，深度为 10，步长为 1，加入全 0 填充，该层使用了 ReLU 激活函数，如下式所示：

$$f(x)=\max(0,x) \tag{7-2}$$

第一池化层：选用最大池化层，池化层过滤器的边长为 2，步长为 2，加入全 0 填充，输出矩阵为 2×2×10 的矩阵。

第二卷积层：过滤器的尺寸为 3×3，深度为 20，步长为 1，加入全 0 填充，输出矩阵为 2×2×20 的矩阵。该层也使用了 ReLU 激活函数。

第二池化层：使用最大池化层，池化层过滤器的边长为 2，步长为 2，加入全 0 填充，输出矩阵为 1×1×20 的矩阵。

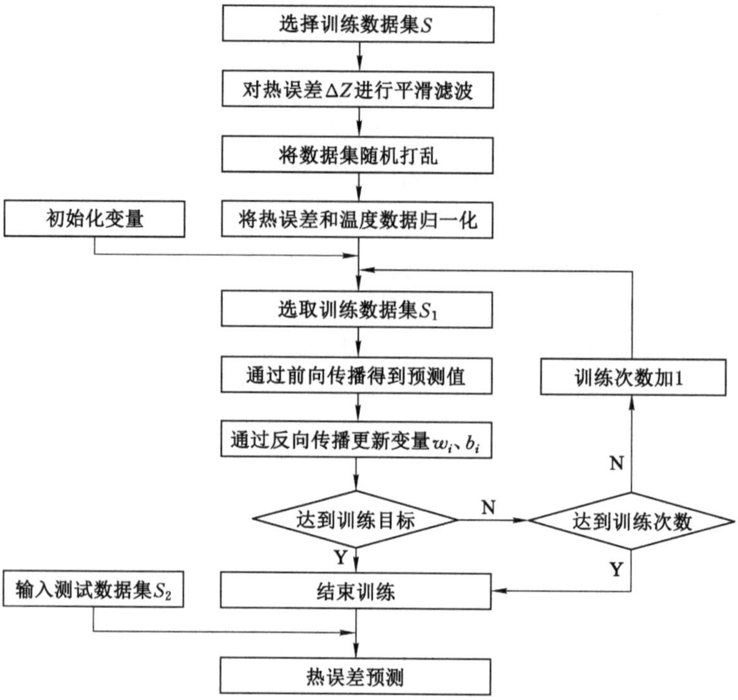

图 7-4　CNN 热误差建模流程

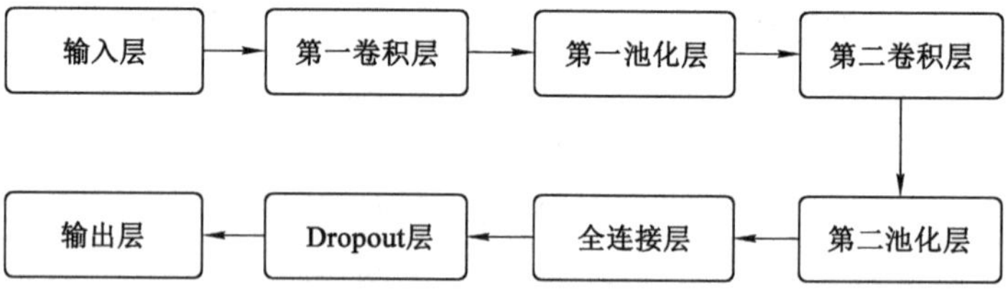

图 7-5　CNN 模型结构

全连接层：将上述输出矩阵变成包含 20 个节点的一维向量作为全连接层的输入，定义 100 个神经元。

Dropout 层：Dropout 在训练时会随机将部分节点的输出置为 0，从而有效避免过拟合问题，使得模型在测试数据集上的效果更好。

输出层：输出为一个长度为 1 的向量，即经过前向传播过程得到的 Z 轴位移预测值。

在前向传播过程结束之后，需要定义一个损失函数来刻画当前预测值和真实值之间的差距，本书使用的是均方差损失函数：

$$\mathrm{MSE}[y_i, f(x_i)] = \frac{1}{n}\sum_{i=1}^{n}(y_i - f(x_i))^2 \tag{7-3}$$

7.2.3　热误差补偿模型验证

为验证该模型的有效性和准确性，设计了三个不同的实验。

（1）抽取 08-22、08-23、08-24、08-30 这 4 d 不同转速的恒速空转热误差数据作为训练集 S_1，用来预测 03-15、03-16 和 08-31 这 3 d 不同转速的恒速空转所产生的热误差，其中 03-15 的预测结果如图 7-6 所示，所有数据的预测精度如表 7-3 所示。

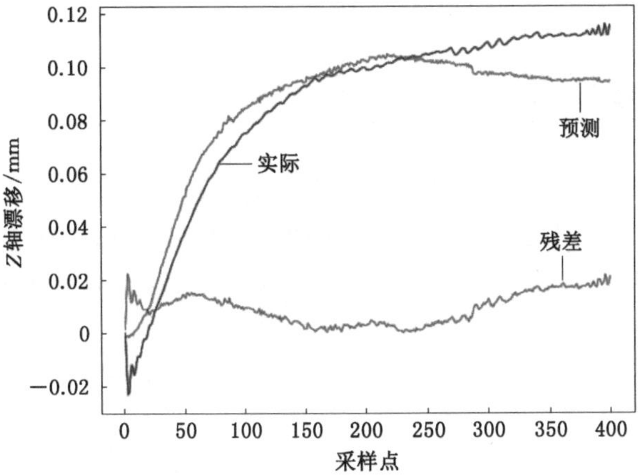

图 7-6　CNN 恒速训练预测结果（03-15）

表 7-3　CNN 恒速空转热误差预测结果

实验日期	转速/(r/min)	残差最大值/μm	残差平均值/μm	补偿占比/%
03-15	1 000	22	9	99.3
08-31	2 000	38	14	86.7
03-16	2 500	36	17	96.7

（2）把 08-22、08-23、08-24、08-30 的恒速空转数据和 08-28、09-01 的变速空转数据合并作为训练集 S_2，分别预测 03-15 和 09-05 恒速空转以及 04-14 和 08-25 变速空转时的 Z 轴位移，其中 08-25 的预测结果如图 7-7 所示，预测精度如表 7-4 所示。

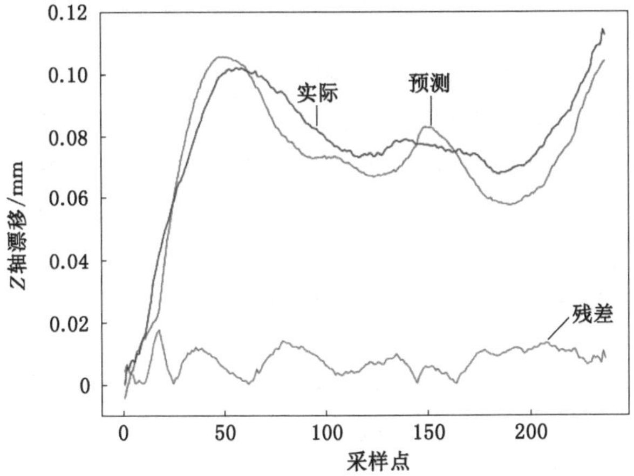

图 7-7　CNN 恒速变速训练预测结果（08-25）

表 7-4　CNN 恒速变速训练预测结果

实验日期	转速/(r/min)	实际最大值/μm	残差最大值/μm	残差平均值/μm	补偿占比/%
03-15	1 000	116	22	4	95.1
09-05	1 750	78	20	5	93.2
04-14	750～3 000	114	33	8	93.7
08-25	500～2 000	34	13	6	99.1

(3) 基于第(2)步由恒速空转和变速空转所建立的模型，预测 09-13 实际加工中的热误差，并通过测量试件槽深，间接得到实际加工中的热误差，其详细测量过程在第 3 章有阐述，通过与实际机床主轴热误差进行对比，结果如图 7-8 所示，其预测精度如表 7-5 所示。

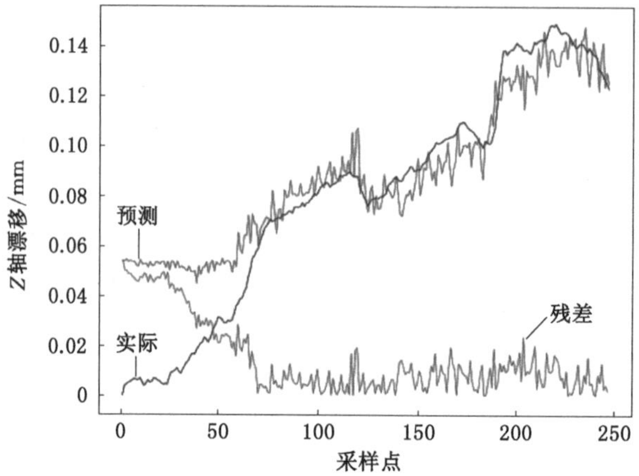

图 7-8　CNN 铣槽加工预测精度图

表 7-5　CNN 铣槽加工预测精度统计

实验日期	转速/(r/min)	实际最大值/μm	残差最大值/μm	残差平均值/μm	补偿占比/%
09-13	950	149	46	13	90.4

从以上分析结果可以看出，卷积神经网络热误差预测模型在主轴恒速空转、主轴变速空转以及加工情况下的热误差补偿占比均达到了 80%以上，适用于机床在三种不同工况下的热误差预测。根据卷积神经网络的特点，将不同工况下的数据输入模型进行训练，网络模型可以学习到不同工况条件下温度与热误差之间的映射关系，提高预测模型的适用性。

7.3　热误差补偿模型评估及更替

由于车间环境的变化和重型机床本身复杂结构的影响，很难建立唯一的热误差模型来预测各种工况下的热误差值。通过第 3 章得知，不同工况条件下关键测点不同，其对应的热误差模型也不一定相同。因此，为实现系统在不同条件下达到最佳的热误差补偿效果，本书提出了更替热误差补偿模型的方法，本小节对热误差补偿模型评估及决策方面进行了研究和探讨。

7.3.1　热误差补偿模型评估指标体系构建

指标作为对事物现象和本质的表征，能简化反映复杂现象的信息，帮助人们更直观地分析事物的本质。指标体系是由反映微观和宏观不同层次信息的指标组成的。热误差补偿模型评估指标体系是对热误差补偿模型评估的基础，会直接影响到对模型评估的可信度，进一步影响到在决策阶段对热误差补偿模型的更替。

依据指标体系构建中常用的几项原则——科学性原则、层次性原则、简明性原则、相对独立原则和可操作性原则来构建热误差补偿模型的评估指标体系，如图 7-9 所示，一共设置了 4 个指标用于对热误差补偿模型的评估，分别是预测模型相关性、预测模型准确性、预测模型鲁棒性和预测模型稳定性，以下分别对这 4 个指标做进一步的阐述和说明。

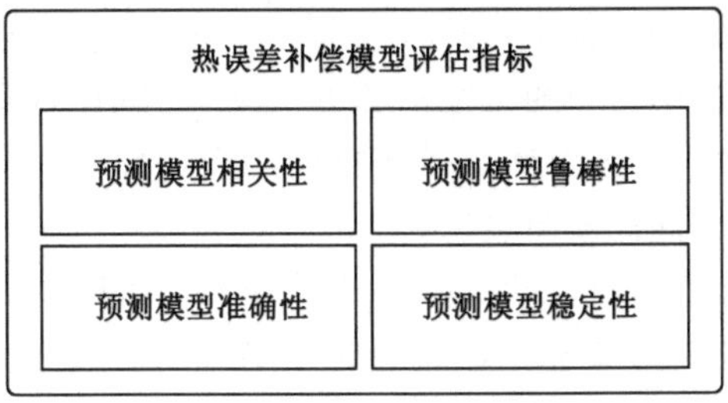

图 7-9　热误差补偿模型评估指标

根据第 3 章的分析，热误差模型的输入是 4 个温度序列 $T=\{T_1,T_2,T_3,T_4\}$，输出是一个 Z 轴的热误差序列 Z，假设可选择模型有多元线性回归模型 MLR、BP 神经网络、RBF 神经网络，预测模型准确性的指标用 MAE（平均绝对误差）和补偿占比 r，预测模型稳定性的指标用 MSE（均方误差），预测模型相关性的指标用 Pearson 相关系数。假设有 N 组数据输入，每组数据所得模型预测输出值为 Predict，实际对应输出为 Real，则 MAE、r、MSE 和 Pearson 相关系数计算公式为：

$$\text{MAE}=\frac{1}{N}\sum_{i=1}^{N}\left|\text{Predict}(i)-\text{Real}(i)\right| \tag{7-4}$$

$$r=\left|\frac{\sum_{i=1}^{N}\text{Predict}(i)}{\sum_{i=1}^{N}\text{Real}(i)}-1\right| \tag{7-5}$$

$$\text{MSE}=\frac{1}{N}\sum_{i=1}^{N}\left(\text{Predict}(i)-\text{Real}(i)\right)^2 \tag{7-6}$$

$$\text{Pearson}=\frac{N\sum x_i y_i-\sum x_i\sum y_i}{\sqrt{N\sum x_i^2-\left(\sum x_i\right)^2}\sqrt{N\sum y_i^2-\left(\sum y_i\right)^2}} \tag{7-7}$$

热误差补偿模型的鲁棒性采用抗噪鲁棒性来评价，以加入噪声后的残差相对增量与未加噪声前模型的残差的比值当作抗噪鲁棒性的具体指标。假设未加噪前的残差均值为 Error，加噪后的残差均值为 Error′，定义鲁棒性评价指标公式为：

$$\text{Robustness}=\frac{\text{Error}'-\text{Error}}{\text{Error}} \tag{7-8}$$

7.3.2 热误差补偿模型评估方法

7.3.2.1 基于云模型鲁棒性评估

云模型是一种把某些用语言描述的定性概念转化为对应的定量数值的模型。在评估过程中，云模型通过特定结构的云发生器，来生成判断模型鲁棒性好坏的定量转换值，从中获得定量数据的范围和分布规律。

假设 R 是精确数字来描述的定量论域，C 是 R 上的定性概念，若 C 的一次随机实现 $x \in R$，则存在一个具有稳定倾向的随机数 $\mu_C(x) \in [0,1]$，称之为 x 对定性概念 C 的隶属度，x 在 R 上的分布称为云，其中每一个 x 对应于云的一个云滴。

云的数字特征用期望 Ex(expected value)、熵 En(entropy)和超熵 He(hyper entropy)三个数值来表征，即(Ex,En,He)。Ex 表示云滴分布在论域空间中的概念中心值，反映了整个定性概念；En 反映了模糊性和随机性的相互关联，它既体现了数域空间可被语言值接受的范围，又从随机性的角度出发反映了数域空间的点能代表语言值的概率；He 是熵的不确定度，即熵的熵，反映了云滴的凝聚度。

本书中把鲁棒性人为地分成优、良、中、差四个等级，如表 7-6 所示，认为鲁棒性评价指标的取值在[0,1)属于优，[1,2)属于良，[2,3)属于中，[3,4]属于差，按照式(7-9)求出对应云模型的数字特征，k 的取值是根据鲁棒性等级划分区间的大小，即评价模糊程度来具体调整，因为区间等间隔划分，所以每个等级对应的超熵一样，根据经验，云模型超熵取值 0.2 合适。

$$\begin{cases} \mathrm{Ex} = (C_{\min} + C_{\max})/2 \\ \mathrm{En} = (C_{\max} - C_{\min})/6 \\ \mathrm{He} = k(\text{常数}) \end{cases} \tag{7-9}$$

表 7-6 鲁棒性等级划分与云模型之间的关系

鲁棒性等级	区间	云模型(Ex,En,He)
优	[0,1)	(0.5,0.167,0.2)
良	[1,2)	(1.5,0.167,0.2)
中	[2,3)	(2.5,0.167,0.2)
差	[3,4]	(3.5,0.167,0.2)

把加入噪声后的模型预测结果输入逆向云发生器，通过逆向云发生器实现定量值到定性概念的转换，得到关键温度测点的云数字特征，利用熵权法求出各温度的熵与熵权后，考虑到指标的权重如果大于平均权重 $1/m$，则这个指标评价的期望也会增大，反之减小，因此可以用 $m \cdot W$ 作为比例因子，对各个方案对应云模型的数学期望进行微调，通过下式修改期望：

$$M(\mathrm{Ex}_i) = m(\mathrm{Ex}_i) \cdot W_i \tag{7-10}$$

式中 Ex_i——第 i 个温度测点对应的残差变化期望；

$M(\mathrm{Ex}_i)$——对原始期望做变换进行修改；

m——关键温度测点个数；

W_i——每个温度测点自身的权重。

最后根据虚拟云中综合云算法得出最终期望值。

$$
\begin{aligned}
\mathrm{Ex} &= \frac{\mathrm{Ex}_1\mathrm{En}_1 w_1 + \mathrm{Ex}_2\mathrm{En}_2 w_2 + \cdots + \mathrm{Ex}_n\mathrm{En}_n w_n}{\mathrm{En}_1 w_1 + \mathrm{En}_2 w_2 + \cdots + \mathrm{En}_n w_n} \\
\mathrm{En} &= \mathrm{En}_1 w_1 n_1 + \mathrm{En}_2 w_2 n_2 + \cdots + \mathrm{En}_n w_n n_n \\
\mathrm{He} &= \frac{\mathrm{He}_1\mathrm{En}_1 w_1 + \mathrm{He}_2\mathrm{En}_2 w_2 + \cdots + \mathrm{He}_n\mathrm{En}_n w_n}{\mathrm{En}_1 w_1 + \mathrm{En}_2 w_2 + \cdots + \mathrm{En}_n w_n}
\end{aligned} \tag{7-11}
$$

7.3.2.2　基于熵权变权法的指标权重

信息论中，熵被用来反映系统无序程度，一个指标的信息熵越大，代表该指标偏离程度越大，能反映的信息量越多，因此在评价时它起的作用越明显，权重相应越大。相比于主观赋值法求取的权重，熵权法求取的权重精度更高，客观性更强，熵权法适合需要确定权重的过程。

本节中假设有 m 个热误差模型备选，每个模型有 n 个评价指标，q_{ij} $(1\leqslant i\leqslant m, 1\leqslant j\leqslant n)$ 表示热误差补偿模型的评价指标，那么评估矩阵为：

$$
\boldsymbol{Q} = \begin{bmatrix} q_{11} & q_{12} & \cdots & q_{1n} \\ \cdots & \cdots & \cdots & \cdots \\ q_{m1} & q_{m2} & \cdots & q_{mn} \end{bmatrix}
$$

由熵权法求得各指标权重步骤如下：

步骤 1：对评估矩阵归一化，$r_{ij} = \begin{cases} \dfrac{\max\limits_i q_{ij} - q_{ij}}{\max\limits_i q_{ij} - \min\limits_i q_{ij}}, \text{负指标} \\ \dfrac{q_{ij} - \min\limits_i q_{ij}}{\max\limits_i q_{ij} - \min\limits_i q_{ij}}, \text{正指标} \end{cases}$，$\boldsymbol{R} = (r_{ij})_{m\times n}$；

步骤 2：各指标同度量化，$p_{ij} = \dfrac{r_{ij}}{\sum\limits_{j=1}^{n} r_{ij}}$，$\boldsymbol{P} = (p_{ij})_{m\times n}$；

步骤 3：计算各指标的熵，$S_j = -\dfrac{1}{\ln m}\sum\limits_{j=1}^{n} p_{ij}\ln p_{ij}$；

步骤 4：计算信息冗余度，$d_j = 1 - S_j$；

步骤 5：计算指标权重，$W_j = \dfrac{d_j}{\sum\limits_{j=1}^{n} d_j}$。

通过熵权法得到各指标权重后，要进行变权处理。变权思想能解决传统加权平均法中指标间的补偿问题，是对常权法的一种修正，能够在消除对评价结果主观影响的同时，对单指标异常反应敏感，削减单指标异常对评价结果产生的干扰，使得评价结果更加可靠。变权法的步骤如下：

步骤 1：确定上界权重，$W_{0j} = \dfrac{W_j}{\min W_j + \max W_j}$；

步骤 2：设置引入函数，$\mu(r_{ij}) = \dfrac{\mu_j^* \cdot \mu_{0j}}{\mu^* \cdot \exp\dfrac{(r_{ij})^{1-k_j}}{1-k_j}}$，$\mu_{0j} = \dfrac{W_{0j} \cdot \sum\limits_{j\neq i} W_j}{1 - W_{0j}}$，$\mu^* = \sum\limits_{j=1}^{n} \mu_{0j}$，$\mu_j^* =$

$\sum_{j\neq i}\mu_{0j},k_j = 1-\dfrac{1}{\ln\dfrac{\mu_{0j}(\mu_j^* + W_j)}{\mu^* W_j}}$；

步骤 3：计算变权矩阵，$t_{ij} = \dfrac{\lambda(z_{ij})}{\sum_{j=1}^{n}\lambda(z_{ij})}$，$\boldsymbol{T} = [t_{ij}]_{m\times n}$。

7.3.3 热误差补偿模型决策方法

7.3.3.1 联系度

把确定不确定看成一个系统，在这个系统中，确定性与不确定性相互联系、相互影响、相互制约，甚至在一定条件下相互转化的这种思想就是集对论，可以用一个具体的数学式子 $\mu = a + bK + cS$ 统一地描述不确定性，从而把不确定性的辩证认识转化为数学运算。

假设集合 $A_0 = (x_{01},x_{02},\cdots,x_{0n})$，$A_1 = (x_{11},x_{12},\cdots,x_{1n})$，$A_0$ 和 A_1 的 n 个对应项里面有 p 个相差微小的项，把它看成同一；s 个相差很大的项，看成对立；剩下 q 个相差一般的项，看成差异。则两个集合的集对关系转化为同、异和反关系，联系度表示为：

$$\mu(A_0,A_1) = \frac{p}{n} + \frac{q}{n}K + \frac{s}{n}S = a + bK + cS \tag{7-12}$$

式中 K——差异不确定度系数，在[−1,1]取值；

S——对立度系数，取值−1。

假设 A_2 与 A_0 的联系度 $\mu(A_0,A_2)=a_1+b_1K+c_1S$，则 A_1 与 A_2 之间的联系向量距离为：

$$d = \sqrt{(a_1-a)^2+(b_1-b)^2+(c_1-c)^2}$$

特别的，当 A_2 与 A_0 相等时，$d = \sqrt{(1-a)^2+b^2+c^2}$。

7.3.3.2 基于联系度改进的 Topsis 决策法

Topsis(technique for order preference by similaritytoan ideal solution)[133]模型先对原始输入矩阵进行标准化，选择最优和最劣解分别作为正、负理想解，正理想解由各指标的最大值组成，负理想解由各指标的最小值组成，再计算各方案到正、负理想解的欧式距离，最后根据相对贴近度公式计算各个方案的贴近度，从而得出评价结果。

联系度改进的 Topsis 法是用联系向量距离代替欧氏距离，将正、负理想点看作确定和不确定系统中相对立的集合，克服了传统 Topsis 法中方案与正理想点的欧式距离较近，则方案与负理想点的欧式距离也就有可能更近的不足，在改进方法中方案与正理想点的联系向量距离越近，则方案与负理想点的联系向量距离越远，反之亦然。联系度改进的 Topsis 法更符合对不确定性问题的辩证思维习惯，体现了系统分析思想。构建动态综合评价模型的详细步骤如下所示：

步骤 1：对归一化后的初始决策矩阵 $\boldsymbol{Z} = (z_{ij})_{m\times n}$ 赋予权重，计算加权矩阵 $\boldsymbol{S} = (s_{ij})_{m\times n}$，$s_{ij} = t_{ij}z_{ij}$。

步骤 2：确定正理想解 $S^+ = (s_1^+,s_2^+,\cdots,s_n^+)$ 和负理想解 $S^- = (s_1^-,s_2^-,\cdots,s_n^-)$，其中 $s_j^+ = \max\limits_i s_{ij}$，$s_j^- = \min\limits_i s_{ij}$。

步骤 3：计算每个方案 A_i 与 S^+ 的联系度。

$$\mu_i^+ = a_i^+ + b_i^+ K + c_i^+ S = \sum_{j=1}^{n} t_{ij}\mu_{ij}^+$$

$$\mu_{ij}^+ = a_{ij}^+ + b_{ij}^+ K + c_{ij}^+ S$$

式中，当 $s_{ij}=s_j^-$ 时，$a_{ij}^+=b_{ij}^+=0$，$c_{ij}^+=1$；当 $s_{ij}\in(s_j^-,s_j^+)$时，$a_{ij}^+=\frac{s_{ij}}{s_j^+}$，$b_{ij}^+=1-a_{ij}^+$，$c_{ij}^+=0$。

步骤 4：计算每个方案 A_i 与 S^- 的联系度。

$$\mu_i^- = a_i^- + b_i^- K + c_i^- S = \sum_{j=1}^{n} t_{ij}\mu_{ij}^-$$

$$\mu_{ij}^- = a_{ij}^- + b_{ij}^- K + c_{ij}^- S$$

式中，当 $s_{ij}=s_j^+$ 时，$a_{ij}^-=b_{ij}^-=0$，$c_{ij}^-=1$；当 $s_{ij}\in[s_j^-,s_j^+)$ 时，如果 $s_j^-\neq 0$，则 $a_{ij}^-=\frac{s_j^-}{s_{ij}}$，$b_{ij}^-=1-a_{ij}^-$，$c_{ij}^-=0$，如果 $s_j^-=0$ 且 $s_{ij}\neq 0$，则 $a_{ij}^-=\frac{s_j^+-s_{ij}}{s_j^+}$，$b_{ij}^-=1-a_{ij}^-$，$c_{ij}^-=0$，否则 $a_{ij}^-=1$，$b_{ij}^-=c_{ij}^-=0$。

步骤 5：计算各方案与正理想解和负理想解的联系向量距离。

$$d_i^+ = \sqrt{(1-a_i^+)^2+(b_i^+)^2+(c_i^+)^2}$$

$$d_i^- = \sqrt{(1-a_i^-)^2+(b_i^-)^2+(c_i^-)^2}$$

步骤 6：贴近度 $C_i^+=\frac{d_i^-}{d_i^+ + d_i^-}$，按照相对贴近度的大小对方案进行排序。贴近度越大，则方案越优；反之，贴近度越小，则方案越劣。

7.3.4　热误差补偿模型优选方法

在对热误差补偿模型进行优选时，主要分为三个阶段来进行，如图 7-10 所示。第一个阶段计算模型的评价指标，对于无法直接用数值大小表征性能好坏的鲁棒性评价指标，先用云模型对其进行定性到定量的转化，用残差相对增量与原残差均值的比值作为衡量抗噪鲁棒性的指标，通过实验得出每种模型的云模型参数，然后对照鲁棒性等级划分，确定每种模型的鲁棒性强弱，接下来把测得的三种模型鲁棒性指标参数值和实验测得的三种模型

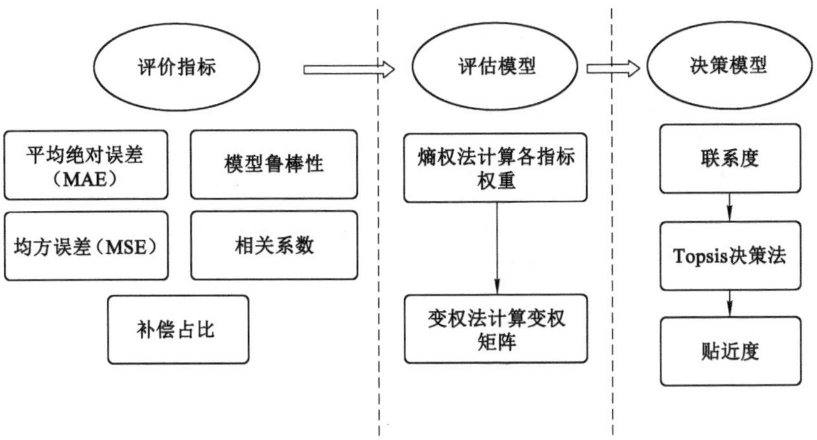

图 7-10　热误差补偿模型优选方法

MAE、MSE、相关系数和补偿占比指标参数结合,组成原始评估矩阵。第二个阶段对模型进行评估,利用熵权法求出各指标的初始权重,然后采用变权法对求得的常权值进行修正,得到变权矩阵。第三个阶段进行决策,求得变权矩阵,结合联系度改进的 Topsis 决策法计算出贴近度,基于贴近度对模型进行优选。

7.3.4.1 多元线性回归模型鲁棒性评估

选取 03-15 机床空转时的环境温度以及 CH03-04、CH04-02 和 CH09-02 等关键测点的温度为训练数据,03-16 空转的加工数据做预测。在训练模型时,每个输入通道分别加入随机噪声,实验 10 次,以残差相对增量与未加噪前残差的比值为指标,记录实验情况,把实验结果输入反向云发生器,得到各个温度通道下的云模型,通过熵权法求各温度通道的熵与熵权,如表 7-7 所示。

表 7-7 MLR 模型评估指标计算结果

MLR	Ex	En	He	熵	熵权
环境温度	0.200 0	0.042 2	0.016 3	0.683 2	0.176 7
CH03-04	0.059 1	0.013 7	0.007 0	0.269 2	0.407 4
CH04-02	0.113 6	0.079 8	0.025 3	0.435 4	0.314 8
CH09-02	0.522 7	0.102 5	0.061 9	0.818 6	0.101 1

进行修正后的期望如表 7-8 所示。

表 7-8 MLR 模型评估指标计算修正结果

MLR	Ex	En	He	熵权
环境温度	0.141 4	0.042 2	0.016 3	0.176 7
CH03-04	0.096 3	0.013 7	0.007 0	0.407 4
CH04-02	0.143 0	0.079 8	0.025 3	0.314 8
CH09-02	0.211 4	0.102 5	0.061 9	0.101 1

根据虚拟云中综合云算法得出最终期望值:

$$Ex=0.152\,0, En=0.194\,1, He=0.029\,6$$

7.3.4.2 BP 神经网络模型鲁棒性评估

BP 神经网络模型评估指标计算结果如表 7-9 所示。

表 7-9 BP 神经网络模型评估指标计算结果

BP	Ex	En	He	熵	熵权
环境温度	0.732 9	0.241 0	0.084 5	1.098 2	0.188 7
CH03-04	0.719 3	0.145 9	0.039 6	1.347 3	0.301 1
CH04-02	0.605 7	0.188 4	0.100 8	1.188 6	0.362 3
CH09-02	0.670 7	0.464 6	0.226 0	1.077 0	0.147 9

进行修正后的期望如表 7-10 所示。

表 7-10　BP 神经网络模型评估指标计算修正结果

BP	Ex	En	He	熵权
环境温度	0.553 2	0.241 0	0.084 5	0.188 7
CH03-04	0.866 3	0.145 9	0.039 6	0.301 1
CH04-02	0.877 8	0.188 4	0.100 8	0.362 3
CH09-02	0.396 8	0.464 6	0.226 0	0.147 9

根据虚拟云中综合云算法得出最终期望值

$$Ex=0.6461, En=0.9055, He=0.1237$$

7.3.4.3　RBF 神经网络模型鲁棒性评估

RBF 神经网络模型评估指标计算结果如表 7-11 所示。

表 7-11　RBF 神经网络模型评估指标计算结果

RBF	Ex	En	He	熵	熵权
环境温度	2.223 0	0.762 6	0.185 5	1.297 9	0.200 6
CH03-04	1.961 9	0.553 5	0.134 1	1.269 4	0.298 9
CH04-02	2.032 7	0.733 8	0.121 9	1.160 5	0.304 6
CH09-02	2.880 5	0.394 8	0.084 6	1.191 7	0.195 9

进行修正后的期望如表 7-12 所示。

表 7-12　RBF 模型评估指标计算修正结果

RBF	Ex	En	He	熵权
环境温度	0.155 6	0.156 0	0.006 0	0.323 6
CH03-04	0.122 2	0.061 3	0.015 0	0.379 7
CH04-02	0.093 3	0.066 8	0.031 3	0.291 8
CH09-02	0.275 6	0.113 6	0.069 9	0.628 4

根据虚拟云中综合云算法得出最终期望值：

$$Ex=0.1548, En=0.3923, He=0.0242$$

计算出三种不同模型鲁棒性及其他评价指标后，得到初始决策矩阵如表 7-13 所示。

表 7-13　三种补偿模型初始决策矩阵

指标模型	MAE	MSE	Pearson	鲁棒性	补偿占比
MLR	0.004 4	3.16×10^{-5}	0.940 8	0.152 0	0.019 0
BP	0.006 9	3.25×10^{-5}	0.953 9	0.646 1	0.026 7
RBF	0.004 5	3.08×10^{-5}	0.936 8	0.154 8	0.024 5

再由熵权变权法计算出变权矩阵，如表 7-14 所示。

表 7-14　三种补偿模型变权矩阵

变权指标模型	MAE	MSE	Pearson	鲁棒性	补偿占比
MLR	0.161 7	0.170 3	0.011 1	0.071 3	0.585 5
BP	0.435 7	0.515 5	0.007 0	0.016 5	0.025 4
RBF	0.223 4	0.211 6	0.010 4	0.280 1	0.274 5

最后由联系度 Topsis 决策方法计算出 MLR、BP、RBF 模型的贴合度分别为 0.652 6、0.525 5 和 0.634 5，MLR 最大，RBF 次之，BP 最小，故选用 MLR 进行建模。由于 MLR 与 RBF 的贴合度指标很接近，在该工况条件下选择模型时，这两种模型均可使用。

7.4　本章小结

本章通过实验数据观察发现重型数控机床热误差的热滞后效应，定量研究了在静态和空转不同工况条件下机床热误差响应滞后的情况，进一步建立了滞后效应热误差模型，结果表明考虑滞后效应模型精度提高；研究了在多种工况条件下机床表面温度与主轴热误差建模方法，采用大数据建模思想，将各种工况下所采集的数据形成一个大的训练数据集，构建基于卷积神经网络的主轴热误差预测模型，通过实验验证了该模型的有效性；针对难以建立一个统一的主轴热误差预测模型来满足所有工况环境下的预测需求，通过构建统一的模型评估指标、模型评估方法以及模型决策方法，实现了热误差补偿模型的优选，解决了在不同工况条件下的模型优选问题。

第 8 章　数控机床热误差经典补偿原理分析

8.1　机床热误差补偿系统概述

当前,降低数控机床热误差影响的方法主要有以下三种:数控机床温度控制法、数控机床预防法以及数控机床热误差补偿法。

温度控制法是指通过在机床某些关键部位安装加热设备或在机床某些构件内注入可循环流动的冷却液,从而使得该部件在一定温度范围内能够保持相对稳定的方法。数控机床温度控制法不易实现,因为机床关键部位和构件的温度控制始终会滞后于温度变化,只有当被控温部位和构件产生了温度变化之后,控制装置才会进行相应的动作,并且在进行某个方向加热或冷却时,可能会造成其他方向额外的热变形量,故难以实现数控机床关键部位或构件的准确补偿。

数控机床预防法运用的是“硬技术”,该方法在机床设计制造阶段采取相关措施来提高机床的热稳定性,比如整体结构优化或运用性能好的制造材料等。尽管数控机床预防法能降低原始误差,然而依靠提升机械结构质量来实现数控机床加工精度的提高具有很大的局限性,而且会造成生产成本的大幅提高。实际生产证明,随着加工精度的不断提高,采用该方法提高数控机床精度所需成本将急剧增加。

数控机床热误差补偿法运用的是“软技术”,该方法指不对数控机床的原有加工精度做任何处理,而是通过外部装置制造出新的误差去抵消或减弱机床热误差。首先分析温度数据,预测出位置偏差,然后利用补偿控制器硬件电路和软件程序将误差修正值实时地反馈到数控系统中,改变数控机床进给轴实际驱动量,从而使被加工工件获得更高的精度。其补偿过程可以概括为进行温度检测、利用温度数据建立模型、通过模型预测误差和对预测出的误差进行实时补偿。与其他方法相比,该法大大降低了实施费用,具有巨大的经济效益。

热误差补偿法又可以细分为加工程序修改法、数控机床二次开发补偿法与控制设备补偿法。加工程序修改法通过预先更改加工 G 代码程序中的指令信息来达到热误差修正的目的。该方法采用大量的加工测试数据建立机床构件温度与热误差的对应关系,进而将热误差转换为机床刀具平移量,在原始的加工 G 代码中人为添加机床刀具平移量,从而实现数控机床热误差补偿。加工程序修改法实际为一种离线式的补偿方法,由此可知该方法不具备实时性,并且修改加工 G 代码工作量繁重。数控机床二次开发补偿法是对机床原有数控系统进行修改,通过修改数控系统内部软件,在其 G 代码解释层或者插补层加入热误差补偿接口,加工过程中调用预留的 API 函数接口控制机床刀具与加工平台产生相对位移从而达到补偿目的。虽然这种方法具有很高的实时性,但是研究者需要获得数控系统的开发资源，由于知识产权问题致使这种方法存在巨大的局限性，不利于广泛的使用。控制设备补偿法通过温度传感器检测机床主轴、刀架悬臂等关键构件的温度，利用数学模型预测机床热误差平移量，外加控制设备根据热误差预测结果对机床进给轴的位置进行实时调整，实现对数控机床热误差的补偿。

本书在研究之初就确定了预期目标：设计基于嵌入式的数控机床热误差实时补偿控制器方案、完成实物制作并进行现场调试，着重实现补偿控制器的通用性和实时性，使其能够尽可能适用于多数的国内外现有数控机床体系结构，同时提高热误差补偿的速度和实时性。经过全面的对比研究，本书将对热误差补偿法中的控制设备补偿法进行研究设计。

控制设备补偿法的实现需要对热误差补偿系统的补偿方式及实施方法进行深入的研究与分析，前者决定了热误差补偿控制器的整体框架结构，后者决定了热误差补偿实施的具体方式方法。下文将对二者进行详细的论述。

8.2 热误差补偿系统的回馈方式

热误差补偿控制器数据回馈方式是指进行机床热误差补偿时所依据的热误差数据的来源方式，该方式确定了热误差补偿控制器的结构。数控机床热误差回馈方式包含热误差开环前馈方式、热误差半闭环前馈方式和热误差闭环反馈方式。

8.2.1 热误差开环前馈方式

热误差开环前馈方式是指通过大量的预先实测数据获得热误差数学模型，利用数学模型预测数控机床的热误差，如图 8-1 所示。在该种方式下，热误差预测值完全由以前误差经验推算得出，与当前加工过程无关。

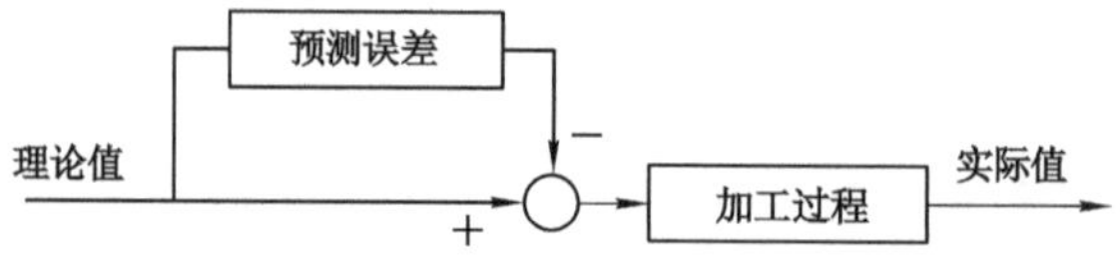

图 8-1　热误差开环前馈方式

8.2.2 热误差半闭环前馈方式

热误差半闭环前馈方式通过利用能反映系统状态和环境条件的变量作为热误差数学模型的输入，从而推导出与这些变量相关的能够反映热误差规律的数学公式，如图 8-2 所示。在该方式下，机床的热误差值是根据机床主要结构温度的变化，间接推导预测出的热误差的变形量。

8.2.3 热误差闭环反馈方式

热误差闭环反馈方式如图 8-3 所示，在机械加工过程中，直接实时补偿实际测量值（通过激光测微仪等设备测量得到）和理论值之间的热误差。在该方式下，机床的热误差值是通过测量设备直接测量得到的。

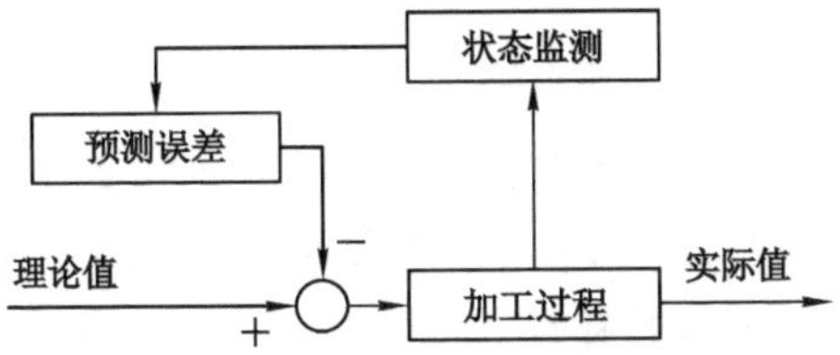

图 8-2　热误差半闭环前馈方式

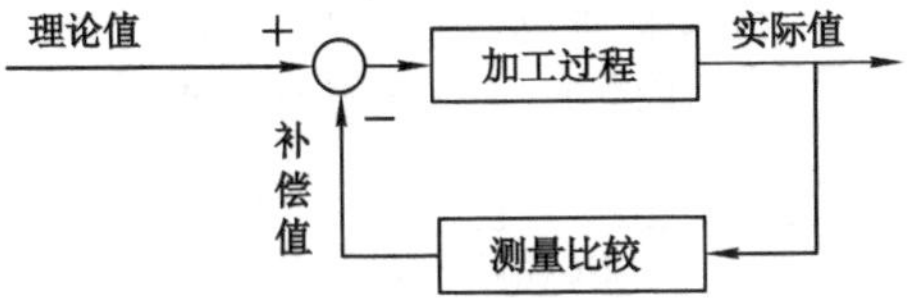

图 8-3　热误差闭环反馈方式

8.2.4　对比分析

热误差开环前馈方式是最为简单的实现方法，但是热误差值的获取完全依靠前期热误差测量结果，而机床热误差值是一个多因素相关量，机床自身结构、加工环境温度和加工时间等因素都会对机床的热变形量产生影响，因此，由某一台数控机床获得的热误差测量数据并不适用于其他机床，同样，当机床的工作环境变化后，前期的热误差测量结果也无法适用于新的工作环境。

热误差半闭环前馈方式利用数学模型，通过测量的数控机床主要构件的实时温度预测出数控机床产生的热误差。该方法热误差预测值的精确性和通用性主要取决于数学模型的选取。此外，为了实现机床主要构件的温度测量，需要在机床的悬臂、主轴和工作台添加安装温度传感器，这会增加热误差补偿控制器实现的工作量。

热误差闭环反馈方式是最为精确的实现方式，该方式通过测量设备实时对加工工件的尺寸进行测量，然后与理论值进行对比，得到误差值。为了对加工工件的尺寸进行准确的测量，需要在数控机床的加工平台安装激光测微仪等设备。由于加工工件在加工过程中处于高速运动状态，激光测微仪等设备与加工工件保持相对静止不易实现，因此该方式实现起来难度很大。此外，激光测微仪等设备的价格昂贵，甚至超过数控系统自身价值。

综上分析，结合实际情况，为了提高热误差补偿控制器实现的可行性，本书的研究将采用热误差半闭环前馈补偿方式，即在数控机床的悬臂、主轴和工作台安装温度传感器，从而获取数控机床关键构件的温度，再经过数学模型将温度转化为机床热变形量，继而得到需要补偿的热误差值。

8.3　热误差补偿系统的实施方法

近年来，原点坐标平移法和反馈脉冲叠加法成了实时热误差补偿的常见方法。两者实质都是通过数控机床进给轴的额外运动来抵消机床热变形造成的误差，但是实现方法各有不同。

8.3.1 原点坐标平移法

原点坐标平移法是指热误差补偿装置根据内置预测模型计算数控机床的热误差值，将该值通过 I/O 口送至 CNC 控制器的 PLC 相应寄存器，数控系统再根据热误差值平移数控机床的参考原点，从而实现热误差的补偿。原点坐标平移法补偿原理如图 8-4 所示。该方法的实现不用改变数控机床的任何硬件，不需要对数控(numerical control，NC)指令进行修改，同时不会对数控机床的加工坐标系产生任何影响。但是该方法需要对数控机床可编程控制器内部的代码进行修改，使其能够通过外部 I/O 口实现热误差补偿数据的接收。该方法明显的不足之处在于需要数控机床的数控系统带有原点坐标平移接口。

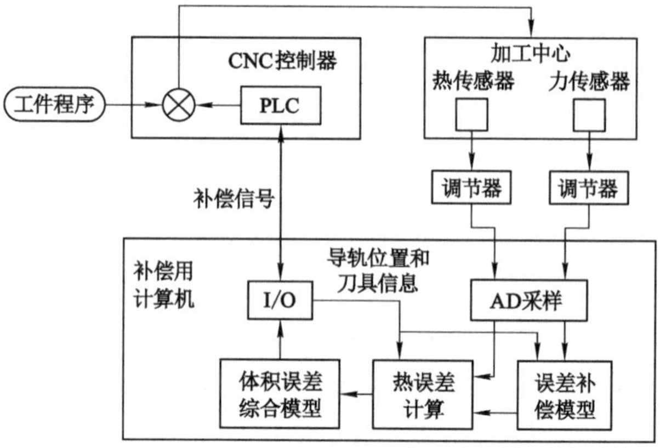

图 8-4　原点坐标平移法原理图

本书针对 FANUC 系列数控系统对原点坐标平移法进行简要介绍。FANUC 系统可以分成控制伺服电机和主轴电机运动的中央控制单元和控制辅助电气功能的 PMC 单元。PMC 具有和 PLC 相似的功能，但一般只用于数控机床，其全称为可编程数控机床控制器。该型号机床的坐标原点平移功能就是通过数控系统 CNC、数控机床内部可编程控制器 PMC 和外部控制器配合完成的。外部控制器通过对机床的温度数据进行分析，得到热误差补偿值，将热误差补偿值通过可编程控制器 PMC 的外部 I/O 口送入数控系统中，实现数控机床坐标原点的平移。

可编程控制器 PMC 在处理数据时，需要将不同的数据送入不同的地址寄存器中，再根据不同地址寄存器中的数据值完成不同的功能。通常情况下可编程控制器 PMC 的地址种类很多，而在原点坐标平移过程中需要用到的地址分别为功能寄存器地址、数据寄存器地址和控制寄存器地址。其中功能寄存器地址为 8 位数据，数据寄存器为 16 位数据，控制寄存器由多个一位的数据组成，并且每一个数据位都对应一个外部数据 I/O 口，通过设置 I/O 口高低电平可以完成相应寄存器地址的赋值。

在对 FANUC 系统进行原点坐标平移时，首先由外部控制器根据热误差的补偿值对可编程控制器 PMC 的各类寄存器地址进行设置，其具体设置方法如下所述。

8.3.1.1 功能寄存器地址

功能寄存器地址对应的数据位为 A0～A7，通过对功能寄存器地址的赋值，可以选择不同的功能。当对功能寄存器地址的 A4、A5 和 A6 位赋给“011”时，表示选择数控系统原点坐标平移功能。功能寄存器地址的后四位数字组合代表需要进行原点坐标平移的进给轴编号。例如，当对 X 轴进行平移时，将 A0～A3 位设置为“0000”；当对 Y 轴进行平移时，将 A0～A3 位设置为“0001”……以此类推，最多可以对 16 个进给轴进行选择。A7 位为保留位，不对其进行设置。其地址说明如图 8-5 所示。

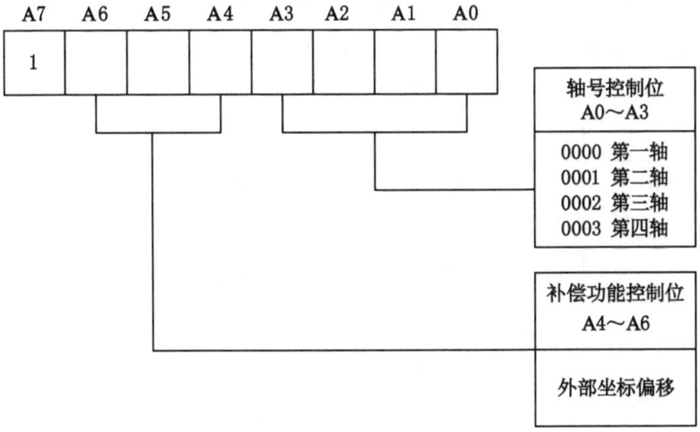

图 8-5　功能寄存器地址说明

8.3.1.2　数据寄存器地址

通过对功能寄存器地址的设置选择需要进行平移的进给轴号后，利用数据寄存器地址可以将补偿值的数据送入可编程控制器 PMC 中。数据寄存器地址一共有 16 位，其中最高位 D15 代表原点坐标平移的方向，“0”和“1”分别表示正向和负向，剩余 15 位代表原点平移的平移量，每一个值代表平移 1 μm，总的平移量范围为±32.767 mm。该地址说明如图 8-6 所示。

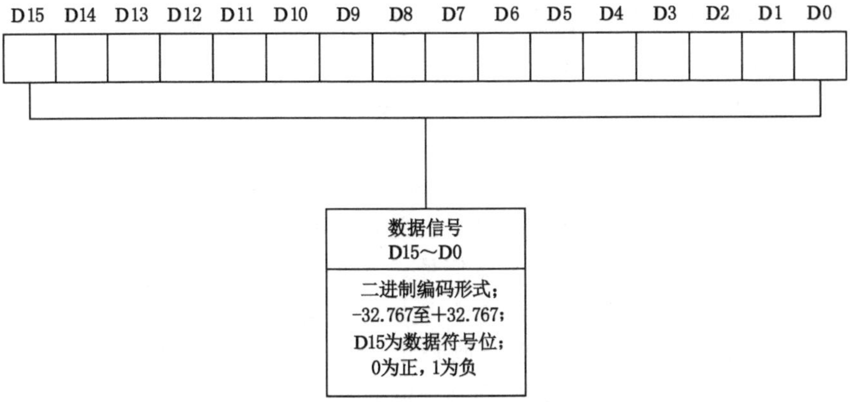

图 8-6　数据寄存器地址说明

8.3.1.3　控制寄存器地址

在利用可编程数控机床控制器 PMC 进行热误差补偿数据传输时，需要对可编程控制器 PMC 的控制寄存器地址进行相应的读写操作，可以具体到控制寄存器地址的 EREND

位和 ESTB 位。EREND 位为状态指示位，外部控制器需要对该位进行读操作；ESTB 位为请求外部数据输入位，控制器完成对该位寄存器的写操作。数据传输开始后，外部控制器首先将功能寄存器地址和数据寄存器地址的值送到相应的 I/O 口线，然后将 ESTB 位置高，请求可编程控制器 PMC 将数据读入相应寄存器中，当可编程控制器 PMC 完成数据读入后会将 EREND 位置高并持续若干毫秒，外部控制器通过查询 EREND 位状态判断数据传输是否成功。可编程控制器 PMC 接收完外部控制器传入的热误差补偿值后会与数控系统建立通信，数控系统依据可编程控制器 PMC 的指令完成相关原点坐标平移任务，实现数控机床热误差的补偿。其详细时序图如图 8-7 所示。

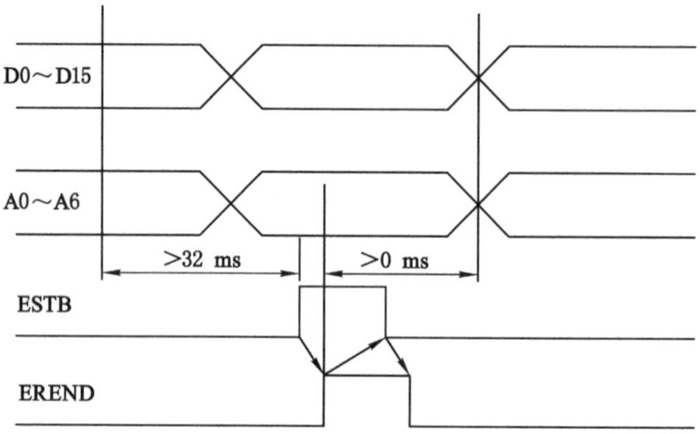

图 8-7　原点坐标平移控制信号时序图

8.3.2　反馈脉冲叠加法

反馈脉冲叠加法通过将补偿模块嵌入数控机床的位置反馈环，对伺服电机反馈脉冲进行修改实现补偿。热误差补偿控制器获取数控机床 X、Y、Z 三个进给轴位置的反馈信号以及温度传感器采集到的数控机床温度测量点温度数据，将温度数据输入热误差预测数学模型中，预测出数控机床因温度变化形成的热误差，将热误差换算为等量的补偿正交脉冲个数，在补偿软件与硬件电路的配合下将补偿脉冲叠加到伺服系统的反馈回路中，进而实现补偿功能。其原理如图 8-8 所示。

数控机床的位置反馈大部分采用正交编码脉冲输出的模式（无论反馈装置为光电编码盘还是光栅尺），数控机床的数控系统通过对正交编码脉冲计数得到工件的精准位置。正交编码脉冲为两个相位相差 1/4 周期的方波信号。当数控机床进给轴正向运动时，A 相信号超前 B 相信号 1/4 周期；进给轴负向运动时，B 相信号超前 A 相信号 1/4 周期。A、B 两相信号关系如图 8-9 所示。数控系统通过接收并计数脉冲编码器的反馈脉冲来确定机床刀具的位置，数控系统计数为脉冲边沿触发，而不是电平触发。数控系统累计计数值的增加或减少依赖于 A 相信号超前还是 B 相信号超前。

反馈脉冲叠加法就是利用上述原理，在数控机床原有的反馈脉冲信号中，叠加进正交补偿脉冲信号，通过使用基本逻辑非门电路控制脉冲实现状态的变化，从而实现数控机床热误差补偿的目的。编码器正交反馈脉冲信号的组合共有 00、10、11 和 01 四种状态，当机床进给轴正向运动时，反馈脉冲处于初始 00 状态，向前（向后）变换四个状态后回到初始状态，从而从总的脉冲计数中增加（消除）1 个脉冲计数。其真值状态表如表 8-1 所示。

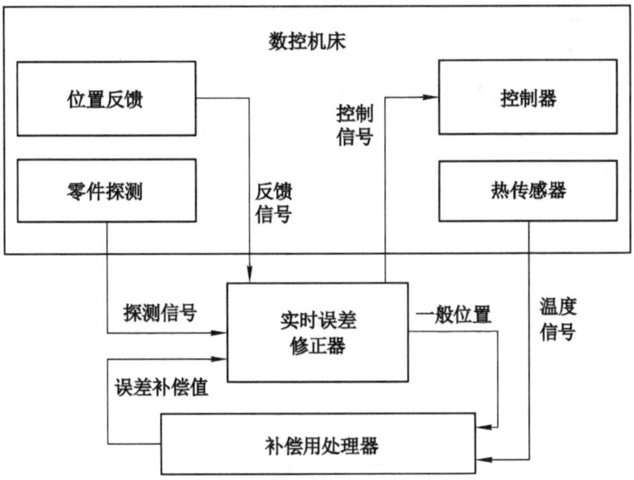

图 8-8　反馈脉冲叠加法原理图

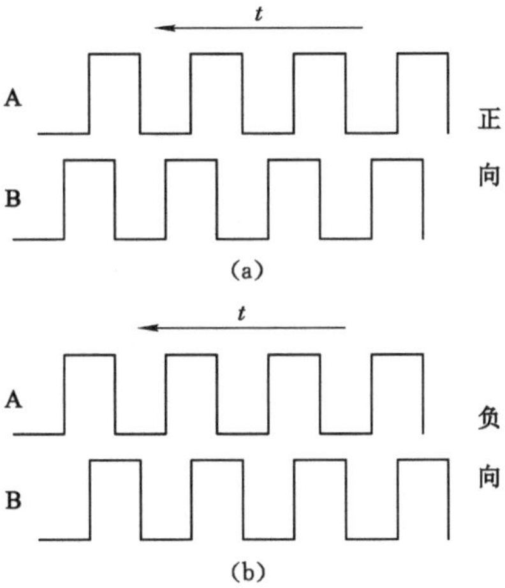

图 8-9　脉冲编码器输出信号

表 8-1　正交编码计数状态表

A	B	状态
0	0	1
1	0	2
1	1	3
0	1	4

因为补偿叠加脉冲与机床本身的反馈脉冲信号容易相干涉，所以叠加时机的选取极为重要。经研究只有 A、B 两相信号同时处于低电平时才会将干涉的概率降到最低，可以通过基本逻辑电路或门和处理器的软件来判断正交反馈脉冲信号的电平状态。只有当 A 相信号和 B 相信号同时处于低电平状态时，二者经过或门电路的输出波形才为低电平，如果任

意一相信号为高电平，输出波形即为高电平，因此可以通过处理器读取或门的输出波形来确定热误差补偿的时机。累计计数值是增加还是消除取决于 A 相信号和 B 相信号的初始状态和相位状态。当 A、B 两相信号都处于低电平时，先反相 A 相信号然后反相 B 相信号则增加 1 个脉冲计数，如果先反相 B 相信号然后反相 A 相信号则消除 1 个脉冲计数。增减脉冲的示意图如图 8-10 所示。

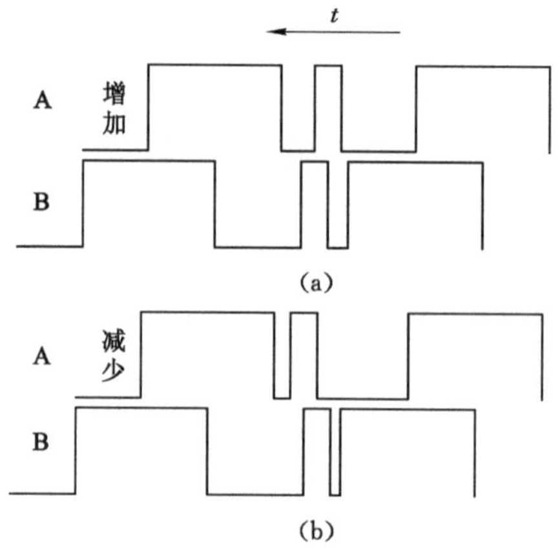

图 8-10　脉冲增减示意图

补偿脉冲叠加具体操作为：在两路反馈脉冲都是低电平时，即相位判断单元输出低电平波形，在 A 相信号和 B 相信号中各自叠加一个脉冲信号，并且这两个脉冲相位正交。当相应进给轴正向运动时，如果 A 相信号叠加的脉冲相位超前 B 相信号叠加的脉冲相位 1/4 周期，则定义为在原始反馈脉冲信号的基础之上增加一个脉冲计数值，其原理如表 8-2 所示，时序图如图 8-11 所示。

表 8-2　脉冲增加原理状态表

状态	A	B	计数	脉冲功能
1	0	0	0	反馈脉冲
2	1	0	1	增加脉冲
3	1	1	2	
4	0	1	3	
5	0	0	4	
6	1	0	5	反馈脉冲
7	1	1	6	反馈脉冲
8	0	1	7	反馈脉冲

当相应进给轴正向运动时，如果 B 相信号叠加脉冲相位超前 A 相信号叠加脉冲相位 1/4 周期，则定义为在原始反馈脉冲信号的基础之上消除一个脉冲计数值，其原理如表 8-3 所示，时序图如图 8-12 所示。

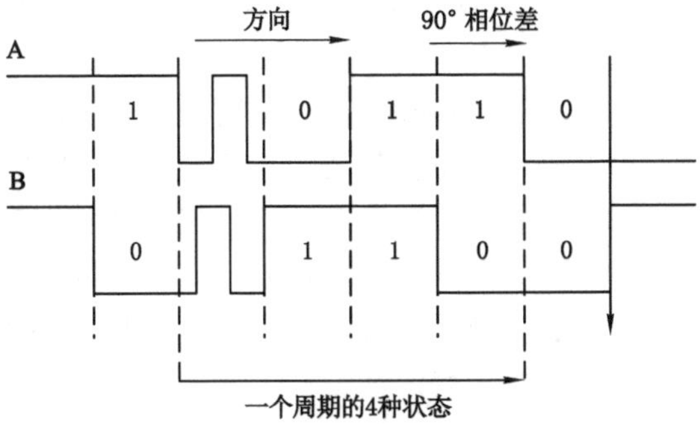

图 8-11　脉冲增加时序图

表 8-3　脉冲消除原理状态表

状态	A	B	计数	脉冲功能
1	0	0	0	反馈脉冲
4	0	1	−1	消除脉冲
3	1	1	−2	
2	1	0	−3	
1	0	0	−4	
2	1	0	−3	反馈脉冲
3	1	1	−2	反馈脉冲
4	0	1	−1	反馈脉冲

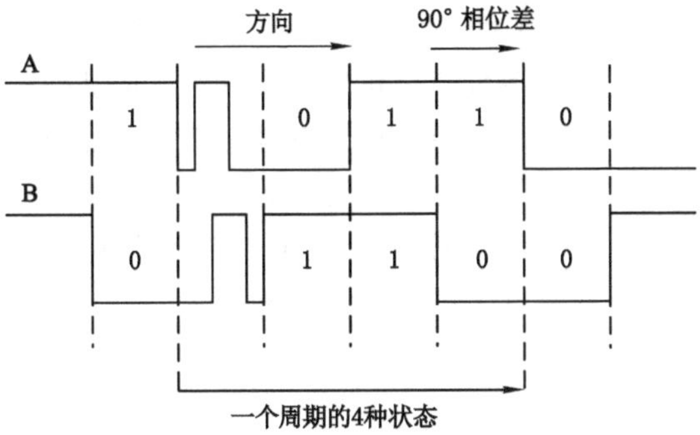

图 8-12　脉冲消除时序图

8.3.3　对比分析

原点坐标平移法具有明显的优点，在进行热误差补偿操作时，只需要将获得的机床热误差值转变为对应二进制数字量和控制指令，然后送入数控系统 PLC(或 PMC)中即可实现补偿功能。补偿过程无须对数控机床硬件进行任何改造，只需改变数控系统内部 PLC 程序。但是该方法的局限性在于数控机床需要具有原点坐标平移接口，而大多数的老式机床大多不具备该接口，因此这种方法不适合老式的数控机床系统。并且一旦有热误差补偿数据送入，数控系统会暂停 NC 码加工，进行原点坐标平移操作，结束后再恢复 NC 码加工，这显然会对加工过程产生不必要的影响。

反馈脉冲叠加法的优点是无须对数控系统内部软件进行任何修改，并且可用于任何数控机床，既适用于一些具有进给轴运动位置反馈装置的老式数控机床，同样也适用于具有原点平移功能的新式数控机床。但是，该方法需要利用专用的外部电子装置实现补偿脉冲与原始反馈脉冲的叠加。由于补偿脉冲信号直接叠加到了原始反馈脉冲信号中，一旦补偿脉冲信号叠加的时机选择错误，则会对数控系统的信号识别产生严重的影响，直接导致数控系统报错和数控机床急停，影响数控机床稳定性。

此外，由于原点坐标平移法需要打断加工过程，为了尽可能减小对加工过程的影响，一般原点平移的时机为一条 NC 码执行完毕之后，而不会在 NC 码语句执行中间打断加工程序执行，故原点平移法的最小补偿间隔为一条 NC 码语句执行时间。反馈脉冲叠加法执行的时机与机床加工过程无关，而只与位置反馈脉冲相关，故反馈脉冲叠加法的最小补偿间隔为一个反馈脉冲当量。由此可见，反馈脉冲叠加法与原点平移法相比具有更高的实时性。

整体考虑到提高数控机床热误差补偿控制器的通用性和实时性是预期设计目标，所以本书将采用反馈脉冲叠加法作为补偿方法。

8.4 本章小结

首先，本章节介绍了减小机床热误差常见的三种方法，分别为数控机床温度控制法、数控机床预防法以及数控机床热误差补偿法，接着又详细介绍了热误差补偿法所包含的子方法：加工程序修改法、机床二次开发补偿法和控制设备补偿法，在明确本书的设计目标后，确定了本书的研究对象为控制设备补偿法。其次，对比分析了热误差补偿系统的三种补偿方式：热误差开环前馈方式、热误差半闭环前馈方式和热误差闭环反馈方式，总结了三种方法各自的优缺点，同时结合对现有大多数数控机床的实际情况的调研，确定了本书的研究采用热误差半闭环前馈方式。最后，通过对控制设备补偿法中的原点坐标平移法和反馈脉冲叠加法的详细对比分析，确定了反馈脉冲叠加法的实施策略。

本章节分析研究了数控机床热误差补偿控制器实现所需要的基本理论，为后一章节中方案的设计提供了充实的依据，奠定了后续研究的基础。

第 9 章　数控机床热误差补偿系统设计与实现

9.1　系统功能概述及方案制定

为了实现数控机床热误差的实时补偿功能，本书设计实现了基于嵌入式的数控机床热误差实时补偿控制器（下文称为热误差补偿控制器）。根据第 8 章中对数控机床热误差实时补偿控制系统的基本原理分析与对比，本书确定了数控系统热误差补偿控制器的结构框架——采用热误差半闭环前馈补偿方式和反馈脉冲叠加补偿方法，即在数控机床的悬臂、主轴、刀架和工作台等部位安装温度传感器，对加工过程中数控机床温度变化进行实时监测，间接得到数控机床由于温度变化造成的误差值；在数控机床的位置反馈环中插入热误差补偿执行模块，通过在反馈脉冲中叠加补偿脉冲实现热误差的实时补偿。嵌入式数控机床热误差补偿控制器的信号流图如图 9-1 所示。

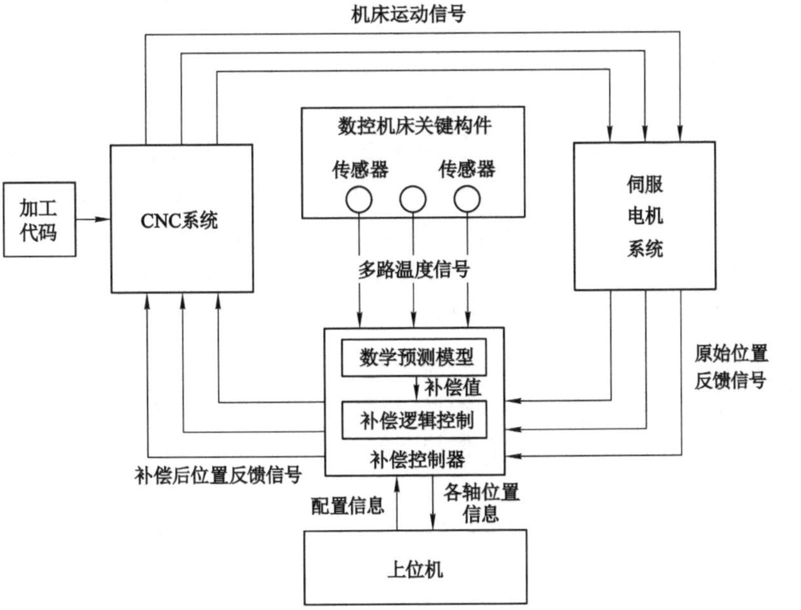

图 9-1　热误差补偿控制器信号流图

由数控系统热误差补偿控制器的结构框架可知补偿控制器的硬件电路包含差分信号与单端信号转换模块、光电隔离模块、相位判断模块、进给方向判断模块、补偿叠加模块、MCU 模块、温度数据输入接口模块和系统电源模块，如图 9-2 所示。

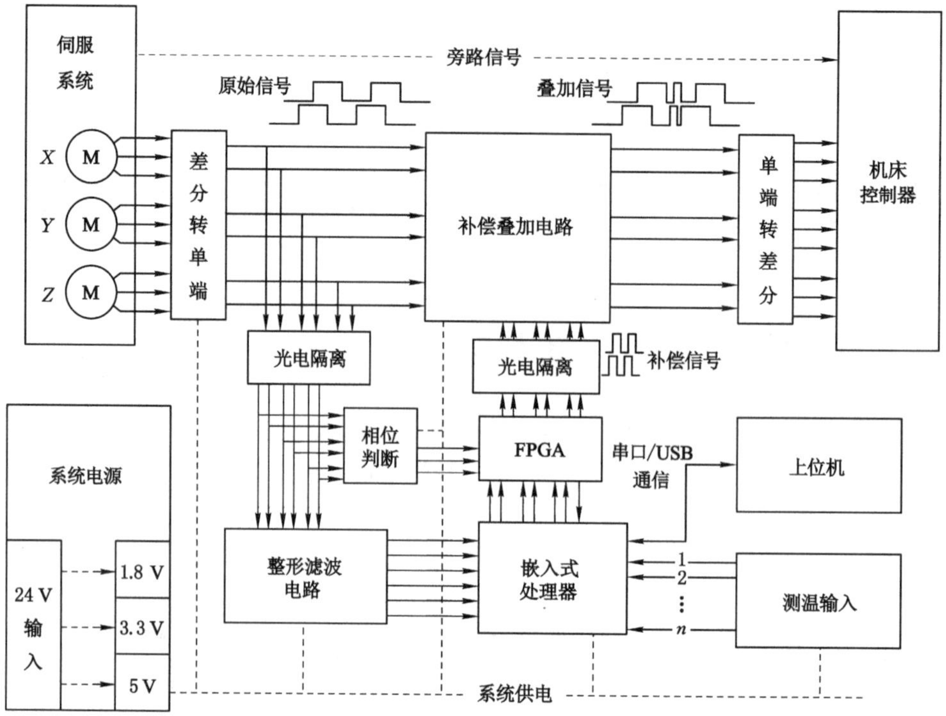

图 9-2　热误差补偿控制器硬件电路结构框图

数控机床内部的信号传输采用的是工业标准，数控机床热误差实时补偿控制器在与数控机床内部的数控系统进行信号交换时需要进行信号匹配变换。为了减少工业环境对数控机床信号质量的干扰，提高工作的可靠性，数控机床系统中的控制信号与反馈信号均采用差分形式，而嵌入式处理器无法直接对差分信号进行处理，所以在数控机床热误差实时补偿控制器中需要包含差分信号与单端信号转换模块。其作用是将机床伺服系统反馈的差分脉冲信号转变为单端脉冲信号，送入热误差补偿控制器进行处理；补偿控制器处理后的单端补偿脉冲信号再转变为差分脉冲信号送回数控机床的数控系统。数控机床工作环境具有强烈的电磁干扰，为了降低工业环境对数控机床热误差补偿控制器内部信号造成的高频杂波干扰，提高信号的可靠性，在硬件电路设计时，对反馈脉冲等关键信号进行有源整形滤波和无源低通滤波处理，并对数控系统与热误差补偿控制器进行光电隔离，即在差分信号与单端信号转换前后添加一级光电隔离电路。

数控机床热误差的补偿不能对机床造成二次误差，但是本书采取的反馈叠加法是对数控机床的原始反馈信号进行叠加处理，该方法极易破坏数控机床的原始反馈信号，从而引入新的误差，所以热误差的补偿需要选择恰当的时机。由第 8 章对反馈叠加法的原理分析可知，实施补偿的时机应选取数控系统正交编码反馈脉冲 A、B 两相处于同低状态的时间段。为获得数控系统反馈脉冲的同低状态，本书利用或门设计补偿时机判断电路。当 A、B 两相同为低时判断电路输出低电平，当 A、B 两相有任意一相为高时，判断电路输出高电平。由于数控机床 X、Y、Z 三个进给轴的运动具有正负方向性，在进行补偿操作时，热误差补偿控制器需要检测进给轴当前的进给方向，从而确定补偿脉冲的相位。

本书通过编写嵌入式代码，利用嵌入式处理器内部自带的正交编码计数器实现数控机床进给轴运动方向判断。

国内外现有的采用反馈脉冲叠加补偿法实现的数控机床热误差补偿控制器的研究中，补偿脉冲全部是采用嵌入式处理器(单片机、ARM 或 DSP)产生。该方法虽然简便易行，但是由于嵌入式处理器主频的限制，所产生的补偿脉冲最高频率也只有百千级。当数控系统低速运动时，补偿脉冲可以准确叠加到原始反馈信号中，一旦数控机床高速运动(反馈脉冲的 1/4 周期接近或小于补偿脉冲的 3/4 周期，即补偿脉冲的周期超过了原始反馈脉冲的同低状态保持时间)，补偿脉冲就会对原始反馈脉冲造成干扰，无法实时对数控机床实施热误差补偿。本书的补偿脉冲的产生与执行采用 FPGA 实现，通过 VHDL 语言，在 FPGA 中设计实现功能逻辑硬件电路。FPGA 的运行速度最高可以达到 G 级主频，故可以有效地提高热误差补偿的实时性。FPGA 芯片首先接收嵌入式处理器传送的补偿脉冲方向、补偿脉冲个数以及相关控制信号，然后依据补偿时机判断电路送入的信号自行择机送出补偿脉冲。

由 FPGA 送出的补偿脉冲与数控机床的原始反馈脉冲相叠加才能实现热误差的补偿，为了实现脉冲的叠加，本书利用三态门和反相器芯片完成叠加电路的设计。

热电偶和热电阻等传统温度测量元件在机床温度检测领域广泛使用，这类测温元件均为模拟量输出；随着光纤光栅技术的飞速发展，部分国内外研究机构与高校已经将光纤光栅用于数控机床温度的检测，光纤光栅测温的数字量信号输出则通过光纤解调仪的以太网接口实现。高通用性是本书的研究目标之一，为了能够兼容模拟器件测温和光纤光栅数字测温，热误差补偿控制器的温度采集接口预留模拟放大输入和数字以太网输入两种。

热误差补偿控制器设计预留串口及 USB 口，从而具备与上位机通信的功能，可以将数控机床的工作状态传送至上位机监控软件，也可以接收上位机发送的配置信息，实现热误差补偿的远程管理功能。

数控机床电气柜中包含大功率 24 V 开关电源，该电源可以为热误差补偿控制器提供电源输入。在热误差补偿控制器设计高效率 DC-DC 变换器，由 24 V 电压逐级降压获得 5 V 与 3.3 V 电压，为系统电路提供能量供给。

综合考虑数控机床热误差补偿控制器的功能与结构，本书嵌入式处理器采用 Cortex-M3 核处理器 STM32。经过前期测试，该处理器的运算速度与性能满足系统要求。利用该处理器可以完成温度检测、热误差值预测与补偿控制的功能。

嵌入式处理器软件通过信号变换电路获取表征数控机床位置信息的反馈脉冲信号，接收测温装置传输的温度测试点温度信息，利用内嵌的预测模型计算出数控机床因为温度形成的热误差值，将热误差值转换成等量的正交补偿脉冲，并与 FPGA 相配合将具有原始反馈脉冲特征的补偿脉冲叠加到数控系统的位置反馈回路中，从而使数控系统接收到的位置反馈脉冲计数值与实际的工件位置数值不符，数控系统会根据反馈值增加或减少进给值，进而达到热误差补偿的目的。如果无须补偿，嵌入式处理器软件不对数据做处理，并直接将原始反馈脉冲送还数控系统。热误差补偿控制器内部嵌入式处理器的软件流程图如图 9-3 所示。

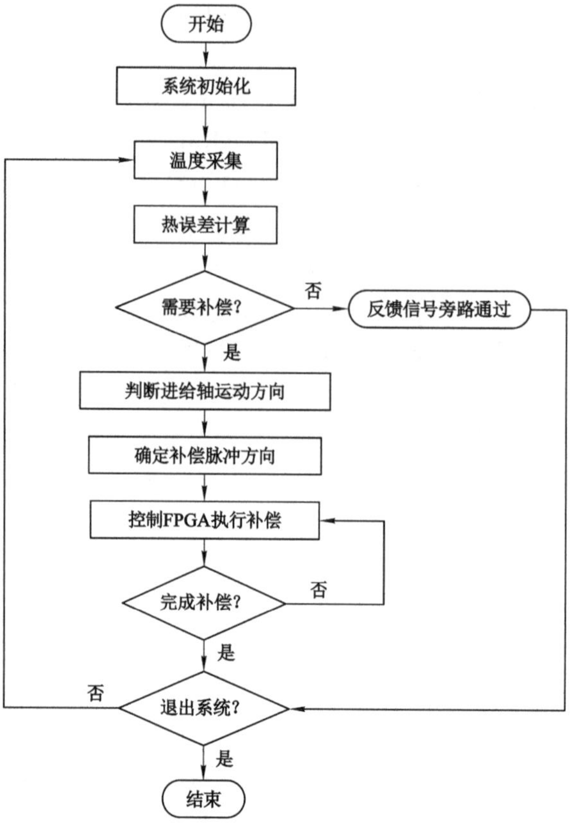

图 9-3　反馈叠加补偿流程图

9.2　系统嵌入式处理器单元

本书 9.1 节确定了热误差补偿控制器的嵌入式处理器为欧洲意法半导体(ST)集团工业级 Cortex-M3 核的嵌入式处理器 STM32F103ZET6，封装为 LQFP 144 脚。该处理器的推荐工作主频为 72 MHz，最高稳定工作频率可以达到 144 MHz。由于该处理器采用 32 位 RISC 架构，具有硬件乘除法器，可以在单周期内完成乘法/除法运算，故其运算速率为 1.25 DMIPS/MHz。处理器内部集成了 512 KB 闪存存储器和 64 KB 静态存储器，满足一般工业嵌入式工程的代码空间需求。此外，STM32F103ZET6 拥有丰富优良的外设接口，16 通道双 12 位精度 1 M 采样率的模拟采样接口，5 路 4 Mb/s 的异步通信串口接口，3 路 18 Mb/s 的同步串口通信接口，18 MHz 的 I/O 口翻转速率，6～12 个时钟周期可完成的快速可嵌套中断。

在热误差补偿控制器中，STM32 需要完成：数控机床模拟量/数字量温度采集，热误差值预测，数控机床进给轴进给位置与方向检测，向 FPGA 芯片进行补偿数据传输以及与上位机进行数据交换等。STM32 可以工作的最小系统需要包含处理器模式选择电路、复位电路、时钟电路、JTAG 下载电路、USB 接口电路以及供电电路。其最小系统电路如图 9-4 所示。

在利用数学模型对数控机床热误差进行预测时，需要进行大数据运算，为了满足数据的

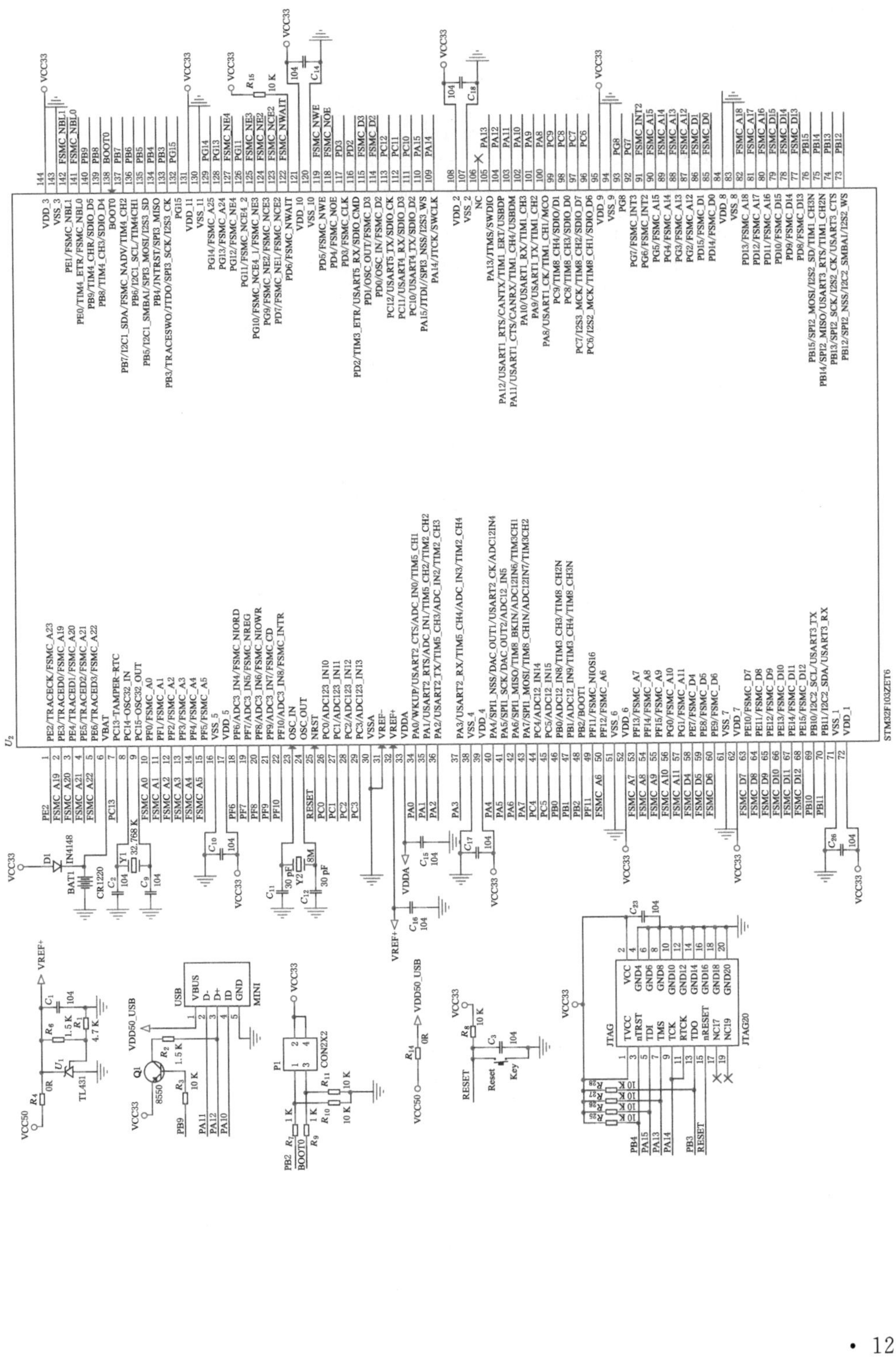

图 9-4　STM32F103ZET6最小系统原理图

存储需求，通过 FSMC 总线对嵌入式处理器进行了外部 16M 字节 NOR Flash 扩充。NOR Flash 的特点是允许应用程序在自身中运行，不需要再把代码拷贝到系统 RAM 中，传输效率高。NOR Flash 与 STM32 处理器的接口电路如图 9-5 所示，对应 FSMC 总线地址为 0x6400 0000。此外，STM32 处理器外接 MAX3232 芯片，对 TTL 电平进行转换，使其具有与上位机串口通信功能，接口电路如图 9-6 所示。

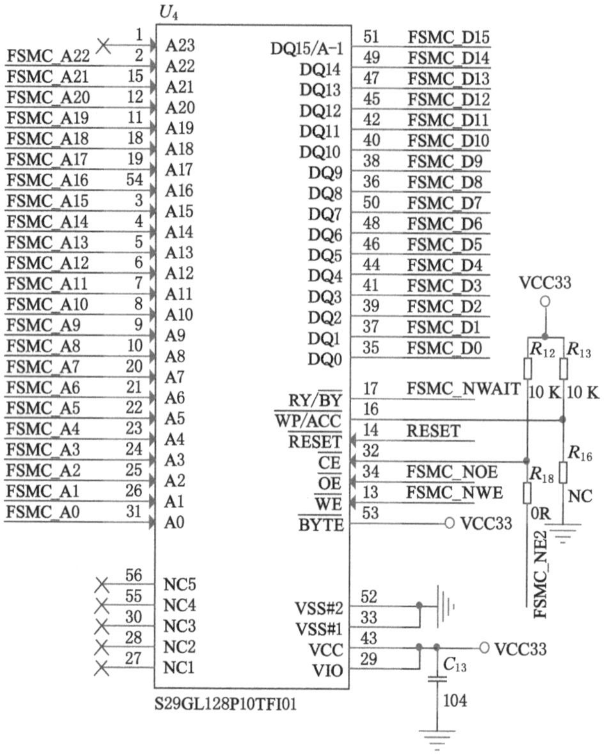

图 9-5　NOR Flash 接口电路

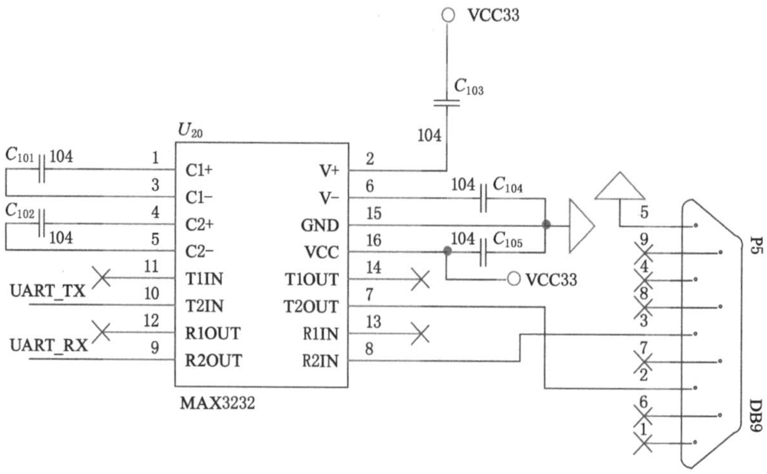

图 9-6　MAX3232 接口电路

9.3 信号变换单元

数控机床使用的环境一般是大型的工厂车间，在这种工业环境中充满了高频电磁干扰，而数控机床作为精密加工设备对信号传输质量有着严格的要求。为了保证数控机床信号稳定传输，数控机床的数控系统反馈信号采用的是差分传输方式。但是，嵌入式处理器只能对单端信号进行处理，所以热误差补偿控制器需要对差分信号与单端信号进行相互转换。

在数控机床正常工作下，主轴电机高速旋转，工作台伺服电机也交替配合工作，电机的旋转在向四周辐射高频电磁波的同时，也会在电气线路中产生高频串扰；数控机床内部供电采用的是大功率的高频开关电源，开关电源的高频开关信号同样会在电气线路中产生干扰；数控机床内部存在交流 380 V、交流 220 V 和直流 24 V 等强电线路，一旦线路破损，会将强电引入信号传输线中。当热误差控制器与数控系统直接相连时，不可避免地会受到上述现象的影响。为了保护热误差控制器免于线路高频信号耦合干扰以及强电破坏，在热误差补偿控制器与数控系统相连的所有信号线中串入光电耦合器件，通过光电器件对两边电气进行隔离。

虽然光电隔离可以使热误差补偿控制器避免线路中高频杂波信号串扰，但是热误差补偿控制器工作环境同样为工业环境，工业环境中的电磁干扰也会通过空间传播对热误差补偿控制器的脉冲信号产生巨大干扰。热误差补偿控制器需要对通过光电隔离后的正交编码反馈信号进行计数以及边沿识别等操作，一旦热误差补偿控制器中的方波信号引入杂波，会直接影响计数值以及边沿识别率。所以，需要在热误差补偿控制器的线路中加入整形滤波电路，滤除不必要的高频干扰信号，使得信号波形更加干净，边沿更加陡峭。

9.3.1 差分单端转换电路

对于热误差补偿控制器而言，输入信号即为伺服系统的输出信号，因此需要将差分信号转变为单端信号，本书采用差分转单端专用芯片 MC3486，其应用电路如图 9-7 所示。同理，对于数控系统而言，输入信号即为热误差补偿控制器的输出信号，因此需要将单端信号转变为差分信号，本书采用单端转差分专用芯片 MC3487，其应用电路如图 9-8 所示。

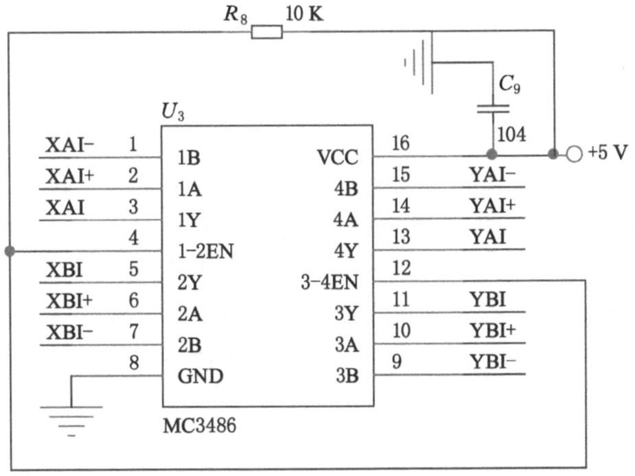

图 9-7 差分信号转单端信号电路

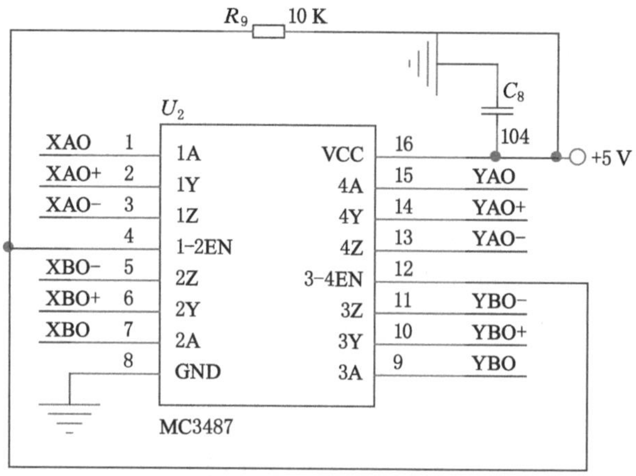

图 9-8　单端信号转差分信号电路

9.3.2　光电隔离电路

为了保证热误差补偿控制器工作的稳定性及安全性，其与数控系统进行数据交换时采用光电器件进行隔离。因为高端数控机床的伺服系统反馈脉冲的频率可达 600 kHz 以上，为了保证信号的完整性，热误差补偿控制器的光电隔离芯片采用高速光耦 6N137，6N137 高频带宽为 10 MHz，其高频特性满足系统需求，应用电路如图 9-9 所示。

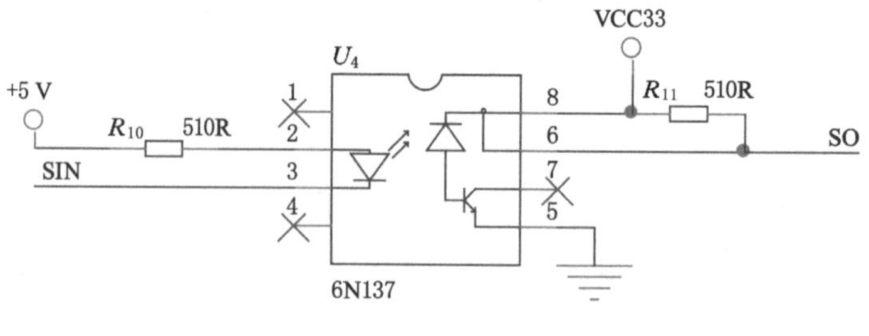

图 9-9　光电隔离电路

9.3.3　整形滤波电路

整形滤波电路分为整形电路和滤波电路，二者具有相同的作用，即保留原始信号特征，去除杂波干扰，但整形电路一般用于数字电路，而滤波电路不仅适用于数字电路还适用于模拟电路。热误差补偿控制器中的脉冲信号首先采用施密特比较器进行整形，再利用 RC 低通滤波电路在近芯片端对整形后的脉冲信号进行毛刺滤除。数字脉冲信号在线路传输的时候波形容易产生畸变，使得脉冲边沿时延变大，容易造成电路误判，而施密特比较器通过判断信号门限电压可以降低信号边沿时延，令波形变得陡峭。RC 低通滤波电路需要选取适合的截止频率，如果截止频率选取不恰当，在滤除毛刺的同时也会对脉冲信号的边沿产生影响，使边沿产生拖尾现象。由机床原理可知，热误差补偿控制器中脉冲信号最高频率在 600 kHz 左右，而高频干扰毛刺的频率在 2 MHz 以上，因此 RC 低通滤波器的上限截止频率定为 1 MHz。为求得 RC 低通滤波器的各项参数，电容值选取标称值 0.001 μF，又因为上限截止频率为 1 MHz，根据 RC 低通滤波器截止频率公式：

$$f_{\max} = \frac{1}{2\pi RC} \tag{9-1}$$

可求得 $R \approx 159\ \Omega$，取标称值 150 Ω。其应用电路如图 9-10 所示。

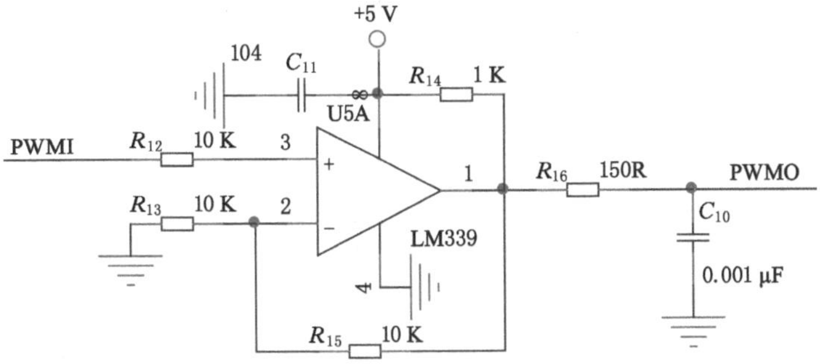

图 9-10　整形滤波电路

9.4　补偿时机判断单元

为使补偿脉冲不影响原始反馈脉冲波形，在补偿时需要选取恰当的补偿时机。通过分析反馈脉冲的波形，可以发现当伺服反馈的正交编码信号 A、B 两相脉冲都处于低电平的时候完成补偿叠加对原始反馈脉冲影响最小。热误差补偿控制器需要在原始反馈脉冲 A、B 两相同为低的 1/4 周期内完成一次补偿脉冲叠加，因此热误差补偿控制器需要准确判断出数控机床原始反馈信号的相位关系。

数控机床的各进给轴运动分为正向运动和负向运动，在进行热误差补偿时需要根据数控机床当前的运动方向来确定补偿脉冲信号的方向(补偿脉冲正交编码的相位关系)。例如，当预测出数控机床 X 轴向负方向平移 1 个脉冲当量值时，热误差补偿控制器需要向 X 轴正方向补偿一个脉冲当量值。若此时 X 轴向正向运动，则补偿脉冲为正向；若此时 X 轴向负向运动，则补偿脉冲为负向。本书所选嵌入式处理器 STM32 内部带有正交编码计数器，利用该计数器不仅可以获得数控机床各进给轴位置还可以得到相应的运动方向。因此，对于数控机床进给轴运动方向的判断采用软件实现。

数控机床原始反馈信号相位的判断以及进给轴运动方向的判断都是为热误差补偿控制器实现热误差补偿时机提供条件依据，故可统称为补偿时机判断。

9.4.1　硬件电路设计

本书采用基础逻辑芯片——或门 74LS32 来实现数控机床原始反馈信号的相位识别，74LS32 电路如图 9-11 所示。将经过信号变换电路处理过的数控机床原始反馈信号输入或门，只有当 A、B 两相都处于低电平的时候，或门的输出才为低电平，A、B 两相处于其他任意状态时，或门输出均为高。因此，通过嵌入式处理器判断或门输出管脚的电平即可获得反馈信号相位信息。

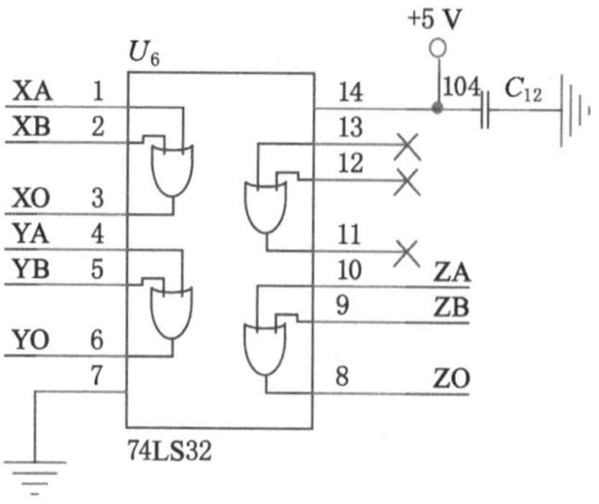

图 9-11　相位判断电路

9.4.2　软件设计

经过信号变换单元处理过的数控机床原始反馈信号与嵌入式处理器 STM32 的定时器/计数器输入管脚相连接，处理器定时器/计数器设置为正交编码计数模式，开启计数溢出中断，且计数溢出值为 800。热误差补偿控制器正常工作时，当相应进给轴正向移动时，处理器内部的计数累加值会递增；当相应进给轴负向移动时，处理器内部的计数累加值会递减。为了避免程序数值溢出，人为设置计数器计数溢出中断，当计数器每变化 800 个单位时，处理器进入软中断。通过判断向上/向下溢出，记录有效中断次数代数值（向上溢出中断次数加 1，向下溢出中断次数减 1），则进给轴位置为：当前计数值累加值＋800×中断次数代数值。通过判断计数累加值的增减可以获得进给轴运动方向。正交编码计数流程图如图 9-12 所示。

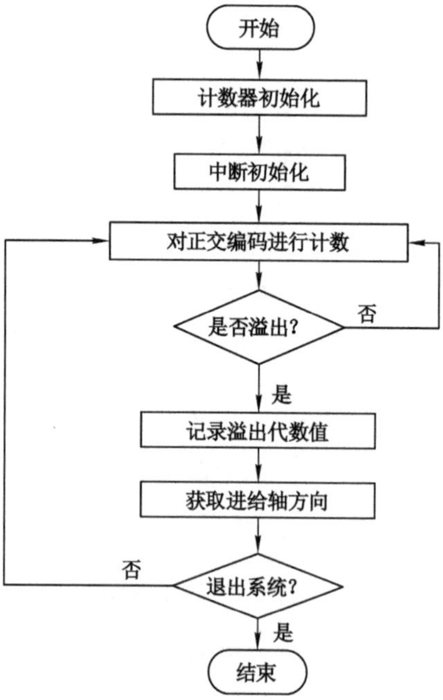

图 9-12　正交编码计数流程图

9.5　补偿叠加单元

现阶段，国内外关于反馈脉冲叠加法的研究中，补偿叠加脉冲均采用热误差补偿控制器的处理器软件产生。虽然该方法简便易行，但是由于处理器的运算频率和 I/O 口速率有限，补偿脉冲的频率远远小于数控机床高速运行的反馈脉冲频率。因此，软件产生补偿脉冲会降低热误差补偿控制器的实时性。本书为了有效解决软件产生脉冲实时性差的缺陷，采用 SoC 技术，利用 FPGA 和 VHDL 硬件描述语言设计实现了热误差补偿脉冲发送专用逻辑芯片。由于 FPGA 外部时钟一般为百兆赫兹，所以该方法产生的补偿脉冲可达到 10 MHz 级，远高于数控机床反馈脉冲频率。

9.5.1　硬件电路设计

补偿叠加单元的硬件电路设计包含 FPGA 最小系统电路、FPGA 内部逻辑电路和补偿叠加电路。

本书选取的 FPGA 芯片为 EP2C8T144，该芯片具有丰富的 I/O 口线，能够满足系统对 I/O 数量的需求。FPGA 最小系统电路同嵌入式控制器最小系统电路相似，包括 EP2C8T144 芯片、时钟电路、配置电路、复位电路和电源电路，其原理图如图 9-13 所示。

FPGA 作为可编程器件是通过硬件描述语言对内部的 MOS 管阵列进行重连接，从而实现客户定制专用芯片功能。它与单片机等微处理器的工作原理完全不同，前者属于硬件电路的范畴，其性能只与内部连线相关，而后者为在处理器内部运行软件代码，内部数据需要在众多的寄存器间传递，因此前者对信号处理的速度远远高于后者。

本书通过 VHDL 硬件描述语言将功能逻辑烧录进 FPGA 芯片，使芯片内部形成功能硬件连线，从而具备补偿脉冲发生专用芯片功能。补偿脉冲发生专用芯片接收由嵌入式处理器发送的补偿方向、补偿数量和补偿起始信号，判断原始反馈脉冲相位后自主将补偿脉冲发送到补偿叠加电路，当补偿完成后通过“忙/闲”信号线通知嵌入式处理器。

由上述功能，脉冲发生专用芯片的输入输出管脚定义如下。

(1) 输入信号：

QE_CLK，芯片时钟输入。

QE_EN，芯片使能输入，高有效。

QE_START，补偿周期开始信号，当该信号的下降沿到来，芯片自主择机发送补偿脉冲。

QE_RESET，复位信号，低有效，使芯片内部所有信号量初始化。

QE_DIR，补偿脉冲方向信号，当为 1 时，补偿脉冲 A 相超前于 B 相，当为 0 时，补偿脉冲 B 相超前于 A 相。

QE_NUMBER[3..0]，补偿脉冲个数信号，一次补偿的脉冲个数范围为 0～15。

QE_TOUCH，补偿触发信号，即 8.4 节所述数控机床原始反馈脉冲同低产生的低电平信号，每当下降沿到来，芯片发送一个补偿脉冲。

(2) 输出信号：

QE_OUT[1..0]，补偿脉冲信号 A、B 两相正交输出，根据 QE_DIR 信号值依次输出

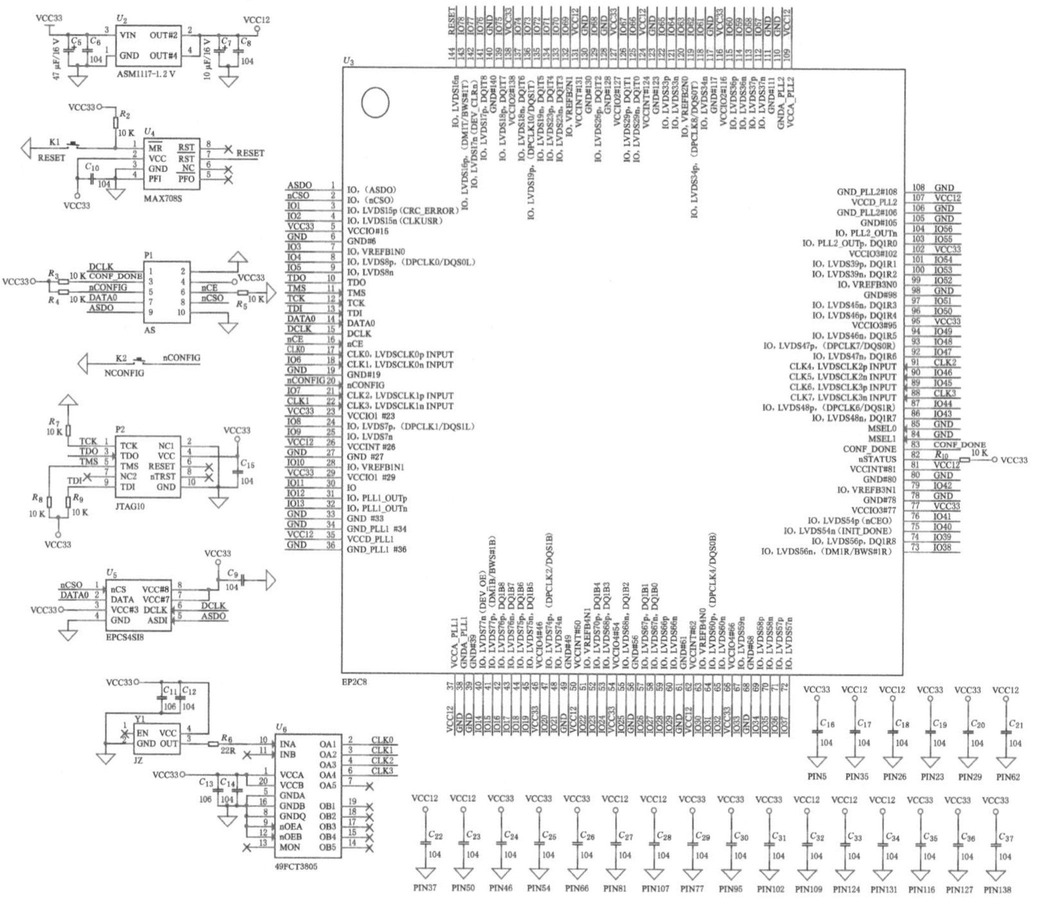

图 9-13　FPGA 最小系统电路

00、01、11、10、00 或 00、10、11、01、00 五个状态。

QE_BUSY，忙/闲信号，当芯片接收到嵌入式处理器控制信息后，该管脚置高，当补偿脉冲发送完毕后该管脚拉低。

各信号量的时序图如图 9-14 所示。

为实现热误差补偿脉冲发送专用逻辑芯片功能，首先在 Quartus Ⅱ 中建立工程文件，其次在工程文件中添加 VHDL 文件，在文件中添加库文件并创建实体；接着定义芯片内部信号和外部管脚，按照时序功能为实体添加进程描述；然后对编写的 VHDL 工程进行编译，生成顶层文件，顶层文件原理图如图 9-15 所示；跟着创建 VWF 文件，对生成的顶层文件进行时序和功能仿真，仿真波形图如图 9-16 所示；最终将硬件描述语言固化到 EP2C8T144 芯片中，实现脱机工作。

利用 FPGA 生成的热误差补偿脉冲发生专用芯片虽然具备发送补偿脉冲的功能，但是要将补偿脉冲送入数控系统，还需要利用补偿脉冲叠加电路与原始反馈脉冲进行叠加。补偿脉冲叠加电路是数控机床热误差补偿控制器的末端，也是控制器的主要部分。本书利用三态门和反相器逻辑芯片进行组合实现补偿脉冲与原始反馈脉冲的叠加功能，其原理图如

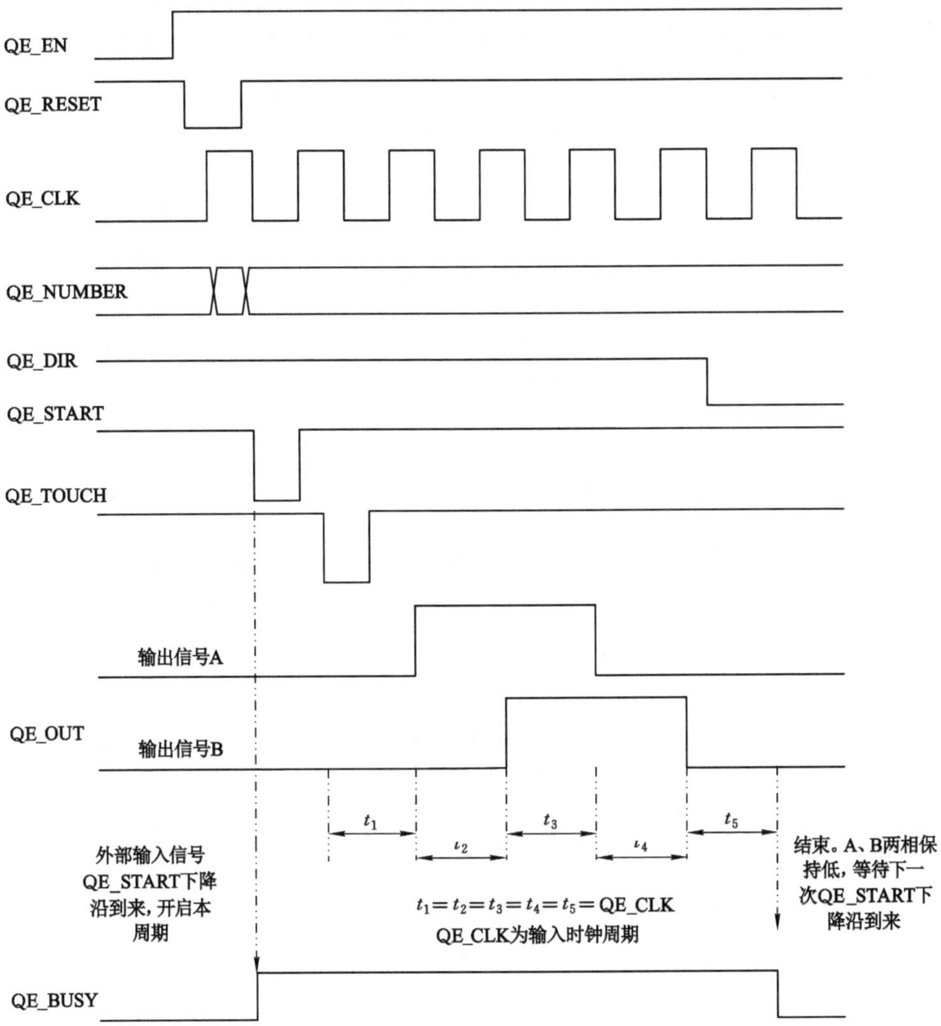

图 9-14　FPGA 信号量时序图

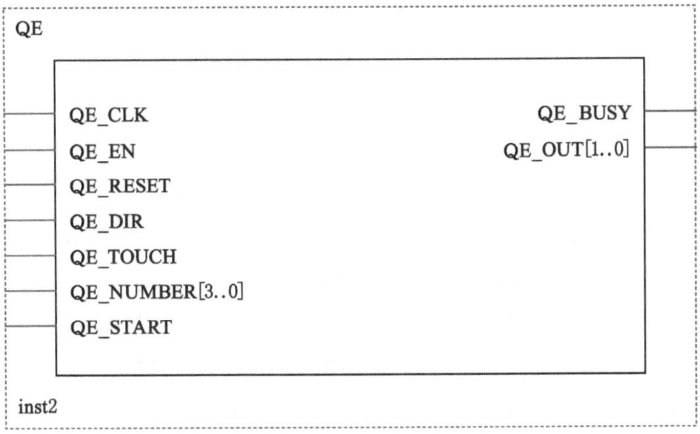

图 9-15　顶层文件原理图

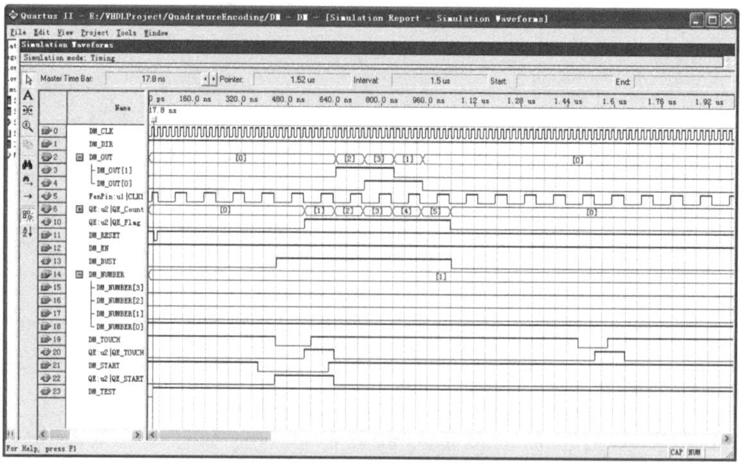

图 9-16　时序仿真波形图

图 9-17 所示。当没有补偿脉冲的时候，数控机床的正交反馈脉冲信号经过三态门直接传送到数控系统中；当有补偿脉冲的时候，该电路会通过相关的逻辑运算将补偿脉冲与原始的反馈脉冲相叠加。

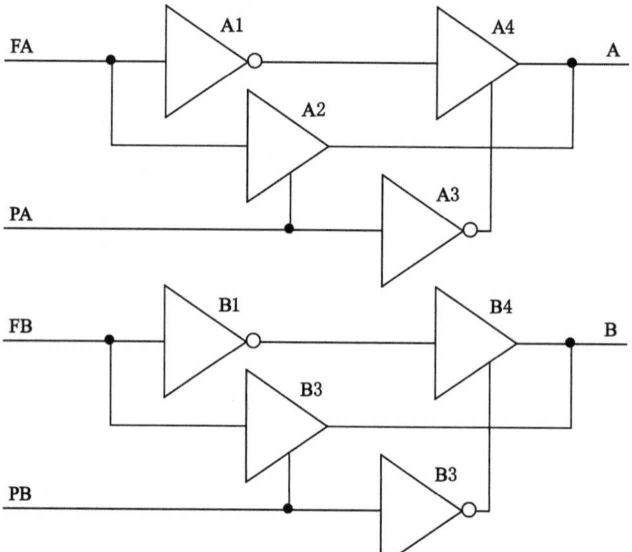

图 9-17　补偿叠加电路

图 9-17 中，FA 和 FB 为数控机床原始反馈信号，PA 和 PB 为补偿脉冲信号，A 和 B 为叠加后信号，FA 为数控机床伺服位置反馈脉冲的 A 相信号，FB 为相应的 B 相信号。由于图 9-17 电路中上下两部分具有相同的功能，所以只对上部分电路做出简要说明。由图中电气符号可知，该部分电路由非门和三态门组合而成，其中 A1 与 A3 是基本逻辑非门电路，A2 与 A4 是基本逻辑三态门电路。当没有补偿脉冲到来的时候，即 PA 为低电平，PA 使 A2 导通，并且 PA 经过 A3 后使得 A4 截止，这时输出端 A 的信号与输入端 FA 的信号保持

一致。当有补偿脉冲到来的时候，即 PA 为高电平，PA 使 A2 截止，并且通过 A3 后令 A4 导通，这时输出端 A 的信号为输入端 FA 经 A1 后反转的信号，其真值表如表 9-1 所示。

表 9-1　补偿叠加真值表

FA 的值	PA 的值	A 的值
0	0	0
1	0	1
0	1	1
1	1	1

9.5.2　软件设计

因为热误差补偿脉冲发送专用逻辑芯片具有独立的时序，所以当嵌入式处理器向其发送热误差补偿控制指令时，需按照 9.5.1 中制定的时序操作。具体操作步骤如下：

(1) 上电后先给定各管脚电平，EN 拉低，RESET 抬高，START 抬高，DIR 任意，NUMBER 为“0000”，确保芯片处于稳定空闲状态。

(2) 拉低复位信号 RESET，至少需要 100 μs 以上的低电平，使芯片内部信号清零。

(3) 抬高使能信号 EN，使芯片处于工作状态。

(4) 输出方向信号 DIR，使芯片获得补偿脉冲方向增减信息。

(5) 输出补偿脉冲个数 NUMBER，范围为 0000～1111(二进制)，该信号一直持续到补偿完成即 BUSY 信号被拉低。

(6) 拉低补偿启动信号 START，至少保持 100 μs 的低电平，然后再抬高，使芯片处于工作就绪状态。

(7) 判断 BUSY 信号是否被拉低，如果被拉低则补偿完成，如果未被拉低则补偿未结束，继续判断等待。

数控机床热误差补偿控制器补偿叠加单元的嵌入式处理器软件流程图如图 9-18 所示。

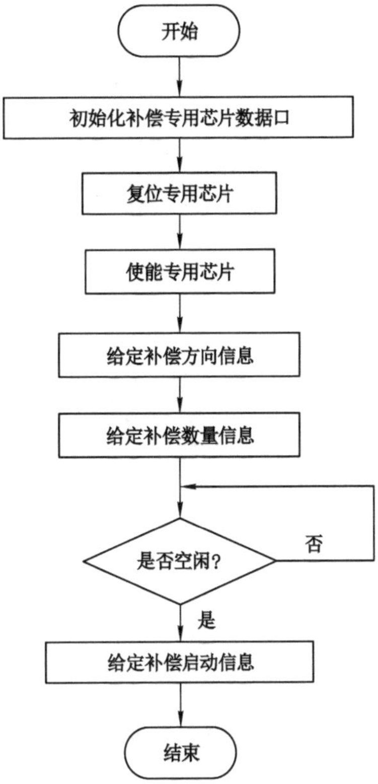

图 9-18　补偿叠加软件流程图

9.6　温度采集接口

在国内外对数控机床热误差的研究与实现中，针对数控机床关键构件的温度检测普遍采用热敏电阻和热电偶等模拟测温器件，但是随着光纤光栅测温技术的飞速发展，一些研究机构和高校已经把光纤光栅用于数控机床测温领域。热敏电阻和热电偶等模拟测温器件具有简单易安装的优点，而光纤光栅具有稳定、抗干扰能力强的优点。本书为了提高热误差补偿控制器的通用性，设计模拟和数字两种温度采集接口，使其既能通过热电偶等模拟测温器件检测数控机床温度，也能通过光纤光栅获取温度。

9.6.1 模拟接口电路

热敏电阻和热电偶等模拟测温器件内部电阻值随温度变化而线性变化，通过输入恒定的电流信号，测量器件两端电压值，获取温度数据。由于测量电压信号幅值和变化范围不符合 AD 采样的标准，所以需要对该电压信号进行线性变换处理。采用高精度仪表放大器 AD620 做信号放大电路，可精确放大此电压信号，使其变化范围在 0 V 到 3.3 V 之间，AD620 应用电路如图 9-19 所示。旁路电容降低了电路杂波对检测精度的影响。电路中加入了调零电路，这极大方便了系统的联合调试。最终利用嵌入式处理器 STM32 内部自带 ADC 通道对处理后模拟信号进行采样量化，获取数控机床温度信息。

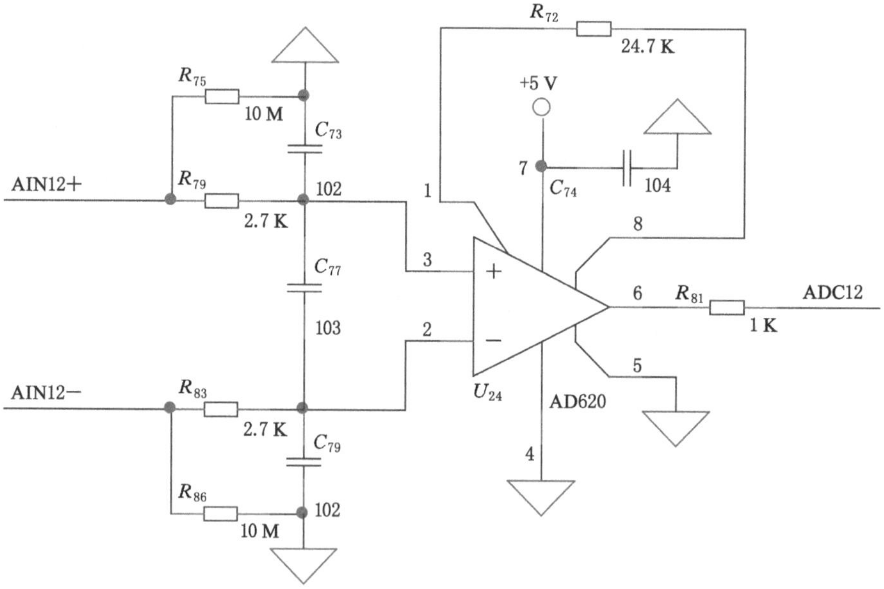

图 9-19　AD620 模拟信号处理电路

9.6.2 数字接口电路

光纤光栅采用的是光学信号传输，因此不受工业环境电磁干扰的影响，具有很高的稳定性。将光纤光栅温度传感器安装于数控机床，数控机床的热变形会使光栅光纤产生变形，通过光纤光栅解调仪检测内部光波长所产生的细微变化间接获得数控机床温度信息。光纤光栅解调仪采用以太网向外传输温度数据，故本书利用嵌入式处理器 STM32 外扩了以太网口，用于接收光纤光栅解调仪发送的温度数据。

以太网 MAC 控制器选用 DM9000AE，该芯片内部集成了 PHY 和 4K DWORD 值的 SRAM，支持 8 位和 16 位总线数据接口，10M/100M 自适应带宽。DM9000AE 与嵌入式处理器 STM32 采用 FSMC 总线，通过读写信号实现网络数据的传输，其接口电路图如图 9-20 所示。

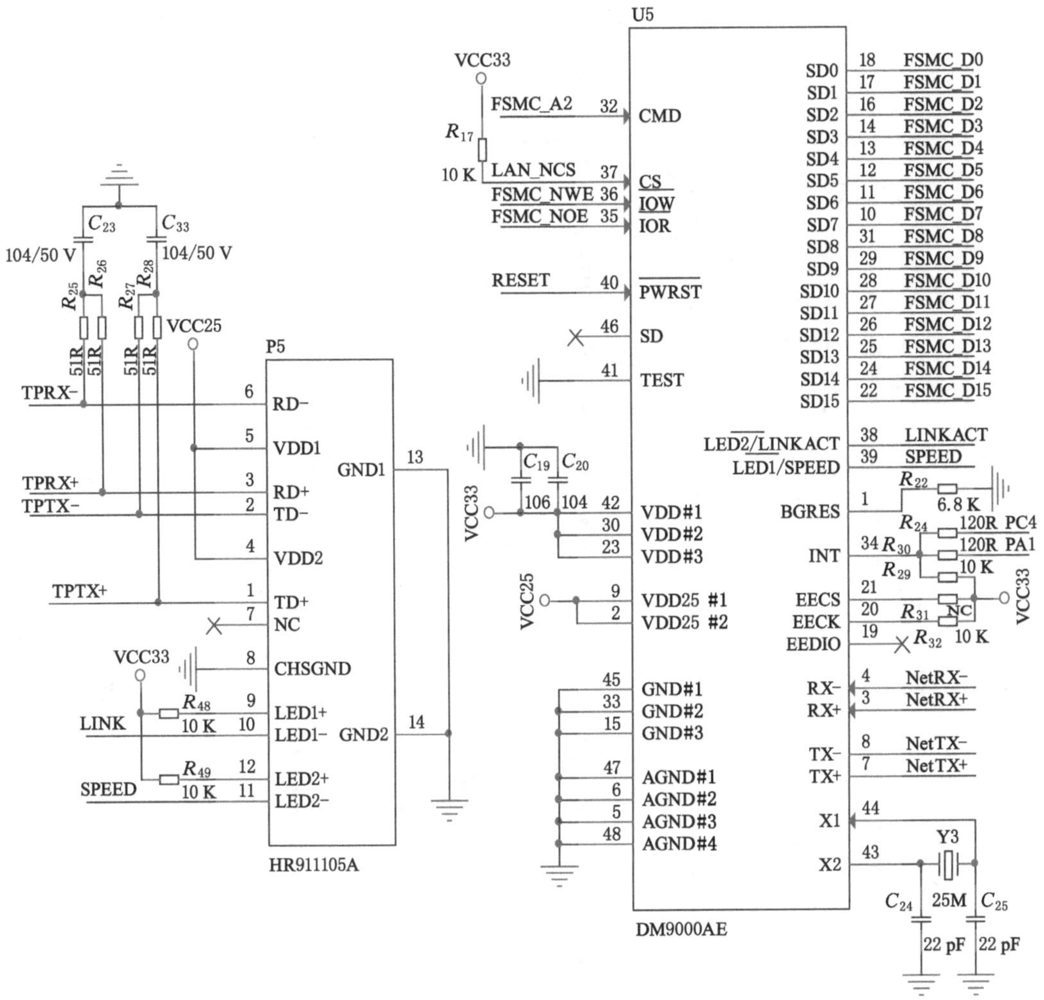

图 9-20　以太网接口电路

对于不同品牌光纤光栅解调仪而言，以太网传送出的各路传感器温度值有着不同的协议格式，嵌入式处理器在接收到温度数据包后根据协议对其进行解析，即可获得各传感器实际温度值。

9.7　系统电源单元

热误差补偿控制器能够正常工作的前提是外界有足够的能量输入，并且能量稳定持久。热误差补偿控制器作为数控机床的悬挂装置，应与数控机床保持足够的关联性，尽量充分融入数控系统中，因此，热误差补偿控制器利用数控机床电气柜内 24 V 工业直流电作为能量来源。

热误差补偿控制器系统电源原理图如图 9-21 所示。

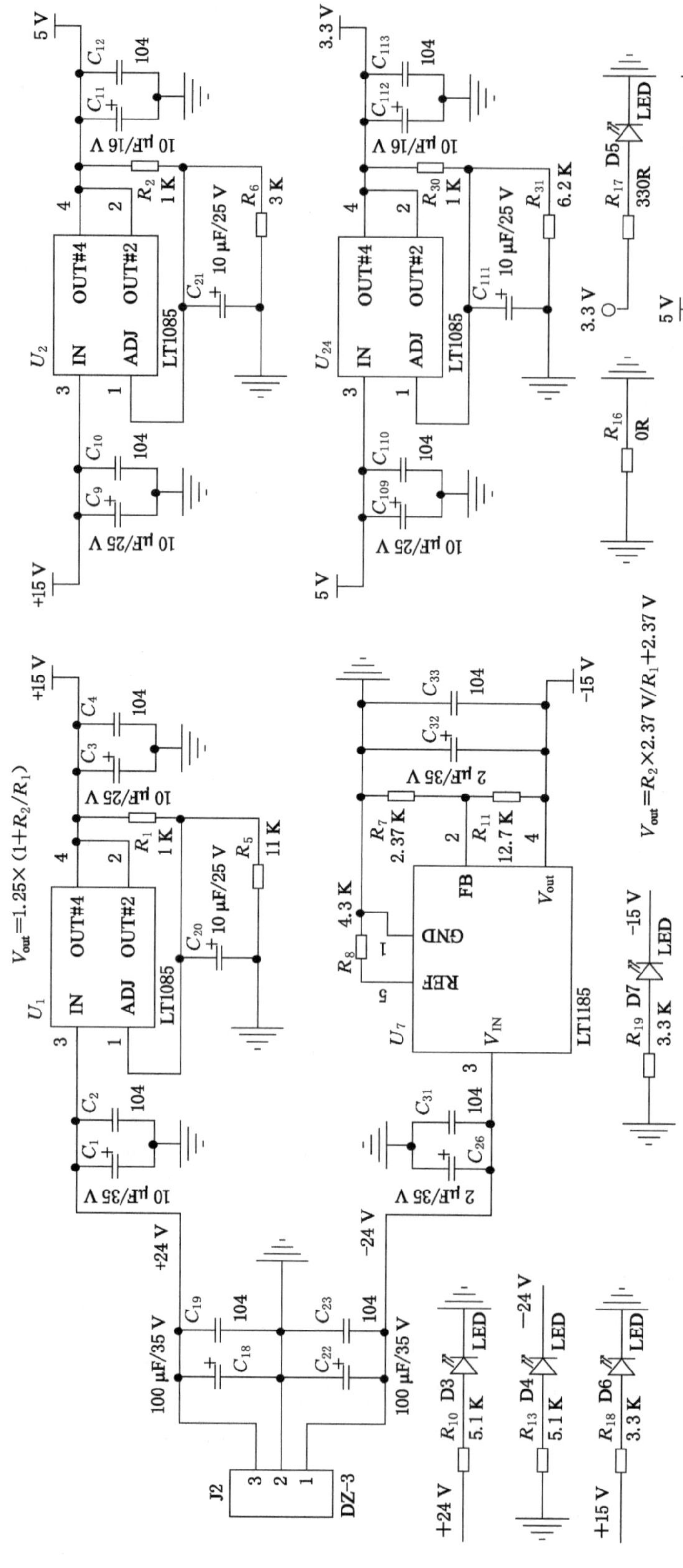
V_{out}=1.25×(1+R_2/R_1)
V_{out}=R_2×2.37 V/R_1+2.37 V
LT1085
LT1185
J2
DZ-3
+24 V
-24 V
+15 V
-15 V
5 V
3.3 V

图 9-21 系统电源电路

热误差补偿控制器内部电路包含信号处理部分和嵌入式控制器部分，前者额定工作电压为直流 5 V，后者额定工作电压为直流 3.3 V。通过对系统电路的功耗评估得出：5 V 电源功率约为 10 W，3.3 V 电源功率约为 3 W，即 5 V 电源输出电流需保证大于 2 A，3.3 V 电源输出电流需保证大于 0.9 A。为了保证热误差补偿控制器稳定工作，各部分电源应留有余量，因此 5 V 电源设计输出电流不小于 2.5 A，3.3 V 电源设计输出电流不小于 1 A。本书采用凌力尔特公司专用开关电源芯片 LT1085 进行三级降压，得到 DC 5 V 和 DC 3.3 V 供电电源。LT1085 为低压差 3 A 可调稳压芯片，通过简单配置芯片外围电路反馈电阻后可获得不同的电压输出值，并且输出电流最大为 3 A，满足设计要求。

9.8　本章小结

本章通过模块化分析，详细地介绍了嵌入式数控机床热误差实时补偿控制器的设计与实现。通过对数控机床热误差补偿控制器功能的描述，明确了设计实现目标。根据预期设计目标和数控机床热误差补偿原理制定了实施方案。选取了工业级嵌入式处理器 STM32；针对热误差补偿控制器与数控系统间信号不匹配的问题，设计了信号变换单元电路；为了实现无干扰热误差补偿，提出了采用补偿时机判断单元电路的解决方法；利用 SoC 技术完成的补偿叠加单元有效地提高了热误差补偿控制器的实时性；通过设计预留模拟与数字测温接口增强了热误差补偿控制器的通用性；系统电源的设计实现为热误差补偿控制器提供了稳定高效的能量供给。

第10章 面向云服务的重型数控机床热误差补偿系统

构建热误差补偿系统是重型机床热误差补偿研究中最重要的环节之一，也是实现机床加工过程中热误差补偿的必经之路。随着重型数控机床数量增多，单一依靠热误差补偿装置不足以满足日益增长的统一监测和管理机床的需求；在对热误差补偿系统的研究中，采用何种方式或装置将热误差补偿值输送到数控系统中是研究热误差补偿方法的关键问题；热误差补偿的最终目标是实现对机床在加工过程中的热误差补偿，与空转中热误差补偿研究不同，加工过程要兼顾加工质量、补偿效率等因素，对实际加工中的补偿策略提出了新的要求。本章针对这三点问题进行了研究。

10.1 面向云服务的热误差补偿系统架构

结合物联网、GPS和云平台的思想，设计一套面向云服务的重型机床热误差补偿系统，其框架设计如图10-1所示。该系统的目标是实现对多台机床的统一监测和管理，最终通过与机床配套的热误差补偿器实现对不同机床的热误差实时在线补偿。整个系统一共分为四层，分别是设备层、感知汇聚层、存储服务层和应用层。

(1) 设备层。该层包括了不同型号种类的机床，其主要功能是实现对不同设备的适配，如不同机床拥有不同的数控系统和补偿方式，是选择以机床内部补偿模块进行补偿还是选择以外置嵌入式进行补偿。

(2) 感知汇聚层。该层主要目标是实现对重型数控机床热误差补偿相关信息(机床表面温度、热漂移、补偿器补偿值、环境温度信息)和机床运行信息(主轴转速、进给速度、进给量、功率等)的感知和汇聚。将FBG传感器部署在重型数控机床上，用于测量其机床表面温度；DS18B20初期可用于测量机床周围环境温度；CCD激光位移传感器测量在空转实验中主轴的热误差漂移；开发相应的接口实现与数控系统和补偿器的通信，获取机床运行信息与补偿信息。在数据汇聚阶段，机床表面温度、热漂移、机床运行数据和补偿数据均采用有线的方式实现汇聚，而由于机床体积大，在环境温度测量传输上采用无线传输模块进行数据汇聚。

(3) 存储服务层。该层的设计目标是对不同机床监测和补偿数据实现统一存储和管理，建立数控机床云平台，提供相应的云服务。考虑到机床表面温度数据和加工运行信息数据采样频率高，汇聚到云平台数据量大、非结构化信息多和可扩展性等因素，在数据存储方面采用关系型数据库与非关系型数据库相结合的方式，基于Hadoop架构的分布式存储方式主要用于存储FBG采样温度大数据，而关系型数据库用于存储结构化信息，如机床基本信息、机床表面测点信息、传感器信息等。

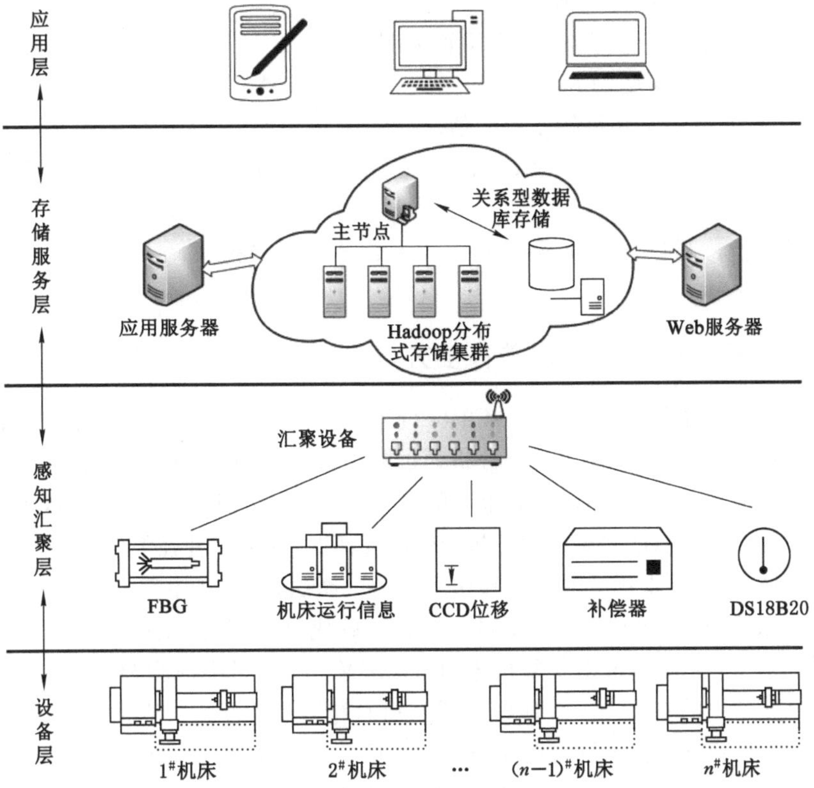

图 10-1　面向云服务的热误差补偿系统架构

(4) 应用层。该层主要是以数据存储服务层为基础，用户根据自己的需求开发相应的管理系统或模型，本书开发了针对重型数控机床热误差补偿的云平台，用于管理重型机床及热误差补偿器。

10.2　热误差补偿方法及模块设计

10.2.1　ZK5540A 内部热误差补偿模块

重型数控机床 ZK5540A 中所使用的是华中数控 HNC848C 系统，该系统集成了热误差补偿模块，其主要用来对机床主轴和进给轴热变形进行补偿，其中主要有针对主轴偏置的多元线性回归模型、针对机床进给线性热膨胀的基于丝杆斜率补偿模型和混合式补偿模型。

(1) 基于主轴偏置模型的补偿：

$$K(T_0,T_1,T_2,\cdots,T_n)=C_k+A_0T_0+A_1T_1+\cdots+A_nT_n \tag{10-1}$$

式中　K——主轴由于热变形的预测偏移值，μm；

C_k——经验常数；

A_x——预测系数，μm/℃；

T_x——温度传感器所采集的数据，℃。

系统所补偿的值为 $D_x=-K$。

(2) 基于丝杆斜率模型的补偿，以 X 轴为例：

$$\tan\beta(T_0,T_1,T_2,\cdots,T_n)=C_k+A_0T_0+A_1T_1+\cdots+A_nT_n \tag{10-2}$$

式中　$\tan\beta$——进给轴丝杆热膨胀斜率值。

此时进给轴补偿值 $D_x=-[(P_X-P_0)\tan\beta]$。式中，$P_X$ 为 X 轴指令位置；P_0 为 X 轴补偿参考点。

(3) 混合补偿。当包含两种误差时，采用混合补偿的方法：

$$D_x=-[K+(P_X-P_0)\tan\beta] \tag{10-3}$$

10.2.2 基于G代码嵌入热误差补偿方法

根据前一节所介绍的华中数控 HNC848C 系统中热误差补偿功能，该模块只集成了多元线性回归一种模型，在对温度和热误差分析的过程中，通过实验得出在不同工况条件下，热误差与温度之间并非全是线性关系，因此单一的热误差补偿模型不足以满足实际加工过程中各种工况条件下热误差补偿的要求。根据机床的实际情况，提出一种在线修改 G 代码的方式来实现热误差补偿，区别于常用的原点平移法和反馈中断法，该方法不需要直接改变伺服信号，只需要与数控系统中 G 代码打交道，通过在线修改 G 代码，实现热误差实时补偿的功能。

在补偿过程中，补偿器可以获取机床的表面温度，从而利用预测模型计算补偿值，通过 PLC 传递到 CNC 中的 G 代码中，而 G 代码控制的补偿开关标志位则通过 PLC 传递到补偿器中。因此，在整个补偿实施的过程中，机床 PLC 的作用像是一个连接补偿器与 CNC 的桥梁，下面将介绍基于机床 PLC 的数据交互过程，如图 10-2 所示。

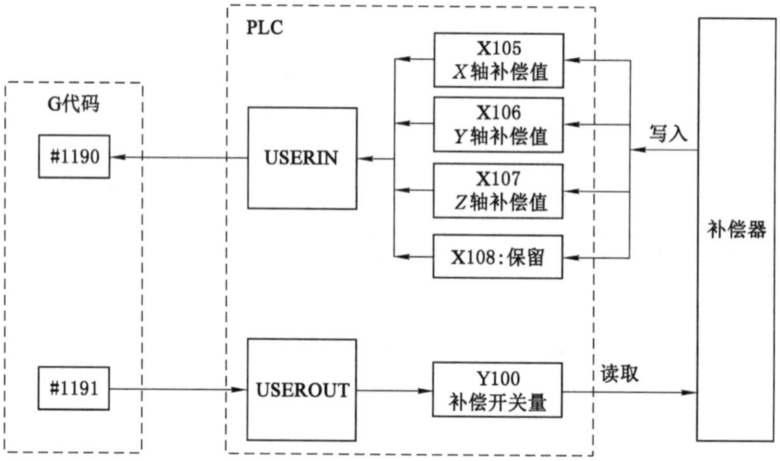

图 10-2　补偿器与数控系统数据交互流程图

10.2.2.1 PLC 与补偿器之间的数据交互

PLC 与补偿器的数据交互主要通过 PLC 的 I/O 端口实现。I/O 端口都有一个特定的地址，不同的地址号对应不同的信号类型。其中，X 寄存器表示来自外部设备的输入信号，只能由外部设备写入而不可读取；Y 寄存器表示由 PLC 输出到外部设备的信号，只可读取不可写入。

在 PLC 的 X 寄存器中，选取 X105～X108 作为要使用的寄存器，这四个均是 8 位寄存器。X105、X106、X107 分别写入 X、Y、Z 轴的补偿值，X108 留作后用。相对应的，Y 寄存器中，选取 Y100 作为存储标志位的地址。

上述的寄存器，均通过 FPGA 控制的 NCUCIP 核，映射成为一个数字，如 X105 的代号数字是“7”。单片机遵循 NCUC 总线规定的读写时序，以这些数字为地址，就可以读写 PLC 的寄存器。

10.2.2.2　PLC 与 CNC 之间的数据交互

在 PLC 内部，通过梯形图编程，将 X105～X108 寄存器与 USERIN 模块联系起来，梯形图程序节选如图 10-3 所示。USERIN 是一个 32 位的寄存器，这一行语句的作用是把 X105 寄存器的第 0 位赋给 USERIN 的第 0 位，接下来把 X105 的第 1 位赋给 USERIN 的第 1 位，以此类推，添加 32 条这样的语句就可以按照 X108～X105 的顺序把这四个寄存器的内容复制到 USERIN 的高位到低位。也就是说，32 位的 USERIN 包含了三个轴的补偿值。

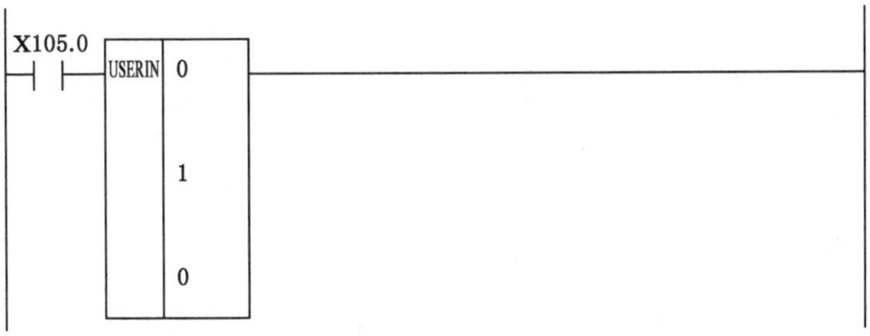

图 10-3　PLC 梯形图编程示意图

USERIN 表示用户输入，当此模块的内容变化时，USERIN 对应的系统中的宏变量 ＃1190 将会随之发生变化，＃1190 可以认为是 32 位的变量，它的值等于 USERIN 的值，而宏变量是使用在 G 代码中的，这样就实现了补偿值从补偿器到 G 代码的传递。在 G 代码中，只要通过位运算把 X105～X107 的值分别提取出来，就可以嵌入插补过程中进行补偿。提取过程如图 10-4 所示。

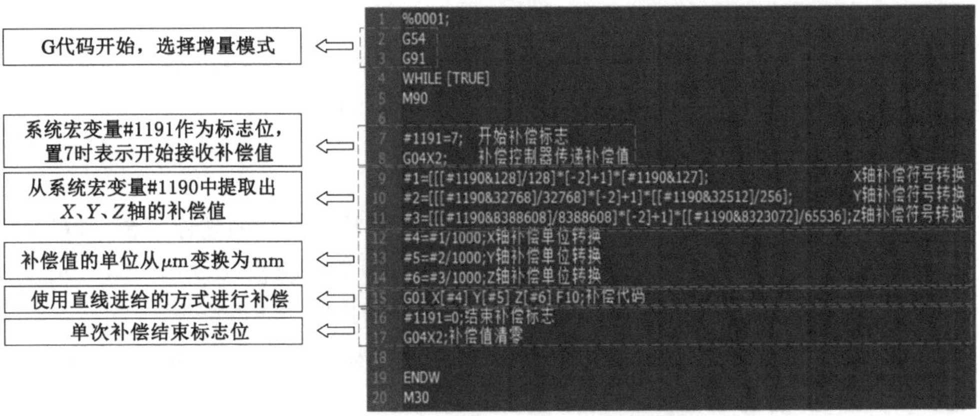

图 10-4　G 代码中提取补偿值的过程

同样的，通过梯形图编程将 USEROUT 模块的值复制到 Y100 寄存器中。USEROUT 也是 32 位的寄存器，它对应的数控系统的宏变量是＃1191，当 G 代码中＃1191 发生变化，USEROUT 也会立即变为与＃1191 相同的数值。只要读取 Y100 寄存器，就可以读取＃1191，这样就实现了标志位从 G 代码到补偿器的传递。

10.2.3 嵌入式动态实时补偿系统架构

如图 10-5 所示，整个热误差补偿系统主要包括 FBG 温度采集系统、外置热误差补偿控制器和机床数控系统三个部分。

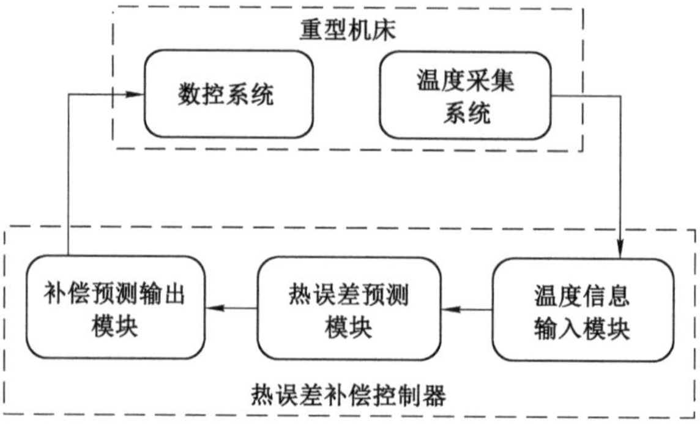

图 10-5 重型机床热误差补偿系统框图

(1) 基于 FBG 传感器的温度采集模块的功能主要是收集部署在重型机床表面的 FBG 温度传感器数据，通过光纤光栅解调仪将波长数据直接传给热误差补偿控制器而实现机床表面温度的实时采集。

(2) 热误差补偿控制器是整个补偿系统的核心，起到了连接温度采集模块和数控机床数控系统的作用，通过嵌入热误差温度补偿模型，实现机床表面温度到主轴刀尖热误差映射。热误差补偿控制器主要包括三个模块：温度信息输入模块、热误差预测模块和补偿预测输出模块。温度信息输入模块用来连接 FBG 温度采集系统，对数据进行预处理，将波长值转换成温度值，再通过热误差预测模块来预测热误差的值，最后通过补偿预测输出模块输出其预测值，与数控系统通信。

(3) 数控系统作为机床的控制核心，在补偿系统中的主要作用就是接收来自热误差补偿控制器的预测值，将其嵌入 G 代码中实现热误差的实时补偿。

10.2.4 热误差实时补偿模块硬件设计

热误差动态实时补偿模块是基于 ARM 主控核心模块而设计的硬件平台，该模块主要由 5 大部分组成，如图 10-6 所示，分别是基于 DSP 的热误差预测模块、基于 ARM 的主控模块、NCUC 总线接口模块、基于 FPGA 的数据接口模块和扩展功能模块等。

(1) 热误差预测模块用于接收温度采集系统所传过来的数据，并根据固化到 DSP 里面的热误差补偿模型计算热误差值。

(2) ARM 主控模块作为热误差补偿装置的心脏部分，主要用于控制热误差补偿模块及扩展功能模块部分，实现系统所制定的热误差补偿策略。

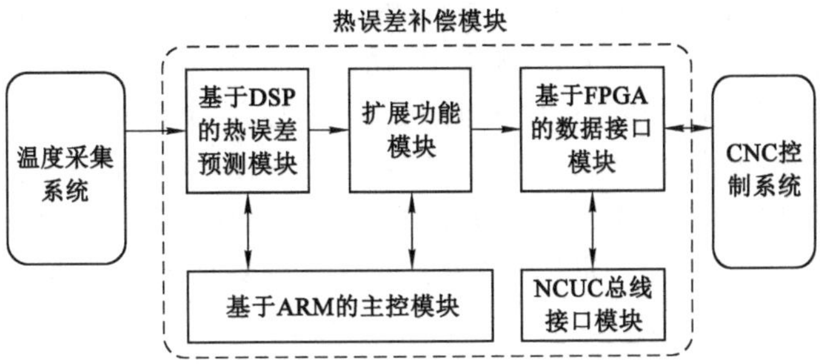

图 10-6　热误差补偿模块硬件设计框图

(3) FPGA 数据接口模块与 NCUC 总线接口模块主要用于与数控机床的通信，将热误差补偿值发送到 G 代码中实现实时的热误差补偿。

10.2.5　动态实时补偿系统软件设计

如图 10-7 所示，热误差动态实时补偿系统软件主要包括 4 个部分：FBG 温度采集，DSP 数据预处理，STM32 补偿控制策略和 FPGA 数据交互。其中 FBG 解调仪及上位机主要用来按照固定的频率发送所收到的光栅波长，DSP 接收到以后就对其进行温度转换，并利用已固化在 DSP 中的热误差预测模型对热误差进行计算，然后将计算出的结果输出到 STM32 补偿控制策略模块中。STM32 补偿控制策略模块接收到热误差预测值后，利用相应的规则对其进行热误差补偿量的计算，并选择优化的补偿策略对热误差补偿数值进行输出。基于 FPGA 的数据交互模块主要用来与 CNC 数控系统进行数据的交互。该 4 大模块的软件设计具体如下。

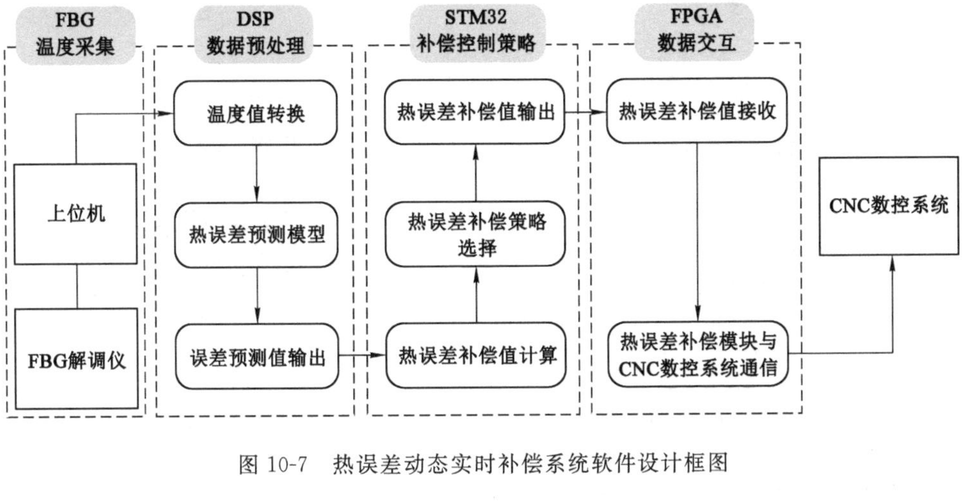

图 10-7　热误差动态实时补偿系统软件设计框图

10.2.5.1　FBG 解调仪上位机工作流程

作为温度数据采集的一个关键环节，上位机起着连接 FBG 解调仪和热误差补偿模块的作用。在本设计中，在已有的 FBG 传感器上位机的基础上增加串口通信功能，实现解调出的波长值无须在上位机中选择具体通道数，而是直接将收到的所有通道的波长值直接一次性发给串口。具体的工作流程如图 10-8 所示，解调仪启动后，内部光栅解析相关硬件，开始读取每个通道的每一个光栅的信号，当所有通道的所有光栅波长读取完毕后，将采集的波长信号存入数组中，解调仪上位机通过依次读取数组中的每一个数值，将采集的波长按照协议"'S'＋编号＋','＋波长＋\r\n"（例如 S191，1153.322\r\n）发送至串口。当一轮采集的数据全部发送完毕后，间隔 10 s，重复以上过程，实现解调仪每隔 10 s 自动地发送每个光栅波长给下位机。解调仪支持由用户定义发送哪几个通道的数据给串口，支持根据实际需求修改发送频率。

10.2.5.2 DSP 数据预处理工作流程

基于 DSP 的数据预处理模块根据接收到的光栅波长数据，通过温度数据的转换和热误差预测模型的计算得到热误差补偿预测值。其工作流程如图 10-9 所示，首先 DSP 检测解调仪是否发送来波长数据，若检测到解调仪发送来的数据，则根据协定的通信协议接收波长数据。当波长数据接收完成后，DSP 将波长数据转换成实际的温度数据，然后将实际的温度数据输入 DSP 内部的数据预测模型中，数据预测模型会根据当前的温度输入实时计算出当前 X、Y、Z 轴的预测误差值。最后，DSP 将预测误差值根据协定的协议传送至 STM32 主控单元中，完成热误差预测的整个过程。

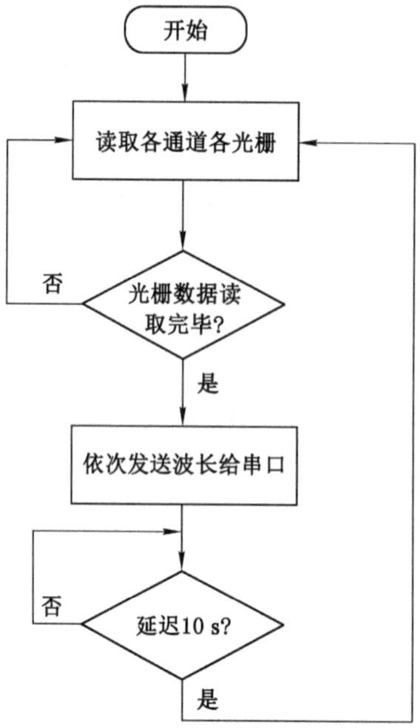

图 10-8　FBG 解调仪数据发送流程

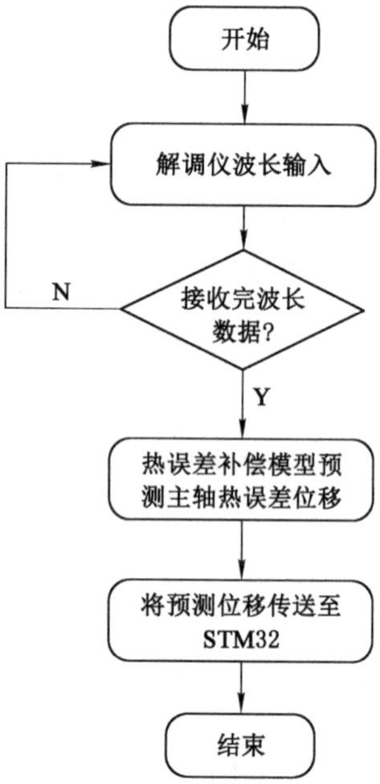

图 10-9　DSP 数据预处理模块流程图

10.2.5.3 STM32 补偿控制策略工作流程

STM32 补偿控制策略模块承接 DSP 发送的预测值，通过一系列计算得出补偿值再发送出去，相当于在补偿器中起着 CPU 的作用，掌控整个补偿进程，几乎所有的补偿策略均在这里实现。

如图 10-10 所示，STM32 通过串口接收预测值，首先会判断数值是否属于正常范围，对于明显不正确的预测值会立即丢弃。对于正常的预测值，一方面程序会把当前预测值与上

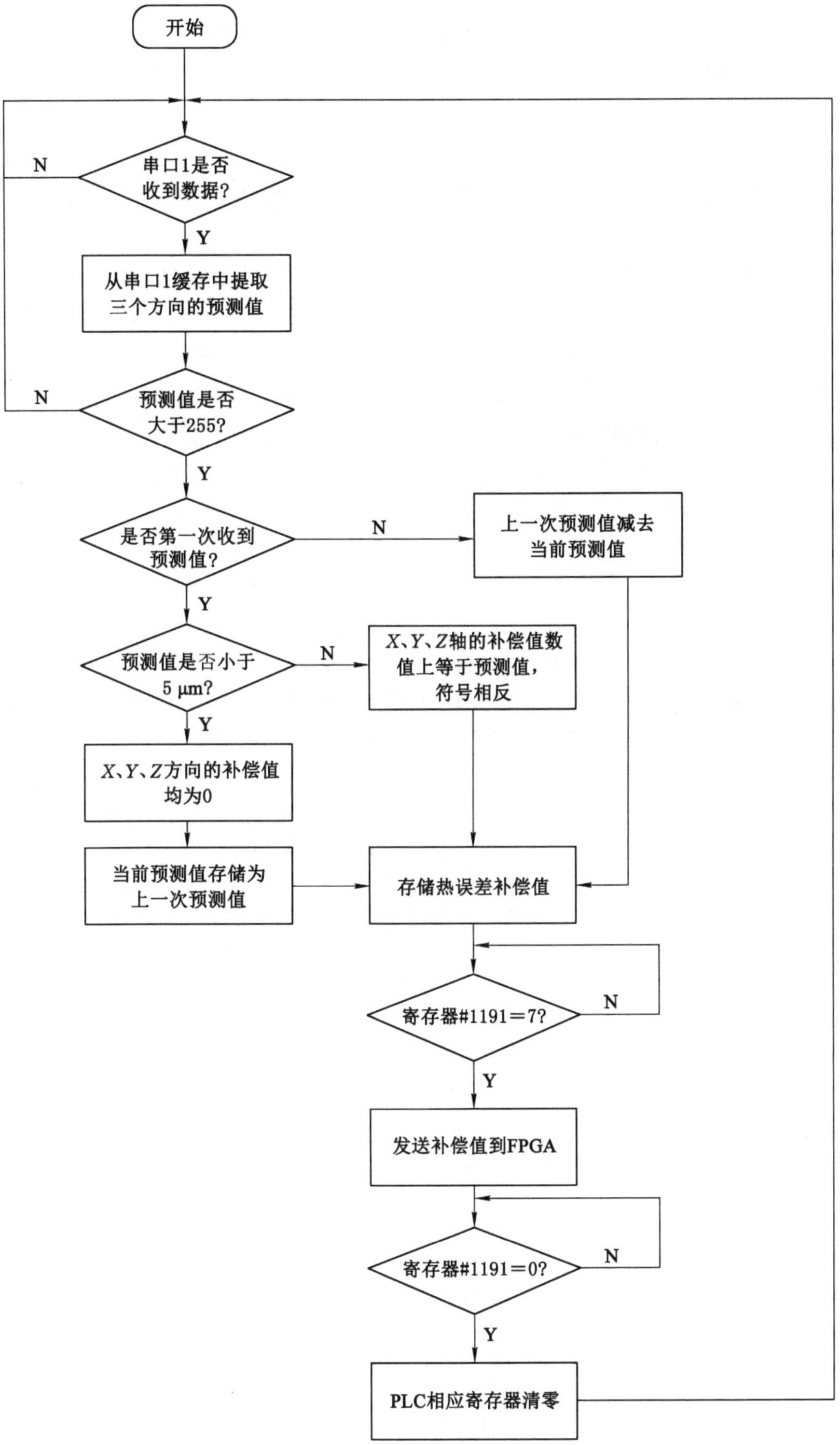

图 10-10　SMT32 补偿控制策略模块流程图

一次预测值作差计算出补偿值，另一方面当前预测值会被保存为上一次预测值。然后判断寄存器＃1191的值是否为7，如果是将补偿值送往FPGA，由FPGA发送给PLC，继续判断寄存器＃1191的值是否为0，如果是将PLC相应寄存器清零，接着等待下一次预测值的来临。

10.3 重型数控机床远程监测云服务平台

为实现对重型数控机床的远程监控以及对热误差补偿装置的统一管理，设计和开发了面向重型数控机床的远程监测云服务平台，主要面向注册在云平台中的重型数控机床及其热误差补偿装置提供相应的服务。该平台采用SSH(Spring MVC＋Spring＋Hibernate)框架构建，为实现扩展功能，数据存储部分则使用面向分布式存储的Hadoop文件系统，可以提供高吞吐量数据访问和实现海量采集数据的高效率存储。整个云平台的设计框架如图10-11所示，主要包括基本信息管理模块、传感器配置管理模块、虚拟机床远程监控模块、机床状态监测模块、机床健康管理模块、补偿器服务模块、用户管理模块和历史数据查询模块等。

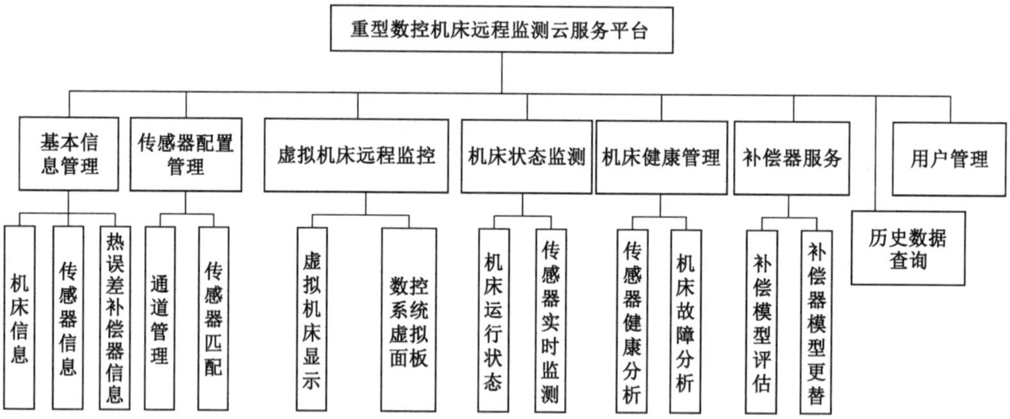

图10-11 重型数控机床远程监测云服务平台设计框架

(1) 基本信息管理。主要用于对机床基本信息、传感器基本信息和热误差补偿器基本信息的维护和管理，如图10-12所示。

(2) 传感器配置管理。主要用于配置管理机床表面温度监测各传感器和通道，由于FBG本身一线多点监测的特点，将一线视为一个通道，实现传感器的多通道管理，操作界面如图10-13所示。

(3) 虚拟机床远程监控。利用SolidWorks所建的重型数控机床三维模型如图10-14所示，采用WebGL技术建立重型数控机床的虚拟模型并与平台集成，实现与数控机床的虚实联动，通过该模块可以实现对重型数控机床的实时动态监测。

(4) 机床状态监测。该模块主要包括机床运行状态监测与传感器实时监测两个部分，如图10-15所示，其中将机床数控系统运行信息(轴坐标、轴功率、轴负荷)实时显示在状态监测模块中实现对机床的远程监测，传感器实时监测部分主要显示机床表面FBG实时温度数据及其变化趋势。

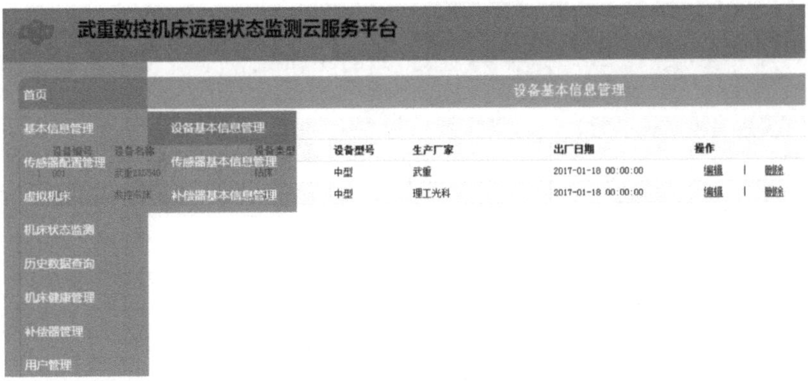

图 10-12　基本信息管理

图 10-13　传感器配置管理

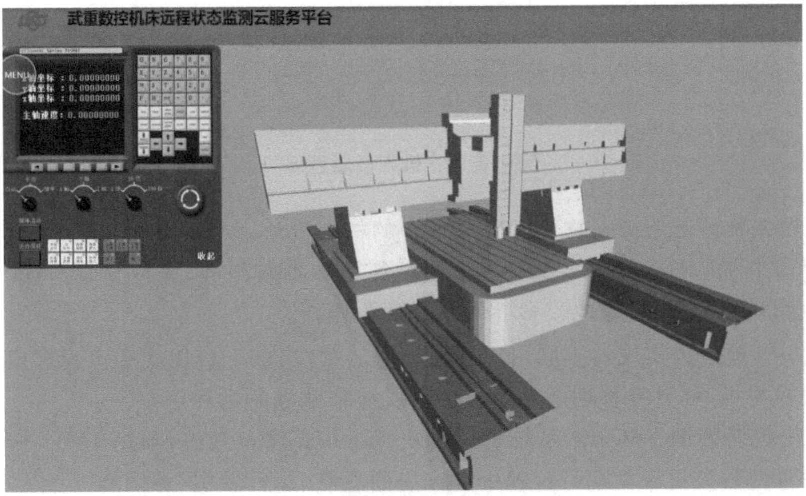

图 10-14　虚拟机床远程监控

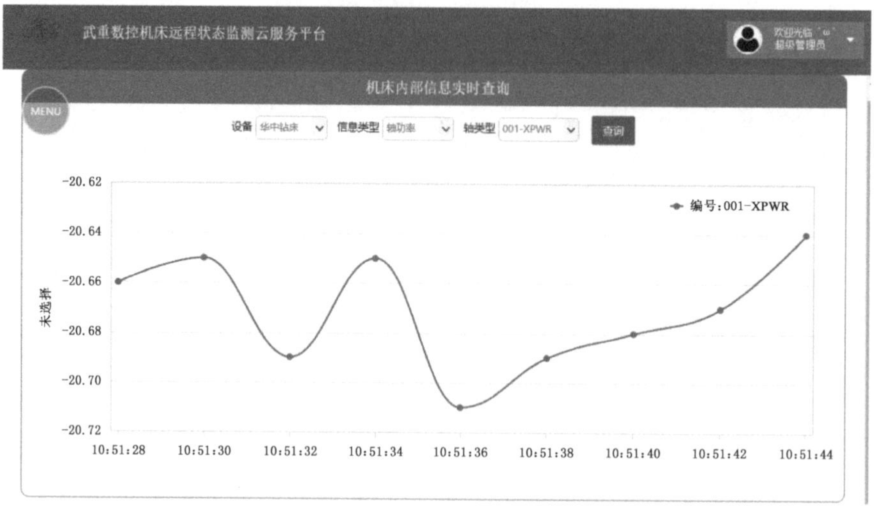

图 10-15　机床状态监测

(5) 机床健康管理。该模块主要实现机床故障分析以及传感器故障分析，如图 10-16 所示，基于第 4 章对 FBG 测量系统稳定性研究分析，实时分析显示出各传感器故障情况，用于指导下一步热误差补偿建模。

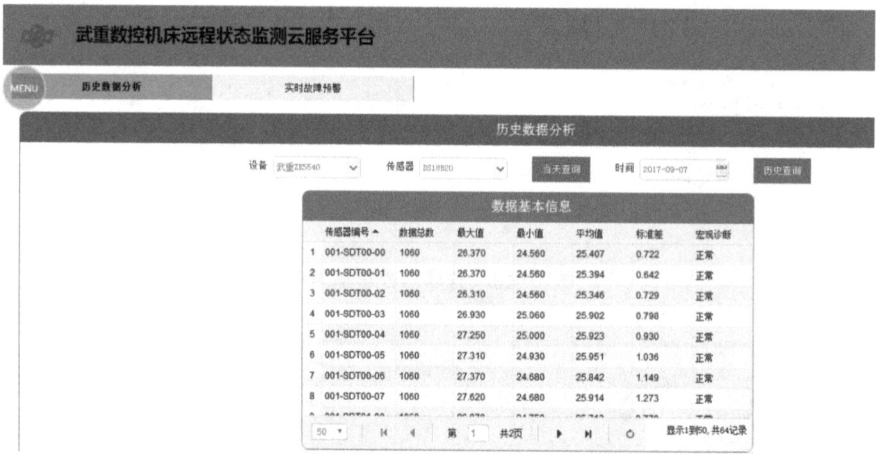

图 10-16　机床健康管理

(6) 热误差补偿器服务。作为云服务平台的核心模块，如图 10-17 所示，该模块主要对热误差补偿器中所运行的热误差补偿模型提供评估和更新服务，通过互联网远程更新热误差补偿器中的补偿模型，提高热误差补偿系统的鲁棒性。

(7) 用户管理。为实现对不同用户权限管理的目标，该平台集成用户管理模块，实现不同用户权限的配置，如只有管理员才能实现热误差补偿器的远程更替。

(8) 历史数据查询。基于本系统的分布式 Hadoop 储存系统，如图 10-18 所示，通过该模块可查询重型数控机床在运行过程中机床表面温度、运行状态、补偿器工作状态等历史信息，用于对传感器、机床的信息追溯。

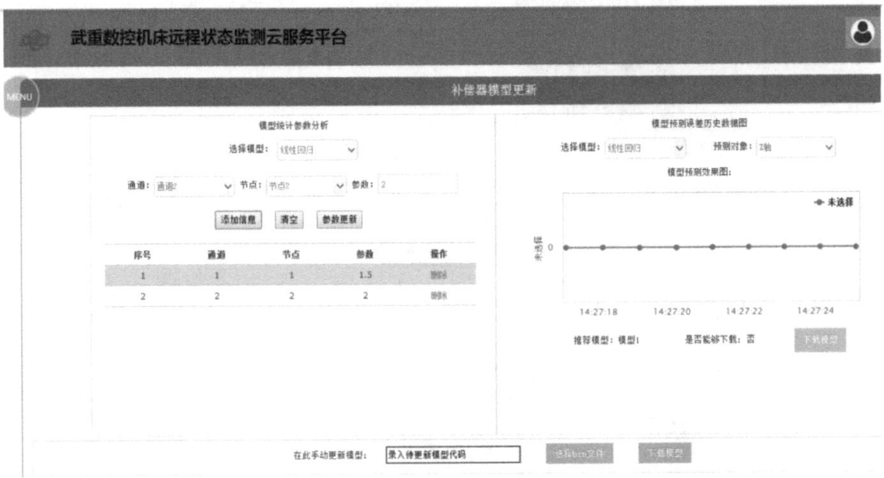

图 10-17　热误差补偿器模型更新

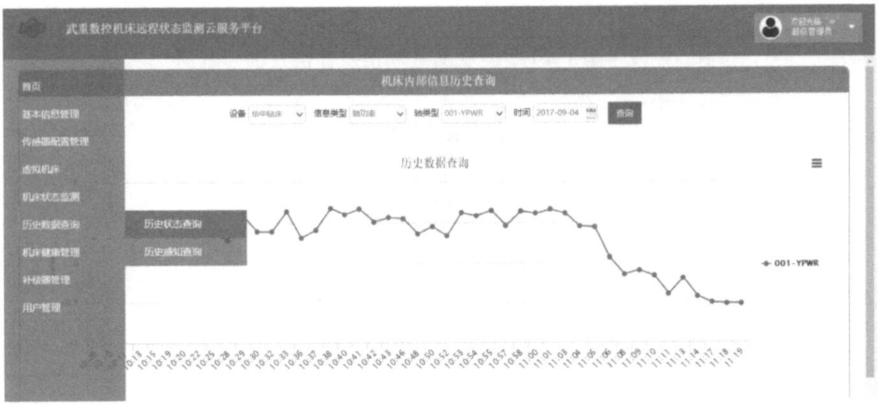

图 10-18　数控机床工作状态历史数据查询

10.4　加工热误差补偿实验

为验证热误差补偿器以及重型数控机床云服务平台的有效性，本节设计了 ZK5540A 铣槽实验，通过对比补偿与未补偿时的槽深来验证该热误差补偿系统的有效性与精度。

10.4.1　热误差补偿系统部署

在实验前，热误差补偿系统的部署如图 10-19 所示，整个系统主要由重型数控机床热误差补偿云平台、热误差补偿器、数据汇聚模块、FBG 测温系统和 CNC 数控系统组成，整个系统工作步骤如下。

步骤 1：初始化热误差补偿器，与云平台热误差模型更新模块进行交互，其流程如图 10-20 所示。

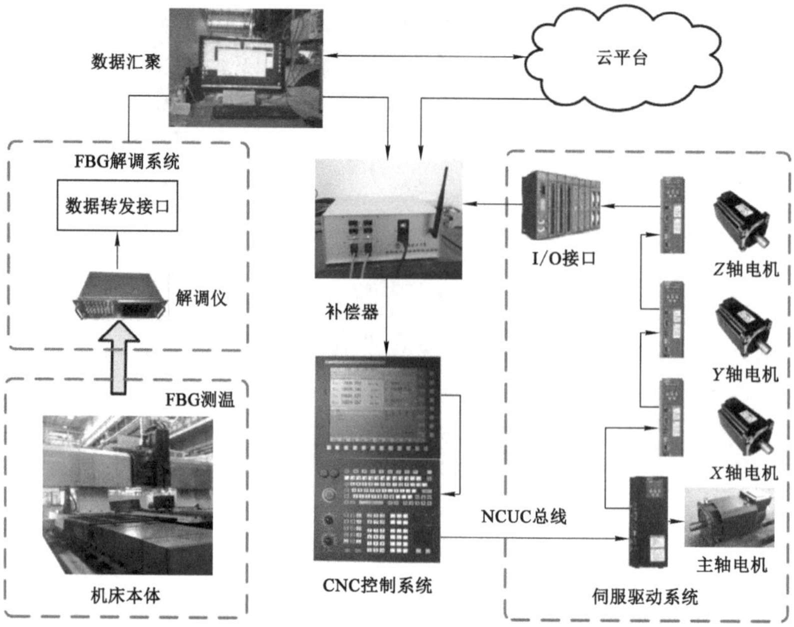

图 10-19　基于 FBG 温度测量热误差补偿系统部署图

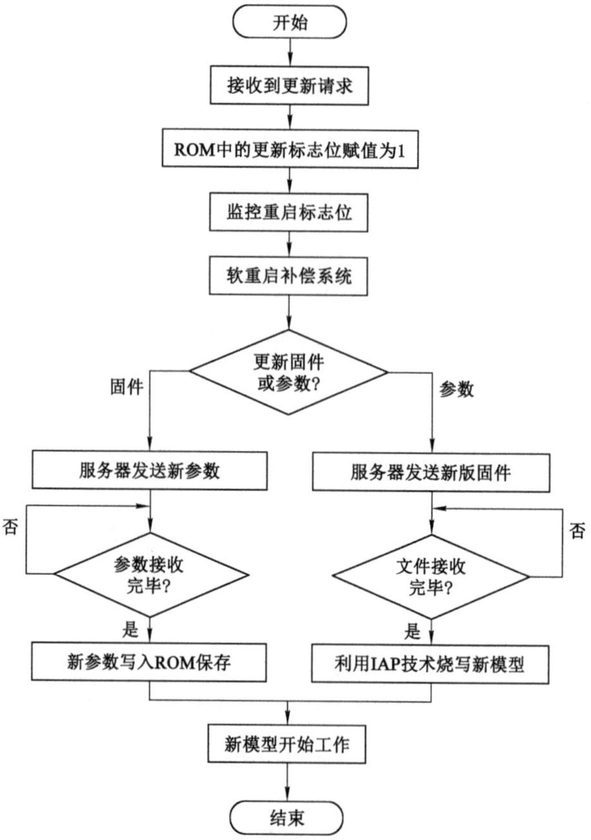

图 10-20　热误差补偿器模型更替流程图

步骤 2:数据汇聚模块采集由 FBG 测量系统所得到的机床表面温度数据和其他机床运行相关数据,将温度数据发送到热误差补偿器。

步骤 3:热误差补偿器接收到温度数据,根据由步骤 1 所更新的热误差补偿模型,计算出热误差的预测值。

步骤 4:由热误差补偿器将补偿值传递到数控系统 G 代码中,实现最终的热误差补偿。

10.4.2　铣槽热误差测量方法

机床在沿 X 方向铣槽时,槽在 Z 方向上的深度误差主要来源于两方面:一是机床主轴在 X 方向移动时在 Z 方向上的几何误差(静态),二是主轴在切削加工时在 Z 方向上的热误差,如图 10-21 所示。

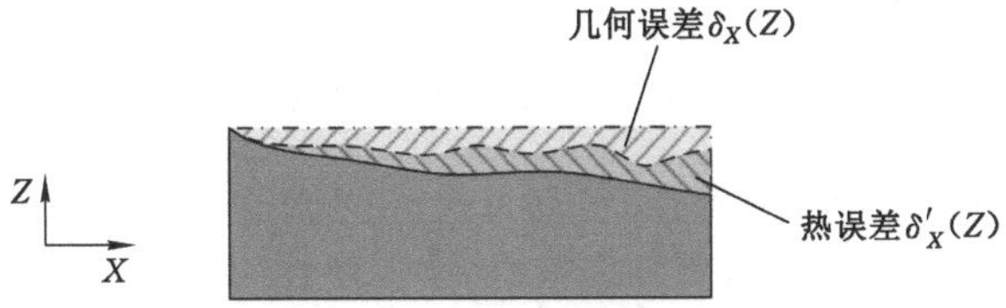

图 10-21　加工误差源

待零件加工后,将激光位移传感器通过磁吸座安装在主轴末端,控制主轴在 X 方向移动,测量槽底面与激光测头的距离,如图 10-22 所示。

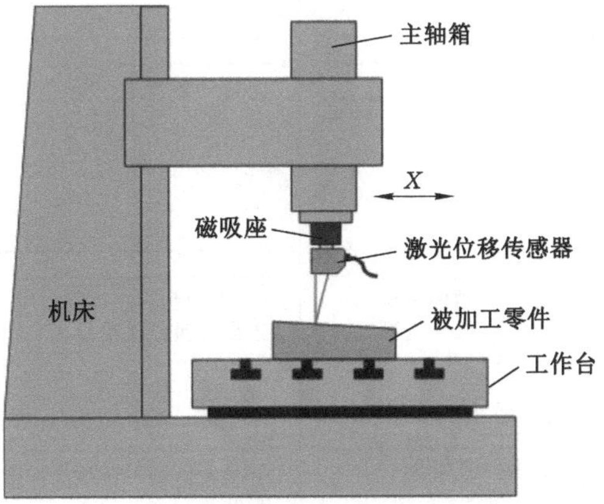

图 10-22　测试方案图

在沿 X 方向铣槽时,主轴箱并非直线运动,其运动轨迹为 Γ,因此带来几何加工误差。由于将激光位移传感器安装在主轴箱上,当激光位移传感器随着主轴箱沿着 X 方向移动测量被加工槽在 Z 方向上的误差时,激光位移传感器的运动轨迹也为 Γ,因此,此测试方法已将几何误差去耦合,其实际测量结果即为加工热误差,测试原理如图 10-23 所示。

10.4.3　铣槽加工实验

在铣槽加工补偿实验中,设计了两种补偿策略,如图 10-24 所示。① 均分补偿策略:将一条长槽均分成若干小段,每一小段走完后补偿一次,补偿量是在行程中积攒的热误差。此

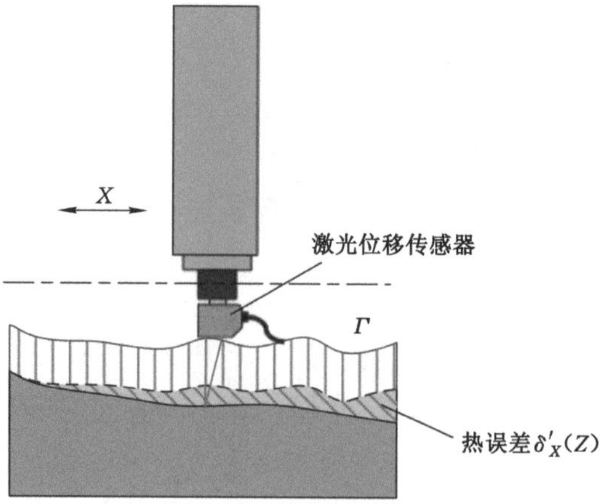

图 10-23　测试原理图

方法下补偿次数多，更接近于实时补偿，但是每次补偿值很小，容易被机床自身的抖动幅度覆盖，补偿效果不明显。② 工序累加补偿策略：热误差补偿是按照工序来补，选择在刀具铣完一条槽之后将要转向下一条槽之前的时刻补偿一次，补偿量是此前铣一条槽过程中所累加的热误差。此方法下补偿次数少，不能实时进行补偿操作，但是每次施加的补偿量比较大，取得的补偿效果更明显。按照两种不同的补偿策略分别做了两次热误差补偿加工实验。

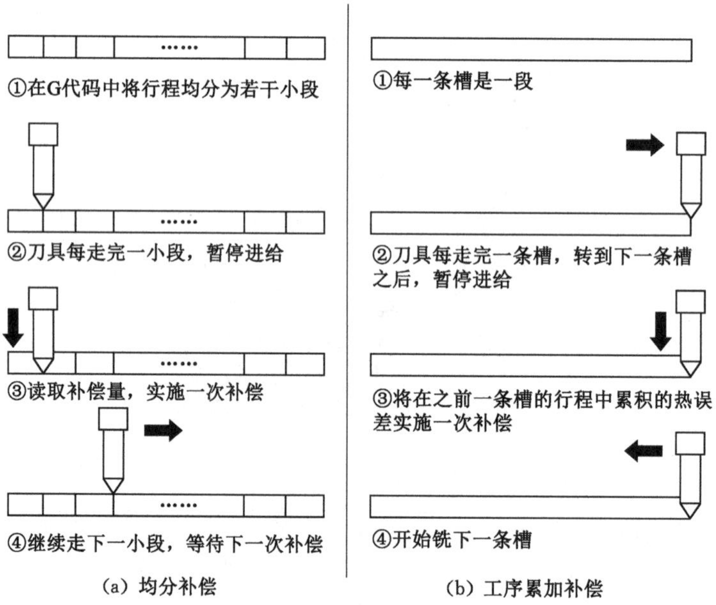

图 10-24　均分补偿与工序累加补偿策略

10.4.3.1　均分补偿策略实验

选择一个长 1 450 mm、宽 500 mm、高 200 mm 的铸铁试件作为实验加工对象，其实验步骤主要分为三个部分：未补偿铣槽实验，补偿铣槽实验，激光干涉仪 CCD 测量。详细描述如下。

(1) 未补偿铣槽实验:实验第一天,为测量得到加工过程中所产生的热误差,应尽可能地延长加工时间,由于试件长度的限制,故本实验采取往返铣的方式来进行,将机床加工参数设置为转速为 950 r/min,进给速度为 300 mm/min,槽深为 0.5 mm,其加工流程如图 10-25 所示,按照图中 1～4 的顺序对试件进行铣槽,记录铣槽的开始时间和结束时间,约为 20 min。

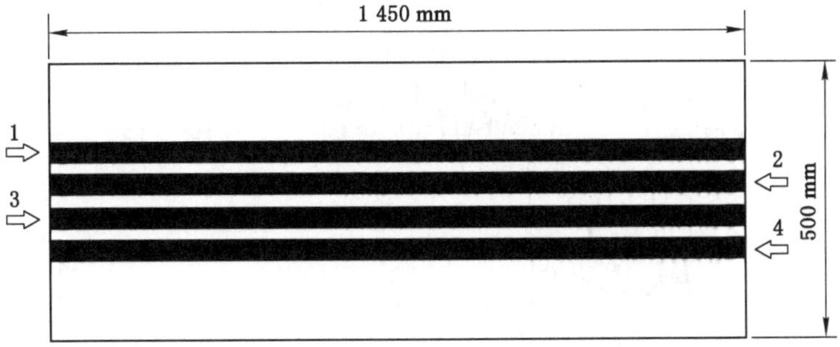

图 10-25　均分补偿策略实验流程图

(2) 补偿铣槽实验:开启热误差补偿装置,开始补偿铣槽实验,将 1 450 mm 的槽均分成 50 mm 的小段,每小段补偿一次,所采用的热误差补偿模型为多元线性回归模型,使用均分补偿的方法,其机床加工参数设置与未补偿实验一致,转速为 950 r/min,进给速度为 300 mm/min,槽深为 0.5 mm,加工流程与未补偿铣槽实验相同。

(3) CCD 测量热误差实验:如图 10-26 所示,将激光探头安装在重型机床的主轴上面,以 600 mm/min 的速度沿 X 方向移动主轴,使用 CCD 记录下补偿和未补偿时的槽深,其结果与统计数值如图 10-27 所示。

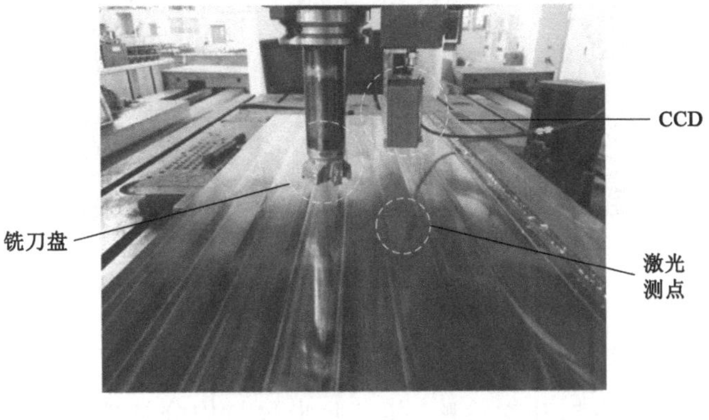

图 10-26　CCD 测量热误差示意图

从补偿曲线可以看出,第 1 段主轴热误差不是很明显,从第 2 段开始出现明显热误差,并呈现上升的趋势,第 4 段可以看出补偿器有明显的补偿效果,本应不断升高的热误差在第 4 段时却出现明显的下降趋势,通过该实验可以证明补偿器能够正常工作,可以将预测出的补偿值送入机床数控系统中。本实验中采用均分补偿策略时,在补偿的位置会出现明显的刀痕,如图 10-28 所示,原因是在每次补偿的时候,主轴会停顿 2 s,由于补偿器处理速度远低于数控机床 1.9 GHz 主频,预留出时间来让补偿器读取数控系统补偿寄存器。

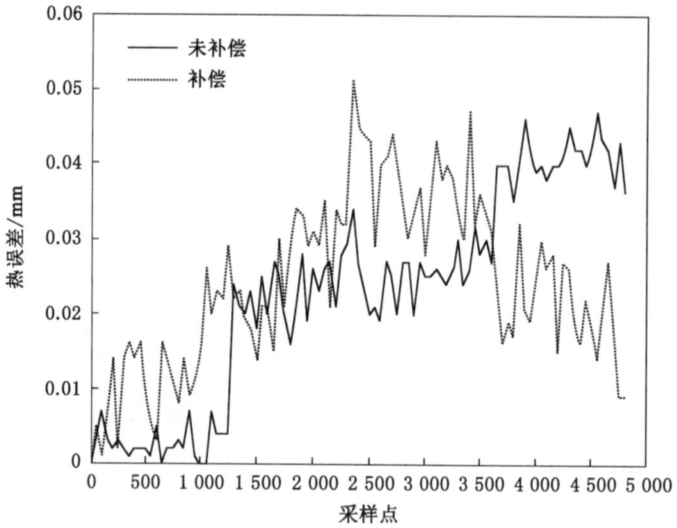

图 10-27　均分补偿策略实验对比图

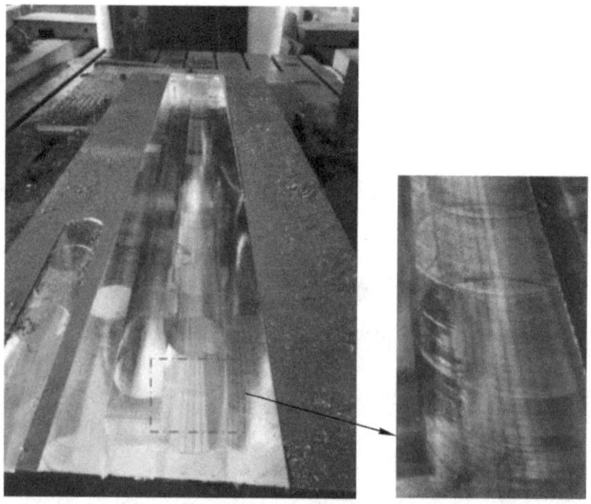

图 10-28　均分补偿策略实验效果图

10.4.3.2　工序累加补偿策略实验

本实验中采用工序累加补偿策略，其实验步骤与均分补偿策略实验一样：① 按照图 10-29 中 1～4 顺序铣四条槽，加工参数与均分补偿策略实验相同；② 待第二天机床彻底冷却，机床表面关键测点温度恢复到初始状态后，开启补偿器，按照工序累加补偿思路，每一条槽补偿一次，其机床加工流程为 5～8，一共补偿了四次；③ 测量补偿前后的热误差，其结果如图 10-30 所示。

补偿后的效果图如图 10-31 所示，从图中可以看出，存在于均分补偿策略实验中的表面波纹已不存在，工序累加补偿策略为一种兼顾补偿和表面质量的有效方法。

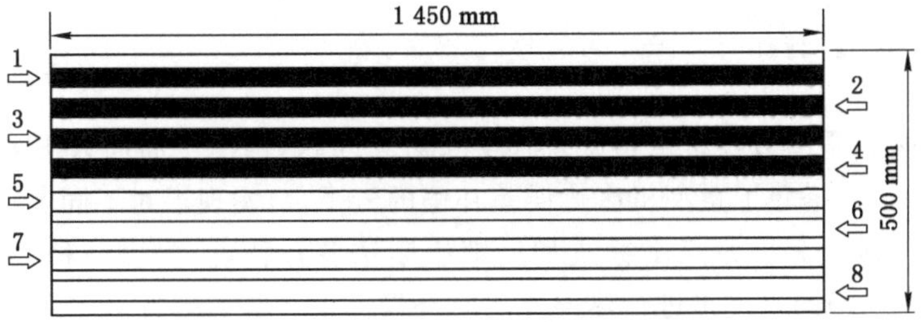

图 10-29　工序累加补偿策略实验流程图

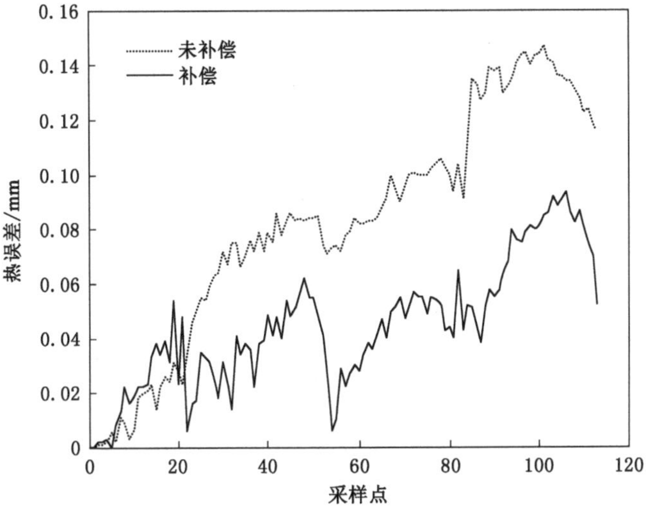

图 10-30　工序累加补偿策略实验对比图

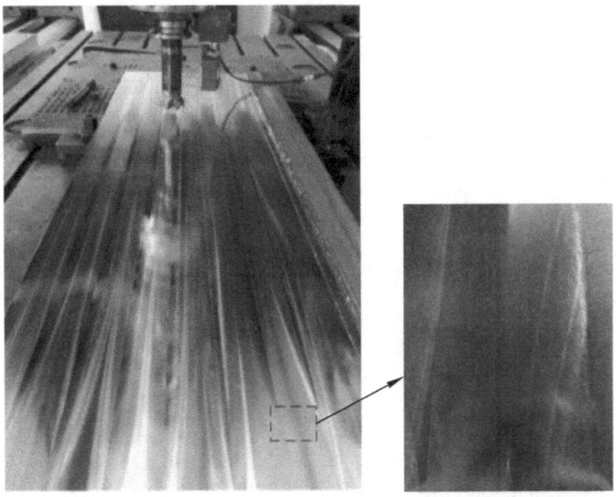

图 10-31　工序累加补偿策略实验效果图

10.5 本章小结

本章针对多台重型数控机床热误差补偿和监测问题，构建了面向云服务的重型数控机床热误差补偿系统，搭建了重型机床热误差补偿的云平台，实现了对不同类型重型数控机床的统一监测和管理。分析原点平移法和反馈中断法各种特点，提出一种G代码内嵌参数法，通过修改G代码的方式来进行热误差实时补偿。设计与实现针对华中数控系统的热误差补偿器，通过与云平台的测试，实现远程模型的更替；研究热误差补偿策略，实验对比了在不同策略下热误差补偿情况，工序累加补偿策略在综合加工质量和补偿效果方面有明显优势。

第 11 章　总结与展望

11.1　本书总结

全书以 ZK5540A 重型数控龙门钻床为研究对象，研究了机床表面温度场测量、测点选择与优化、测量系统数据可靠性分析、热误差预测模型和热误差补偿系统，取得成果如下：

(1) 结合对重型数控机床热源分析及其对整机和大型结构件(主轴、横梁、立柱、底座)的仿真结果，初步得出主轴温度场是影响重型机床热误差的主要因素，进一步仿真研究了主轴的热应变，分析了主轴温度场与热应变之间的联系。针对重型数控机床体积大、工况环境复杂的特点，对比分析传统电类传感器在机床温度场测量方面的优缺点，结合 FBG 传感器一线多点、动态多场、体积小和抗电磁干扰的特点，提出了基于 FBG 的重型机床表面温度场测量新方法，通过基于 FBG 测量数据重构主轴温度场，实验验证该测量方法的有效性。

(2) 通过对主轴空转时有限元分析得到其温度场，对比红外热像仪测得的结果，得出主轴温度场变化主要集中在滑枕的中下部，同时也结合其他大型结构件温度场分布特点，一共部署了 195 个 FBG 温度传感器，并由 22 个通道来进行管理。考虑相关性原则和敏感性原则，构建了基于灰色关联度、敏感度和 K-means 聚类分析的测点优选模型，发现在静态、恒速空转、变速空转条件下所得到的关键点不同，同一种工况条件下所优选的关键测点能取得较好的补偿效果。因此，在热误差建模过程中，考虑不同工况条件，需要选择不同关键测点。

(3) 在 FBG 温度测量系统的实际运行过程中，由于存在一些不可抗拒、随机发生的因素，如车间地面震动、用于固定 FBG 传感器的导热膏老化或冷却液喷到 FBG 传感器上等，会使得 FBG 测温系统所测得的数据出现跳变、缺失、恒值和漂移故障。鉴于此，构建了一种基于图像腐蚀与膨胀的 FBG 测量系统故障诊断模型，能够实时在线对 FBG 测量数据进行检测并定位错误源。同时，由于故障有可能发生在机床加工过程中，为保证热误差补偿系统受其干扰较小，提出了保障 FBG 测量系统数据稳定性策略，主要是针对 FBG 传感器单点故障，提出基于 BA 优化的 SVR 测点数值重构方法和基于功效系数的测点替代方法；针对通道故障，采用基于相关性系数的通道替代法，并通过实验验证了该方法可保障 FBG 测量数据的稳定性和可靠性。

(4) 针对同一种热误差补偿模型难以满足多种工况条件下对热误差补偿精度需求的不足，给出了两种不同的解决方法：一是研究基于大数据驱动的热误差模型，依托采集到的各种工况下的温度与热误差数据，采用卷积神经网络建立热误差预测模型，通过实验发现在不同工况条件下预测精度达到 80%；二是采用模型优选更替策略，建立了热误差补偿模型评估体系，提出云模型鲁棒性和熵权变权的评估方法，通过结合联系度和 Topsis 决策模型优选出最适合的热误差补偿模型，为最终实现热误差补偿器的模型或参数更替提供理论支撑。并针对热误差滞后效应，建立热误差滞后模型，对比分析表明热误差滞后模型精度高于非滞后模型精度。

(5) 提出了一种新的面向云服务的热误差补偿系统架构，可以实现对不同重型机床和热误差补偿装置的统一监测和管理；提出了一种新的 G 代码参数嵌入补偿方法，并设计和开发出一套嵌入式热误差补偿装置；研发了重型数控机床远程监测云服务平台和基于 Hadoop 的分布式存储系统，可进行重型数控机床温度、应力、运行状态等实时监测，FBG 测量系统故障诊断和热误差补偿模型更新服务等，并通过实际铣槽加工实验测试了该系统的有效性。

11.2 主要创新点

本书创新点如下：

(1) 针对由于重型数控机床结构及传热机理复杂性而造成传统传感技术在重型数控机床温度检测方面不适用的难题，提出基于 FBG 的机床表面与大型构件的温度(温度场)在线检测的新原理和新方法，实现了对重型机床多点多场温度在线、动态检测的突破，为重型数控机床大型构件温度场重建及机床热误差检测与补偿提供了技术基础。

(2) 针对数控机床多点温度场检测和热误差模型关键测点优化问题，提出重型数控机床表面温度初始测点优选方法和构建基于灰色关联度、敏感度和 K-means 聚类的温度测点优化模型，实现了重型数控机床多点多场检测并发现不同工况下关键测点不同的规律。

(3) 为在不同工况下确保 FBG 温度测量数据稳定性和可靠性，构建基于腐蚀与膨胀形态学的在线故障检测模型，并提出基于测点重构和通道替代的温度故障状态恢复方法，实现了 FBG 温度监测系统的稳定运行。

(4) 针对同一种热误差补偿模型在不同工况下鲁棒性差的问题，提出两种不同方法来解决：一是基于大数据驱动建模的思想，构建基于 CNN 的热误差补偿模型，实现在不同工况条件下对热误差补偿模型的统一预测；二是提出一种热误差补偿模型评估和优选方法，可在不同工况下对热误差补偿模型进行更替。

(5) 针对重型数控机床热误差实时补偿问题，提出一种基于 G 代码参数嵌入的热误差补偿方法和工序累加补偿策略，设计嵌入式实时补偿装置并构建一个面向云服务的重型数控机床热误差补偿系统，实现重型数控机床在线监测和热误差实时补偿的集成。

11.3 工作展望

在本课题的研究过程中，发现了一些关于重型数控机床研究的新问题，由于时间的原因，尚未对这些问题做深入的讨论，准备放在下一步工作中，具体如下：

(1) 本书采用了基于 FBG 的机床表面温度测量新方法，鉴于 FBG 传感器具有动态多场的特点，FBG 测量系统既可以测量机床表面温度，亦可以测量热应变数据，基于此，可以探讨温度场与热应变、热应变与机床热误差之间的映射关系，进一步定量分析重型数控机床热误差产生机理。

(2) 本书中发现了热误差滞后效应，但是不同工况条件下热误差滞后时间是不同的，定量分析出影响热误差滞后时间的因素，对热误差预测模型的建立有很大的意义。

(3) 本书中所设计开发的热误差补偿器采用均分补偿策略时，会出现工件加工表面波纹问题，影响工件加工表面质量，采用工序累加补偿策略能够避免由补偿器原因导致的工件表面波纹，但是补偿次数过少，未能做到及时补偿。进一步优化热误差补偿器以及设计相应补偿策略，保障既能做到及时补偿又不影响工件表面质量是下一步工作方向。

参 考 文 献

[1] 杨丽敏. 国内外重型数控机床的技术对比与发展[J]. 金属加工(冷加工),2010(7):17-19.

[2] BRYAN J. International status of thermal error research(1990)[J]. CIRP annals,1990,39(2):645-656.

[3] LI Y,ZHAO W H. Axial thermal error compensation method for the spindle of a precision horizontal machining center[C]//2012 IEEE International Conference on Mechatronics and Automation,August 5-8,2012,Chengdu,China. [S. l.]:IEEE,2012:2319-2323.

[4] 崔岗卫. 重型数控落地铣镗床误差建模及补偿技术研究[D]. 哈尔滨:哈尔滨工业大学,2012.

[5] 尹玲. 机床热误差鲁棒补偿技术研究[D]. 武汉:华中科技大学,2011.

[6] 赵海涛. 数控机床热误差模态分析、测点布置及建模研究[D]. 上海:上海交通大学,2006.

[7] 李永祥. 数控机床热误差建模新方法及其应用研究[D]. 上海:上海交通大学,2007.

[8] 陈兆年,陈子辰. 机床热态特性学基础[M]. 北京:机械工业出版社,1989.

[9] KIM S K,CHO D W. Real-time estimation of temperature distribution in a ball-screw system[J]. International journal of machine tools and manufacture, 1997, 37(4):451-464.

[10] KRULEWICH D A. Temperature integration model and measurement point selection for thermally induced machine tool errors[J]. Mechatronics,1998,8(4):395-412.

[11] CHOI J K,LEE D G. Thermal characteristics of the spindle bearing system with a gear located on the bearing span[J]. International journal of machine tools and manufacture,1998,38(9):1017-1030.

[12] ATTIA M H,FRASER S. A generalized modelling methodology for optimized real-time compensation of thermal deformation of machine tools and CMM structures[J]. International journal of machine tools and manufacture,1999,39(6):1001-1016.

[13] BOSSMANNS B,TU J F. A thermal model for high speed motorized spindles[J]. International journal of machine tools and manufacture,1999,39(9):1345-1366.

[14] OHISHI S,MATSUZAKI Y. Experimental investigation of air spindle unit thermal characteristics[J]. Precision engineering,2002,26(1):49-57.

[15] KIM J J,JEONG Y H,CHO D W. Thermal behavior of a machine tool equipped with linear motors[J]. International journal of machine tools and manufacture,2004,44(7/8):749-758.

[16] HOLKUP T, CAO H, KOLÁŘ P, et al. Thermo-mechanical model of spindles[J]. CIRP annals, 2010, 59(1): 365-368.

[17] ZHAO H T, YANG J G, SHEN J H. Simulation of thermal behavior of a CNC machine tool spindle[J]. International journal of machine tools and manufacture, 2007, 47(6): 1003-1010.

[18] 曹骏. HTM850G 数控加工中心主轴系统的热特性研究[D]. 杭州：浙江大学，2008.

[19] 黎新齐. 铣削加工中心主轴组件热特性的研究[D]. 兰州：兰州理工大学，2008.

[20] 王磊. 重型数控落地铣镗床结构热变形误差预测技术的研究[D]. 哈尔滨：哈尔滨工业大学，2010.

[21] 刘殿崇. 重型数控落地铣镗床滑枕组件热误差补偿技术研究[D]. 哈尔滨：哈尔滨工业大学，2011.

[22] 邓健，刘一磊，高栋. 重型数控落地铣镗床主轴组件温度场分布建模[J]. 机械制造与自动化，2013，42(3)：91-93.

[23] ZHANG J F, FENG P F, CHEN C, et al. A method for thermal performance modeling and simulation of machine tools [J]. The international journal of advanced manufacturing technology, 2013, 68(5): 1517-1527.

[24] 张景然. 龙门导轨磨床热误差机理分析及实时补偿的研究[D]. 上海：上海交通大学，2014.

[25] 邓小雷. 数控机床主轴系统多物理场耦合热态特性分析研究[D]. 杭州：浙江大学，2014.

[26] LI Y L, HU Y M, WU B, et al. Thermal error modelling of the spindle using data transformation and adaptive neurofuzzy inference system[J]. Mathematical problems in engineering, 2015, 2015: 130253.

[27] CHEN C, ZHANG J F, WU Z J, et al. A real-time measurement method of temperature fields and thermal errors in machine tools [C]//2010 International Conference on Digital Manufacturing & Automation, December 18-20, 2010, Changsha, China. [S. l.]: IEEE, 2010: 100-103.

[28] RAMESH R, MANNAN M A, POO A N. Thermal error measurement and modelling in machine tools. Part Ⅰ. Influence of varying operating conditions[J]. International journal of machine tools and manufacture, 2003, 43(4): 391-404.

[29] LO C H, YUAN J X, NI J. An application of real-time error compensation on a turning center[J]. International journal of machine tools and manufacture, 1995, 35(12): 1669-1682.

[30] MAYR J, JEDRZEJEWSKI J, UHLMANN E, et al. Thermal issues in machine tools [J]. CIRP annals, 2012, 61(2): 771-791.

[31] DAI S S, YAN X H, ZHANG T Q. Study on high-precision temperature measurement of infrared thermal imager[J]. Infrared physics & technology, 2010, 53(5): 396-398.

[32] MUNIZ P R, DA SILVA MAGALHÃES R, CANI S P N, et al. Non-contact measurement of angle of view between the inspected surface and the thermal imager

[J]. Infrared physics & technology,2015,72:77-83.
[33] ZHANG Y C, CHEN Y M, LUO C. A method for improving temperature measurement precision on the uncooled infrared thermal imager[J]. Measurement, 2015,74:64-69.
[34] ZHOU Z D,JIANG D S,ZHANG D S. Digital monitoring for heavy duty mechanical equipment based on fiber Bragg grating sensor[J]. Science in China series e: technological sciences,2009,52(2):285-293.
[35] 张二龙. 基于光纤 Bragg 光栅传感的机床主轴温度测量研究[D]. 武汉:武汉理工大学, 2014.
[36] ZHOU Z D,LIU Q,AI Q S,et al. Intelligent monitoring and diagnosis for modern mechanical equipment based on the integration of embedded technology and FBGS technology[J]. Measurement,2011,44(9):1499-1511.
[37] VYROUBAL J. Compensation of machine tool thermal deformation in spindle axis direction based on decomposition method[J]. Precision engineering, 2012, 36(1): 121-127.
[38] 彭永强. 基于光纤 Bragg 光栅传感的机床主轴温度测量研究[D]. 武汉:武汉理工大学, 2012.
[39] HUANG J,ZHOU Z D,LIU M Y,et al. Real-time measurement of temperature field in heavy-duty machine tools using fiber Bragg grating sensors and analysis of thermal shift errors[J]. Mechatronics,2015,31:16-21.
[40] LI Y,ZHAO W H,LAN S H,et al. A review on spindle thermal error compensation in machine tools[J]. International journal of machine tools and manufacture,2015, 95:20-38.
[41] 沈岳熙. 10 米重型数控立车误差建模、测量及实时补偿[D]. 上海:上海交通大学,2012.
[42] GLOECKNER P J,KOKINI K,STEVENSON W H. 3D measurement of thermal deformations on an ultra-high density circuit moduled with a laser range probe[J]. IEEE transactions on components, hybrids, and manufacturing technology, 1992, 15(4):571-577.
[43] LI Z H,FAN K G,YANG J G,et al. Time-varying positioning error modeling and compensation for ball screw systems based on simulation and experimental analysis [J]. The international journal of advanced manufacturing technology,2014,73(5/6/7/8):773-782.
[44] HAN J,WANG L P,WANG H T,et al. A new thermal error modeling method for CNC machine tools [J]. The international journal of advanced manufacturing technology,2012,62(1/2/3/4):205-212.
[45] 徐金忠. 数控机床热误差检测及建模技术研究[D]. 南京:南京航空航天大学,2009.
[46] LEE J H,LEE J H,YANG S H. Development of thermal error model with minimum number of variables using fuzzy logic strategy[J]. KSME international journal,2001,

15(11):1482-1489.

[47] LO C H, YUAN J X, NI J. Optimal temperature variable selection by grouping approach for thermal error modeling and compensation[J]. International journal of machine tools and manufacture,1999,39(9):1383-1396.

[48] 杨建国. 数控机床误差综合补偿技术及应用[D]. 上海:上海交通大学,1998.

[49] 李永祥,童恒超,杨建国. 灰色系统理论在机床热误差测点优化中的应用[J]. 机械设计与研究,2006,22(3):78-81.

[50] 闫嘉钰,张宏韬,刘国良,等. 基于灰色综合关联度的数控机床热误差测点优化新方法及应用[J]. 四川大学学报(工程科学版),2008,40(2):160-164.

[51] 钱华芳. 数控机床温度传感器优化布置及新型测温系统的研究[D]. 杭州:浙江大学,2006.

[52] 刘国. 机床主轴温度测点布置优化及测点数据异常自修复技术[D]. 武汉:华中科技大学,2012.

[53] 窦小龙,杨建国,李晔. 温度测点优化在机床主轴热误差建模中的应用[J]. 机械制造,2002,40(12):57-59.

[54] 谢黎明,黎新齐,靳岚. 温度测点优化在机床主轴组件热特性研究中的应用[J]. 科学技术与工程,2007,7(22):5883-5885.

[55] LIU K, LIU Y, SUN M J, et al. Spindle axial thermal growth modeling and compensation on CNC turning machines[J]. The international journal of advanced manufacturing technology,2016,87(5/6/7/8):2285-2292.

[56] YANG J,SHI H,FENG B,et al. Applying neural network based on fuzzy cluster pre-processing to thermal error modeling for coordinate boring machine[J]. Procedia CIRP,2014,17:698-703.

[57] LEE D S,CHOI J Y,CHOI D H. ICA based thermal source extraction and thermal distortion compensation method for a machine tool[J]. International journal of machine tools and manufacture,2003,43(6):589-597.

[58] QIN S J. Survey on data-driven industrial process monitoring and diagnosis[J]. Annual reviews in control,2012,36(2):220-234.

[59] BARALDI P, DI MAIO F, TURATI P, et al. Robust signal reconstruction for condition monitoring of industrial components via a modified Auto Associative Kernel Regression method[J]. Mechanical systems and signal processing,2015,60:29-44.

[60] 赵乃卓,伍江超. 基于 PCA 和信息融合理论的传感器故障诊断[J]. 计算机测量与控制,2013,21(8):2033-2035.

[61] 王天真,吴昊,刘萍,等. 基于动态限的周期非稳定工况的实时故障检测模型[J]. 电工技术学报,2014,29(12):95-101.

[62] 朱虹. 基于核密度估计的环境传感器数据流异常检测方法[D]. 杭州:浙江农林大学,2014.

[63] FOO G H B,ZHANG X N,VILATHGAMUWA D M. A sensor fault detection and isolation method in interior permanent-magnet synchronous motor drives based on an

extended Kalman filter[J]. IEEE transactions on industrial electronics,2013,60(8):3485-3495.

[64] STANKOVIĆ S,OROVIĆ I,STANKOVIĆ L. An automated signal reconstruction method based on analysis of compressive sensed signals in noisy environment[J]. Signal processing,2014,104:43-50.

[65] 赵劲松,李元,邱彤. 一种基于小波变换与神经网络的传感器故障诊断方法[J]. 清华大学学报(自然科学版),2013,53(2):205-209.

[66] GUH R S. A hybrid learning-based model for on-line detection and analysis of control chart patterns[J]. Computers & industrial engineering,2005,49(1):35-62.

[67] TAN F,YIN M,WANG L,et al. Spindle thermal error robust modeling using LASSO and LS-SVM[J]. The international journal of advanced manufacturing technology,2018,94(5):2861-2874.

[68] CUI J,WANG Y R. A novel approach of analog circuit fault diagnosis using support vector machines classifier[J]. Measurement,2011,44(1):281-289.

[69] AGGARWAL P,BHATT D,DEVABHAKTUNI V,et al. Dempster Shafer neural network algorithm for land vehicle navigation application[J]. Information sciences,2013,253:26-33.

[70] LEE J H,YANG S H. Fault diagnosis and recovery for a CNC machine tool thermal error compensation system[J]. Journal of manufacturing systems,2001,19(6):428-434.

[71] 李晗,萧德云. 基于数据驱动的故障诊断方法综述[J]. 控制与决策,2011,26(1):1-9.

[72] 邓超,孙耀宗,李嵘,等. 基于隐 Markov 模型的重型数控机床健康状态评估[J]. 计算机集成制造系统,2013,19(3):552-558.

[73] BAGHERI F,KHALOOZADED H,ABBASZADEH K. Stator fault detection in induction machines by parameter estimation,using adaptive Kalman filter[C]//2007 Mediterranean Conference on Control & Automation,June 27-29,2007,Athens,Greece. [S. l.]:IEEE,2007:1-6.

[74] 杨溢,张国强. 汽轮发电机振动故障专家系统诊断方法研究[J]. 冶金动力,2011(6):45-48.

[75] ANGELI C. Online expert systems for fault diagnosis in technical processes[J]. Expert systems,2008,25(2):115-132.

[76] 周东华,胡艳艳. 动态系统的故障诊断技术[J]. 自动化学报,2009,35(6):748-758.

[77] 伊廷华,郭庆,李宏男. 基于控制图的 GPS 异常监测数据检验方法研究[J]. 工程力学,2013,30(8):133-141.

[78] 黄帅,刘海颖,吴风喜. 一种多传感器故障诊断系统的设计[J]. 计算机仿真,2014,31(7):59-62.

[79] 谭波. 考虑环境温度的重型机床综合误差建模和补偿[D]. 武汉:华中科技大学,2015.

[80] 黄爱芹. 基于数据驱动的调节阀故障诊断方法研究[D]. 济南:山东大学,2015.

[81] 章婷,刘世豪. 数控机床热误差补偿建模综述[J]. 机床与液压,2011,39(1):122-127.

[82] YANG Z Y, SUN M L, LI W Q, et al. Modified Elman network for thermal deformation compensation modeling in machine tools[J]. The international journal of advanced manufacturing technology,2011,54(5):669-676.

[83] ZHAO Y F, REN X H, HU Y, et al. CNC thermal compensation based on mind evolutionary algorithm optimized BP neural network[J]. World journal of engineering and technology,2016,4(1):38-44.

[84] MA C,ZHAO L,MEI X S,et al. Thermal error compensation of high-speed spindle system based on a modified BP neural network[J]. The international journal of advanced manufacturing technology,2017,89(9):3071-3085.

[85] WEI X,GAO F,ZHANG J D,et al. Thermal error compensation of CNC machine based on data-driven[C]//2016 IEEE International Conference on Cloud Computing and Big Data Analysis (ICCCBDA),July 5-7,2016,Chengdu,China. [S. l.]:IEEE, 2016:421-424.

[86] GUO Q J,XU R F,YANG T Y,et al. Application of GRAM and AFSACA-BPN to thermal error optimization modeling of CNC machine tools[J]. The international journal of advanced manufacturing technology,2016,83(5):995-1002.

[87] DENG J L. Introduction to grey system theory[J]. The journal of grey system,1989, 1(1):1-24.

[88] 王海同,李铁民,王立平,等. 机床热误差建模研究综述[J]. 机械工程学报,2015, 51(9):119-128.

[89] 苗恩铭,高增汉,党连春,等. 数控机床热误差特性分析[J]. 中国机械工程,2015, 26(8):1078-1084.

[90] PAHK H,LEE S W. Thermal error measurement and real time compensation system for the CNC machine tools incorporating the spindle thermal error and the feed axis thermal error[J]. The international journal of advanced manufacturing technology, 2002,20(7):487-494.

[91] 沈岳熙,杨建国. 基于岭回归的数控机床温度布点优化及其热误差建模[J]. 机床与液压,2012,40(5):1-3.

[92] LI S H,ZHANG Y Q,ZHANG G X. A study of pre-compensation for thermal errors of NC machine tools[J]. International journal of machine tools and manufacture, 1997,37(12):1715-1719.

[93] TAN B,MAO X Y,LIU H Q,et al. A thermal error model for large machine tools that considers environmental thermal hysteresis effects[J]. International journal of machine tools and manufacture,2014,82:11-20.

[94] BABU R,RAJA V P,KANCHANA J,et al. Identification,development and testing of thermal error compensation model for a headstock assembly of CNC turning centre [J]. International journal of engineering & technology,2014,3(2):113.

[95] LI Y,ZHAO W H,WU W W,et al. Thermal error modeling of the spindle based on multiple variables for the precision machine tool[J]. The international journal of

advanced manufacturing technology,2014,72(9):1415-1427.

[96] GUO Q J,YANG J G. Application of projection pursuit regression to thermal error modeling of a CNC machine tool [J]. The international journal of advanced manufacturing technology,2011,55(5):623-629.

[97] YANG H,NI J. Dynamic modeling for machine tool thermal error compensation[J]. Journal of manufacturing science and engineering,2003,125(2):245-254.

[98] 张鑫星. 龙门加工中心的热误差分析及神经网络建模[D]. 南宁:广西大学,2012.

[99] 杜正春,杨建国,窦小龙,等. 基于 RBF 神经网络的数控车床热误差建模[J]. 上海交通大学学报,2003,37(1):26-29.

[100] 沈金华. 数控机床误差补偿关键技术及其应用[D]. 上海:上海交通大学,2008.

[101] 张毅. 数控机床误差测量、建模及网络群控实时补偿系统研究[D]. 上海:上海交通大学,2013.

[102] 罗立辉. 数控机床温度测点选取及热误差补偿建模[D]. 福州:福建农林大学,2007.

[103] JIN C,WU B,HU Y M. Temperature distribution and thermal error prediction of a CNC feed system under varying operating conditions[J]. The international journal of advanced manufacturing technology,2015,77(9):1979-1992.

[104] YANG H, NI J. Dynamic neural network modeling for nonlinear, nonstationary machine tool thermally induced error[J]. International journal of machine tools and manufacture,2005,45(4/5):455-465.

[105] HUANG Y Q,ZHANG J,LI X,et al. Thermal error modeling by integrating GA and BP algorithms for the high-speed spindle [J]. The international journal of advanced manufacturing technology,2014,71(9):1669-1675.

[106] GUO Q J,YANG J G,WU H. Application of ACO-BPN to thermal error modeling of NC machine tool [J]. The international journal of advanced manufacturing technology,2010,50(5):667-675.

[107] ABDULSHAHED A M,LONGSTAFF A,FLETCHER S. A particle swarm optimisation-based Grey prediction model for thermal error compensation on CNC machine tools[C]//Proceedings of the Laser Metrology and Machine Performance Ⅺ: 11th International Conference and Exhibition on Laser Metrology, Machine Tool, CMM and Robotic Performance (Lamdamap),Huddersfield,UK. [S. l. :s. n.],2015:369-378.

[108] MIAO E M,GONG Y Y,NIU P C,et al. Robustness of thermal error compensation modeling models of CNC machine tools[J]. The international journal of advanced manufacturing technology,2013,69(9):2593-2603.

[109] 雷琪. 贝叶斯网络在机床热误差动态补偿建模中的应用[D]. 武汉:华中科技大学,2012.

[110] FAN K G,YANG J G,JIANG H,et al. Error prediction and clustering compensation on shaft machining [J]. The international journal of advanced manufacturing technology,2012,58(5):663-670.

[111] 赵昌龙. 高速加工中心主轴及刀具系统热误差综合补偿技术[D]. 长春:吉林大

学,2010.
[112] 李锋.大型双柱立车误差建模、测量及分析[D].上海:上海交通大学,2011.
[113] CHEN J S. Computer-aided accuracy enhancement for multi-axis CNC machine tool [J]. International journal of machine tools and manufacture,1995,35(4):593-605.
[114] 庞景月.滑动窗口模型下的数据流自适应异常检测方法研究[D].哈尔滨:哈尔滨工业大学,2013.
[115] 刘艳红,谢刚,张静. 基于 SDG 模型的故障诊断技术及发展[EB/OL].(2010-05-26)[2021-11-26]. https://www. paper. edu. cn/releasepaper/content/201005-692.
[116] FRANK P M. Fault diagnosis in dynamic systems using analytical and knowledge-based redundancy: a survey and some new results [J]. Automatica (journal of IFAC),1990,26(3):459-474.
[117] 王宇雷.数据驱动的故障诊断与容错控制系统设计方法研究[D].哈尔滨:哈尔滨工业大学,2013.
[118] 周东华,王桂增.第五讲 故障诊断技术综述[J].化工自动化及仪表,1998,25(1):58-62.
[119] DUCLOS A,TOUZET S,SOARDO P,et al. Quality monitoring in thyroid surgery using the Shewhart control chart [J]. British journal of surgery, 2009, 96 (2): 171-174.
[120] 熊良才,史铁林,杨叔子.机电系统中传感器故障诊断的控制图法[J].机械与电子,2000,18(5):7-8.
[121] MASON R L,FUCHS C,KENETT R S. Multivariate quality control: theory and applications[J]. Technometrics,1999,41(2):168.
[122] LINNA K W,WOODALL W H. Effect of measurement error on Shewhart control charts[J]. Journal of quality technology,2001,33(2):213-222.
[123] 余红英.机械系统故障信号特征提取技术研究[D].太原:中北大学,2005.
[124] SUN R X, TSUNG F. A kernel-distance-based multivariate control chart using support vector methods [J]. International journal of production research, 2003, 41(13):2975-2989.
[125] LI B, CHOW M Y, TIPSUWAN Y, et al. Neural-network-based motor rolling bearing fault diagnosis[J]. IEEE transactions on industrial electronics,2000,47(5):1060-1069.
[126] JIAO W, QI M L. Application of intelligent fault diagnosis technology in NC machine tool fault diagnosis[C]//Proceedings of 2011 International Conference on Electronics and Optoelectronics, July 29-31, 2011, Dalian, China. [S. l.]: IEEE, 2011:V4-424-V4-427.
[127] LOPEZ J E,TENNEY R R,DECKERT J C. Fault detection and identification using real-time wavelet feature extraction [C]//Proceedings of IEEE-SP International Symposium on Time-Frequency and Time-Scale Analysis, October 25-28, 1994, Philadelphia,PA,USA. [S. l.]:IEEE,1994:217-220.

[128] FAN X F,ZUO M J. Fault diagnosis of machines based on D-S evidence theory. Part 1:D-S evidence theory and its improvement[J]. Pattern recognition letters,2006,27(5):366-376.

[129] FAN X F,ZUO M J. Fault diagnosis of machines based on D-S evidence theory. Part 2:application of the improved D-S evidence theory in gearbox fault diagnosis[J]. Pattern recognition letters,2006,27(5):377-385.

[130] HALPERN J Y,FAGIN R. Two views of belief:belief as generalized probability and belief as evidence[J]. Artificial intelligence,1992,54(3):275-317.

[131] PHAM D T,DARWISH H A. Using the bees algorithm with Kalman filtering to train an artificial neural network for pattern classification[J]. Proceedings of the Institution of Mechanical Engineers, Part Ⅰ: Journal of systems and control engineering,2010,224(7):885-892.

[132] 姚焕新,牛鹏程,龚亚运,等.数控机床热误差补偿中分布滞后模型的建立[J].农业机械学报,2013,44(3):246-250.

[133] HWANG C L, YOON K. Multiple attributes decision making methods and applications[M]. Berlin:Springer,1981.